21世纪高等院校计算机网络工程专业规划教材

Windows Server 2008 网络配置与管理实训

俞利君　王见　吴秀梅　编著

U0341127

清华大学出版社

北京

内 容 简 介

目前使用 Windows Server 2008 组建局域网已相当普遍。本书从 Windows Server 2008 局域网组网和网络资源管理两方面入手,主要包括安装操作系统,计算机组网配置,计算机网络资源管理,添加和配置各种网络服务器角色,如 DNS、DHCP、FTP、Web、Mail、路由和远程访问(Windows 路由、网络地址转换、虚拟专用网)、证书服务以及组策略设置等内容。

本书可作为应用型本科院校计算机专业的组网实训教材,也可作为从事计算机网络工程设计、管理和维护的工程技术人员的参考书,还可作为学习 MCSE 的指导用书。

图书在版编目(CIP)数据

Windows Server 2008 网络配置与管理实训/俞利君,王见,吴秀梅编著.—北京:清华大学出版社,2017
(2022.2重印)
　(21 世纪高等院校计算机网络工程专业规划教材)
　ISBN 978-7-302-47720-4

Ⅰ.①W… Ⅱ.①俞… ②王… ③吴… Ⅲ.①Windows 操作系统—网络服务器 Ⅳ.①TP316.86

中国版本图书馆 CIP 数据核字(2017)第 161421 号

责任编辑:魏江江　赵晓宁
封面设计:何凤霞
责任校对:时翠兰
责任印制:沈　露

出版发行:清华大学出版社
　　　　网　　　址:http://www.tup.com.cn,http://www.wqbook.com
　　　　地　　　址:北京清华大学学研大厦 A 座　　　　邮　　编:100084
　　　　社 总 机:010-62770175　　　　　　　　　　　邮　　购:010-83470235
　　　　投稿与读者服务:010-62776969,c-service@tup.tsinghua.edu.cn
　　　　质量反馈:010-62772015,zhiliang@tup.tsinghua.edu.cn
　　　　课件下载:http://www.tup.com.cn,010-83470236
印 装 者:三河市科茂嘉荣印务有限公司
经　　销:全国新华书店
开　　本:185mm×260mm　　　　**印　张:**24　　　　**字　　数:**583 千字
版　　次:2017 年 10 月第 1 版　　　　　　　　　　**印　　次:**2022 年 2 月第 4 次印刷
印　　数:3301 ～ 3800
定　　价:59.00 元

产品编号:073475-01

前　言

互联网已经进入人们的学习、工作、生活,只要有计算机就有可能用到局域网,局域网已经成为当今数字网络社会中不可或缺的基本服务。目前,利用 Windows Server 2008 组建局域网已相当普遍。

市面上 Windows Server 2008 操作系统或局域网配置和管理方面的书籍很多,但本教材从 Windows Server 2008 局域网组建和网络资源配置管理两个方面入手,培养桌面工程师和网络工程师的实战技能,既可以作为 Windows Server 2008 局域网组建实训教程,又可以作为 Windows Server 2008 网络配置和管理实训教程。本教材的主要内容有操作系统部署,计算机和网络配置,计算机网络资源管理,以及 DNS、DHCP、FTP、终端服务、Web 网站建设、邮件服务、路由与远程访问、证书服务和组策略服务等配置。

本教材的一大特色是完成所有实训学习的资源要求低,所有实训过程都是在单台普通计算机上利用 VirtualBox 虚拟机环境模拟完成的,每个实训都讲明了实训的初始环境及计算机的配置要求等,因此无须要求两到三台物理计算机,读者就可以自己动手搭建一个物理网络、拆除计算机和重新安装操作系统、不断改变计算机配置、进行组网实战练习,降低了学习或培训成本。

本教材的另一大特色是每个实训操作性强,经过了多轮教学过程的多次实训操作测试以及反复修改与完善,教材中所有的图片都是按照实训操作步骤截取的,可重复性很强。本教材中每个实训项目的结尾尽可能地配备思考题或练习题,读者在做完实训后能很好地回顾实训内容。本教材最后一个部分列出两个综合实训,一个以综合练习题的形式出现;另一个通过一个工程场景导入,让学生或其他读者理解与应用 Windows Server 2008 网络配置和管理知识。

本教材建议学时数为 48 学时,教师可针对不同专业和不同学制的学生适当选择实训内容进行教学。

本书第 1~第 6、第 10~第 13 章由俞利君编写,第 7 和第 8 章由吴秀梅编写,第 9、第 14和第 15 章由王见编写,全书由俞利君统稿。作为全国网络工程本科专业系列规划教材之一,本书在编写过程中得到了该系列教材主编、上海第二工业大学网络工程专业斯桃枝教授的精心指导,在此一并表示感谢。

由于作者水平有限,疏漏在所难免,敬请广大师生、读者批评指正。

联系邮箱为 ljyu@sspu.edu.cn。

编　者
2017 年 2 月

目　录

实训环境说明

【机房环境配置】

本实训适合于一般的公共网络机房。公共网络机房通常由几十台计算机连在一组交换机(支持虚拟局域网)上。目前市场上的服务器和商用机的配置都能满足 Windows Server 2008 安装和运行的要求,官方推荐的硬件最低配置要求：处理器为 1GHz 32 位或者 64 位,内存为 1GB 及以上,硬盘为 32GB 及以上,建议选择两块不同型号的网卡。

每个实训室都被划分成不同的局域网网段,通过地址转换技术连接到校园网上,校园网再通过公网接口连接到 Internet,具体划分如表 1 所示。

表 1　实训室 IP 地址分布范围

实训室	IP 地址范围	实训室	IP 地址范围
实训室 1	192.168.101.1～192.168.101.254	实训室 6	192.168.106.1～192.168.106.254
实训室 2	192.168.102.1～192.168.102.254	实训室 7	192.168.107.1～192.168.107.254
实训室 3	192.168.103.1～192.168.103.254	实训室 8	192.168.108.1～192.168.108.254
实训室 4	192.168.104.1～192.168.104.254	实训室 9	192.168.109.1～192.168.109.254
实训室 5	192.168.105.1～192.168.105.254	实训室 10	192.168.110.1～192.168.110.254

为适应不同课程公共使用的需要,可以利用硬盘保护卡将每个实训室中的所有计算机硬盘分割成若干个分区,其中选定一个分区专用于局域网组网实训,其他分区则提供给其他计算机课程使用。

如果是独用的组网实训机房,几台计算机分组互连在一起,那么使用本实训教程的效果会更好。

如果没有单独的实训分区,可以选择一个操作系统分区。例如,Windows 7(64 位)分区中安装虚拟机应用软件(如 Virtual PC、VirtualBox、VMware 等),其优点是操作方便、利用率高。但要占用系统大量的物理内存,CPU 占用率高。这种方式下建议物理主机的内存增至 8GB 及以上。

按照规划设计,一般一间实训室可放置 40～90 台 PC,再加上一些网络设备。这些 PC 和网络设备占用将近 100 个 IP 地址,若利用虚拟机组建虚拟局域网,余下的 IP 地址可以分配给在虚拟机上运行的虚拟 PC 使用。

【分组实训方案】

1. 计算机分组

利用现有的机房条件,首先按计算机编号就近分组。假设每个小组共有三台计算机,最小号的计算机安装 Windows Server 2008,次小号的计算机安装 Windows Server 2003,最大号的计算机安装 Windows 7,如图 1 所示。将这三台计算机组建成一个小的局域网,完成"计算机网络组建实训"的教学内容。

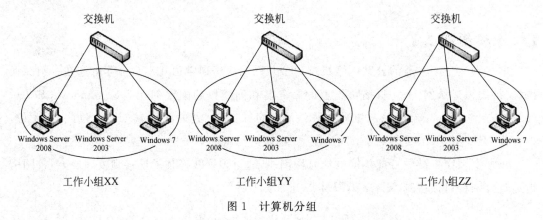

图 1 计算机分组

用 VirtualBox 等虚拟机应用软件进行实训时,可以在每一台物理主机中安装 Windows Server 2008、Windows Server 2003 和 Windows 7 三个虚拟操作系统,经过相应设置使之组成一个局域网,也可以完成本实训教程中的所有教学内容。

2. 学生分组

按实际需要对学生分组。当学生人数较少时,一个学生操作一个计算机小组(共三台计算机);当学生人数较多时,可以适当增加人数,但每组最多学生人数不要超过计算机台数,以确保每人有一台计算机可用。

学生还可以在每一台计算机上用 VirtualBox 等虚拟机应用软件模拟操作一个计算机小组(共三台虚拟操作系统),这样可以解决实训人数多而计算机不够用的问题。

3. 局域网分组配置方案

(1) XX 小组中最小号的计算机安装 Windows Server 2008,配置如下(XX 为组号,以下相同):

计算机名:Win2008-XX   工作组名:Workgroup-XX

IP 地址:192.168.XX.1   子网掩码:255.255.255.0

网关:空   首选 DNS 服务器:空

(2) XX 小组中次小号的计算机安装 Windows Server 2003,配置如下:

计算机名:Win2003-XX   工作组名:Workgroup-XX

IP 地址:192.168.XX.10   子网掩码:255.255.255.0

网关:空   首选 DNS 服务器:空

（3）XX 小组中最大号的计算机安装 Windows 7，配置如下：

计算机名：Windows 7-XX　　　　工作组名：Workgroup-XX

IP 地址：192.168.XX.20　　　　子网掩码：255.255.255.0

网关：空　　　　　　　　　　首选 DNS 服务器：空

如果用 VirtualBox 等虚拟机应用软件在一台物理主机上模拟三台虚拟操作系统，可以先设置每一台虚拟 PC 的网络连接为内部网络，确保不与连网的其他物理 IP 地址冲突，如图 2 所示。

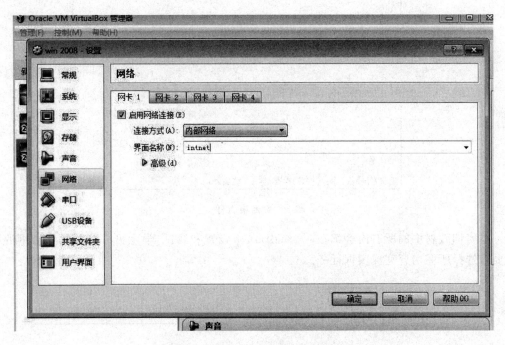

图 2　虚拟 PC 中的网络连接设置

这时候××表示每一台物理主机的机器号，三台虚拟操作系统的配置方法与上述局域网组建的配置方案相同。

【实训说明】

由于实训机房要承担本专业所有课程的上机实践环节的教学需求，因而建议有条件的机房用硬盘保护卡专门划出一个分区用于本实训课程的教学任务，按照需要可以设置该分区是否保护或开放。

而与其他课程共用的分区，可采用安装 VirtualBox 等虚拟机软件，在学生使用的计算机上模拟三台虚拟 PC，通过虚拟网络技术组成一个小型局域网，从而完成本实训教程的全部实训内容，但该分区必须要用硬盘保护卡才能使用。

每次实训结束后，应将实训步骤和测试结果写成实训报告，交给任课教师批阅。如发现问题比较集中，教师可以在布置下次实训任务之前加以说明，以确保及时消化和理解实训内容。图 3 所示为实训报告样式（A4 纸，可以附页）。

计算机网络与通信课程实习报告			
姓名：		班级：	
学号：		实习时间：	
实习题目			

1. 实习内容(图示文字说明或截图)

2. 完成情况及遗留的问题

注意：

文档命名：实习报告序号_学号_姓名.doc

图 3　实训报告样式

　　本实训教材中的所有内容都在 VirtualBox 下设置和测试，学生可以按照教学大纲的课时要求选择所需内容完成实训任务。

第1章 规划与组建 Windows Server 2008 网络环境

【知识背景】

计算机网络就是将物理位置分散的若干台计算机通过传输介质连接在一起,遵守共同的传输协议,在网络操作系统的管理下实现资源共享的系统。

根据网络覆盖范围,可将计算机网络划分为局域网(LAN)、城域网(MAN)和广域网(WAN)。

计算机网络由三部分资源组成:

- 网络实体:网络中具有相互通信能力的计算机。
- 传输介质和连网设备:实现计算机之间的物理连接。局域网常用的传输介质是双绞线,连网设备是集线器和交换机等。
- 通信协议和网络操作系统:决定计算机之间进行通信的规则和网络资源共享的方式。

根据网络实体在网络运行中所起的作用,有以下三种不同类型的网络实体:

- 网络服务器:承担管理网络可共享资源的工作,为其他计算机提供使用共享资源的服务。一台网络服务器可以提供一项或多项服务,如打印服务器、电子邮件服务器、Web 服务器、FTP 服务器、DHCP 服务器等。
- 网络客户端:也称为工作站,不能管理网络中的可共享资源,需要使用共享资源时,必须向网络服务器提出申请,得到许可后才能使用。
- 对等系统:管理有限的可共享资源,既可以向网络内的其他计算机提供服务,也可以向其他计算机申请服务。

无论哪一种网络实体,首先必须具备基本的网络通信能力,网络实体的类型取决于所安装的网络操作系统。在基于 Windows 的网络中,网络既可以在 C/S 模式下工作,同时又具有在对等网规则下工作的功能。Windows Server 2003 和 Windows 7 是目前常用的"两栖"操作系统,既可以充当 C/S 模式中的网络客户端或工作站,又可以在对等网络结构中组成工作组级的计算机网络;而 Windows Server 2008 目前作为服务器,是广泛使用的网络操作系统。

本章将学习如何建立基于 Windows Server 的局域网基本运行环境,包括下列工作:

(1) 正确安装网络操作系统(Windows Server 2008、Windows Server 2003、Windows 7)。

(2) 为计算机确定一个名称(这个名称在同一网络中必须是唯一的)。

(3) 正确安装与网卡匹配的驱动程序,使网卡能正常工作。

网卡又称为"适配器",其作用是实现计算机与网络设备之间的数据通信,其基本功能包括数据转移、数据缓存、通信服务等。不同厂家生产的网卡，其结构是不相同的，由不同的软件管理其工作过程，因此必须使用与网卡匹配的驱动程序。

网络协议（Protocol）是一组软件，体现了网络通信的规则。Windows 下的常用网络协议有：

- NetBUI：一个体积小、效率高、速度快的通信协议，特别适合小型网络，支持对等局域网的工作。
- TCP/IP：即 Internet 协议族，主要支持 Internet 广域网。在局域网中使用这一协议，可方便网络的管理和维护工作。TCP/IP v4 协议使用 32 位的二进制地址作为网络内实体的标识，未来 TCP/IP 协议的版本会升级为 TCP/IP v6，需要的地址用 128 位二进制表示。

实训 1-1　安装 Windows Server 2008

【实训条件】

（1）VirtualBox 虚拟机软件。

（2）Windows Server 2008 系统安装光盘或镜像文件（Windows Server 2008.iso）。

【实训说明】

（1）在开始本实训前，认真阅读实训环境说明部分的内容。

（2）选择安装有 VirtualBox 虚拟机软件的硬盘分区并启动。

（3）能熟练掌握用 VirtualBox 设置完成 Windows Server 2008 的安装任务。

【实训任务】

使用 VirtualBox 安装 Windows Server 2008。

【实训目的】

掌握 Windows Server 2008 网络操作系统的安装方法。

【实训内容】

本实训以 1 号物理主机为例。

（1）启动 VirtualBox 虚拟机软件，单击"新建"按钮，打开"新建虚拟电脑"对话框，在"名称"文本框、"类型"和"版本"下拉列表框中输入名称、类型和版本等信息。"内存大小"默认为 512MB，如物理主机有足够的内存，可以适当设置大一些。在"虚拟硬盘"选项区域中单击"现在创建虚拟硬盘"单选按钮，如图 1-1-1 所示。

（2）单击"创建"按钮，打开"创建虚拟硬盘"对话框，设置文件大小。默认为 25GB，如物理主机硬盘有足够的容量，可以适当设置大一些，如 100GB。在"虚拟硬盘文件类型"选项区域中单击"VDI（VirtualBox 磁盘映像）"单选按钮，在"存储在物理硬盘上"选项区域中单击"动态分配"单选按钮，如图 1-1-2 所示。

图 1-1-1 新建 Windows Server 2008

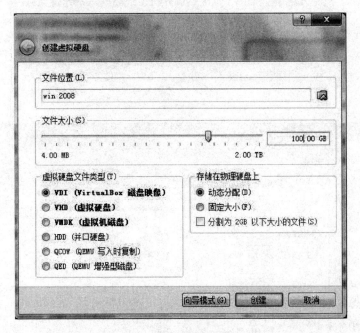

图 1-1-2 创建虚拟硬盘

（3）单击"创建"按钮，在 VirtualBox 管理页面的左窗格上有了一台刚刚创建的名为 Win 2008 的虚拟服务器，如图 1-1-3 所示。

在该页面的右窗格显示了详细设置信息，可以根据需要通过工具栏上的"设置"按钮进行修改调整。

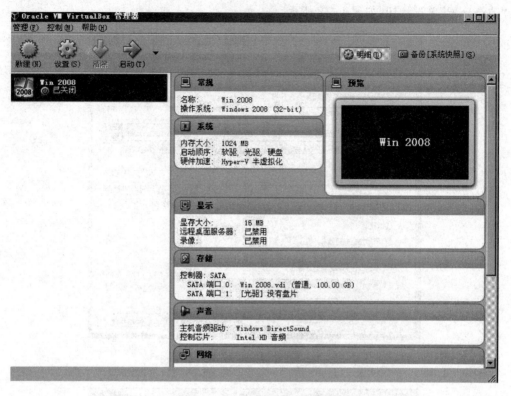

图 1-1-3　VirtualBox 页面

（4）在"win 2008-设置"对话框左侧选项组中选择"系统"选项，在右侧的"系统"页面中选择"主板"选项卡，更改主板启动顺序，并选中下方一项扩展特性，单击"确定"按钮，如图 1-1-4 所示。

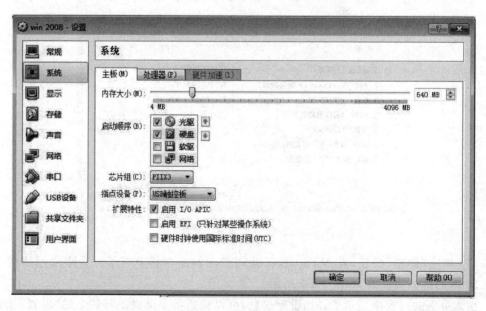

图 1-1-4　设置启动顺序

在"处理器"选项卡中作适当设置，并选中扩展特性，单击"确定"按钮。

（5）在"win 2008-设置"对话框左侧选项组中选择"显示"选项，在右侧的"显示"页面中选择"屏幕"选项卡，可以修改屏幕等，如图 1-1-5 所示。

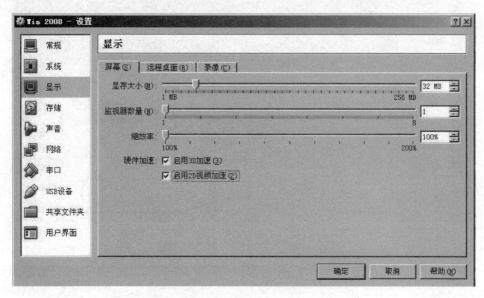

图 1-1-5　"显示"选项设置

（6）在"win 2008-设置"对话框左侧选项组中选择"存储"选项，在右侧的"存储"页面中可以单击"添加虚拟光驱"按钮，选择存储物理主机上的 ISO 文件，如图 1-1-6 所示。

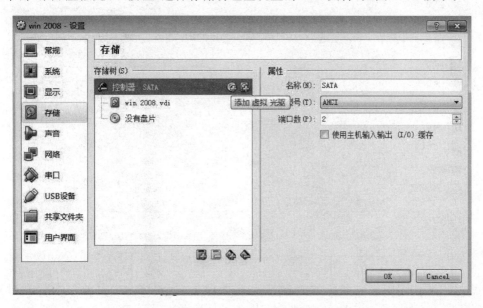

图 1-1-6　添加"虚拟光驱"

（7）在"win 2008-设置"对话框左侧选项组中选择"声音"选项，在右侧的"声音"页面中选中"启用声音"复选框，在"主机音频驱动"下拉列表框中选择 Windows DirectSound 选项，在"控制芯片"下拉列表框中选择 ICH AC97 选项，如图 1-1-7 所示。

规划与组建 Windows Server 2008 网络环境

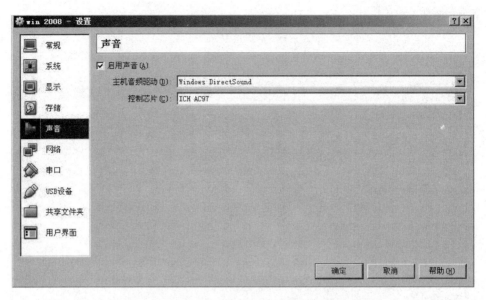

图 1-1-7　选择声音类型

（8）在"win 2008-设置"对话框左侧选项组中选择"网络"选项，在右侧的"网络"页面中可以设置不同的网卡类型和个数。选择"网卡 1"选项卡，在"连接方式"下拉列表中选择"内部网络"选项，如图 1-1-8 所示。

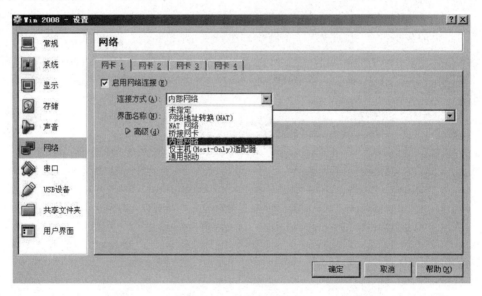

图 1-1-8　选择网卡类型

（9）在 VirtualBox 主页面的左窗格上选择 Win 2008，单击"启动"按钮，开始安装 Windows Server 2008 服务器，如图 1-1-9 所示。

（10）单击"下一步"按钮，进入选择要安装的操作系统页面，然后在下面的列表框中选择 Windows Server 2008 Enterprise 选项，如图 1-1-10 所示。

（11）单击"下一步"按钮，默认安装至选择安装页面上，单击"自定义（高级）"按钮后继

图 1-1-9　开始安装服务器

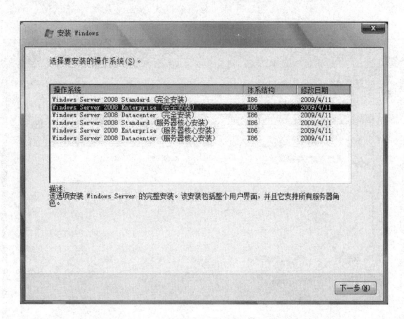

图 1-1-10　选择要安装的操作系统版本

续安装。

（12）在此安装页面中显示目前硬盘未分配空间为 100GB，单击"新建"按钮对硬盘划分空间。在"大小"微调框中输入分区大小，如 60 000MB，然后单击"应用"按钮，如图 1-1-11所示。

已分配的硬盘空间作为第一个磁盘分区，如图 1-1-12 所示。

（13）选中"磁盘 0 分区 1"，单击"格式化"按钮，对该分区进行硬盘格式化操作。

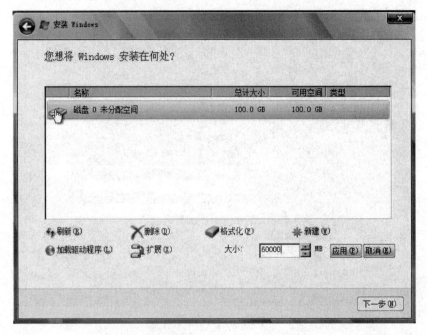

图 1-1-11　分配分区大小

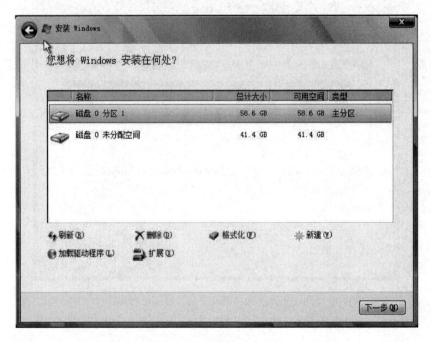

图 1-1-12　新建第一个分区

　　(14) 在剩余未分配硬盘空间中再新建两个磁盘分区,分区容量各为 20GB,并对这两个分区进行格式化操作,如图 1-1-13 所示。

　　(15) 选中"磁盘 0 分区 1",单击"下一步"按钮后开始复制安装文件等一系列过程,如图 1-1-14 所示。

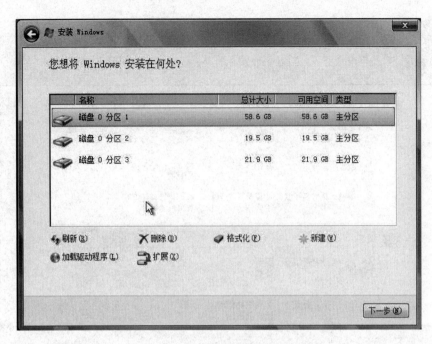

图 1-1-13　硬盘分区和格式化

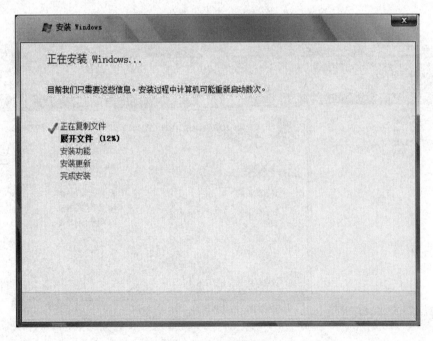

图 1-1-14　安装进程

　　(16) 提示"安装过程可能需要重启计算机几次",完成安装进程后重启计算机,提示"用户首次登录之前必须更改密码",单击"确定"按钮,输入新的密码,提示"密码更改正确"后单击"确定"按钮,就可以登录到 Windows Server 2008 服务器上了,如图 1-1-15 所示。

　　(17) 单击"关闭"按钮,弹出如图 1-1-16 所示的页面。

14

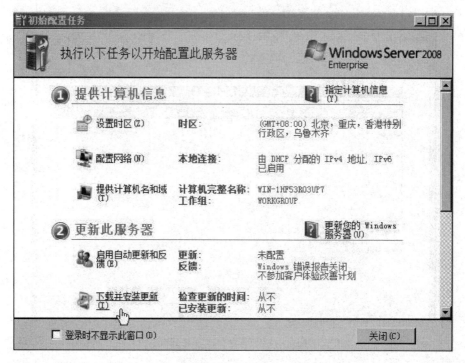

图 1-1-15　管理员用户登录服务器后的页面

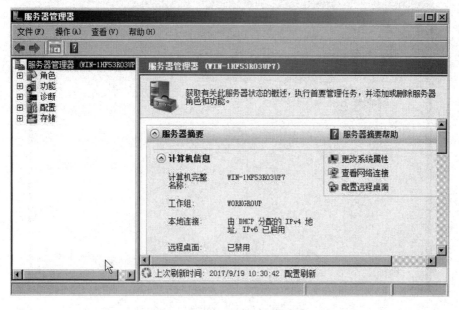

图 1-1-16　"服务器管理器"页面

在这里可以添加不同的服务器角色，修改服务器的功能，诊断服务器的使用状况，进行服务器配置文件的修改和服务器存储方式的更改等，如图 1-1-17 所示。

（18）通过"配置 IE ESC"启用或关闭"Internet Explorer 增强的安全配置"，如图 1-1-18 和图 1-1-19 所示。

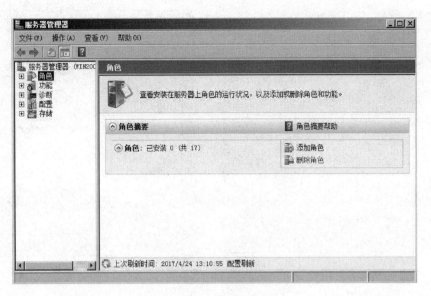

图 1-1-17　服务器管理器的扩展功能

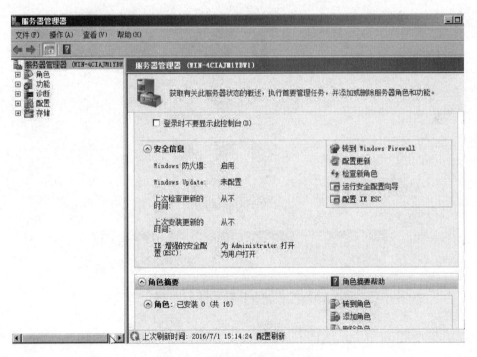

图 1-1-18　服务器管理器窗口信息

（19）在桌面上右击鼠标，在弹出的快捷菜单中选择"个性化"选项，在个性化设置中选择"更改桌面图标"选项，可以更改桌面图标的显示，如图 1-1-20 所示。

（20）为保证组网实训的成功率，请将 Windows 更新和防火墙关闭。在桌面上选择"开始"→"控制面板"命令，如图 1-1-21 所示。

（21）在打开的窗口中双击 Windows Update 图标，打开"更改设置"窗口，单击"从不检查更新（不推荐）"单选按钮，关闭 Windows 更新，如图 1-1-22 所示。

规划与组建 Windows Server 2008 网络环境

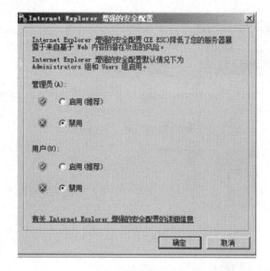

图 1-1-19　启用或关闭 IE 增强的安全配置　　　　图 1-1-20　桌面图标设置

图 1-1-21　"控制面板"窗口

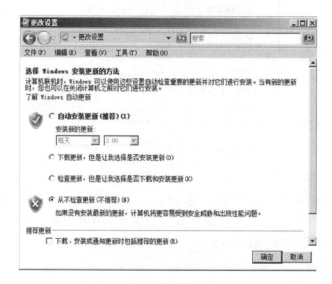

图 1-1-22　关闭 Windows 更新

（22）在打开的窗口中双击"Windows 防火墙"图标，打开"Windows 防火墙设置"对话框，在"常规"选项卡中选择"关闭"单选按钮，关闭防火墙，如图 1-1-23 所示。

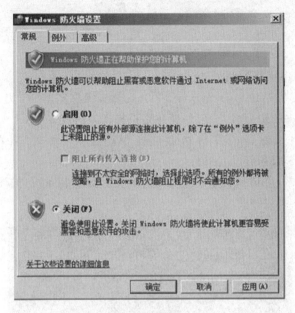

图 1-1-23　关闭 Windows 防火墙

实训检测：

① 在桌面上右击"计算机"图标，在弹出的快捷菜单中选择"属性"命令，查看一下有关计算机的基本信息，包括 Windows 版本、系统信息、计算机名称、域和工作组设置、系统激活状态等。

② 在桌面上右击"网络"图标，在弹出的快捷菜单中选择"属性"命令，打开"网络和共享中心"窗口，查看网络连接状态。

③ 重新启动计算机，查看能否用 Administrator 账户登录，以及口令是否正确。

实训 1-2　安装 Windows Server 2003

【实训条件】

（1）VirtualBox 虚拟机软件。

（2）Windows Server 2003 系统安装光盘或镜像文件（Windows Server 2003.iso）。

【实训说明】

（1）在开始本实训前认真阅读实训环境说明部分的内容。

（2）选择安装有 VirtualBox 虚拟机软件的硬盘分区并启动。

（3）熟练掌握用 VirtualBox 设置完成 Windows Server 2003 的安装任务。

【实训任务】

使用 VirtualBox 安装 Windows Server 2003。

【实训目的】

掌握 Windows Server 2003 网络操作系统的安装方法。

【实训内容】

本实训以 1 号物理主机为例。

用 VirtualBox 安装 Windows Server 2003,安装步骤与实训 1-1 类似。

(1) 按照实训 1-1 的步骤(1)～(11)新建虚拟操作系统 Windows Server 2003。

(2) 在 VirtualBox 窗口的左窗格上选择 Win 2003,单击"启动"按钮,开始安装 Windows Server 2003 服务器。

(3) 划分硬盘分区,并选择其中一个分区作为主分区安装系统,如图 1-2-1 所示的 C 盘, 按 Enter 键。

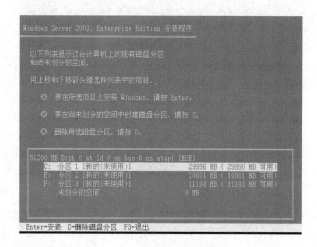

图 1-2-1　选择安装系统的磁盘分区

(4) 显示安装进程,如图 1-2-2 所示。

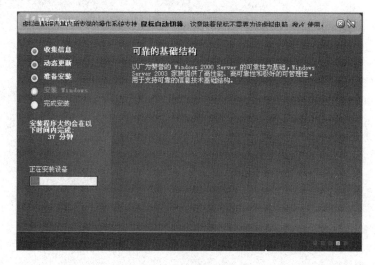

图 1-2-2　安装进程

（5）设置日期和时间，如图 1-2-3 所示。

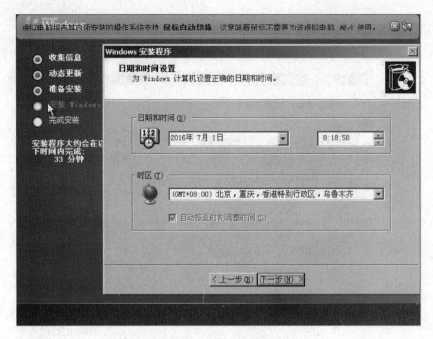

图 1-2-3　日期和时间设置

（6）安装完成后重启计算机，进入 Windows Server 2003 桌面，如图 1-2-4 所示。

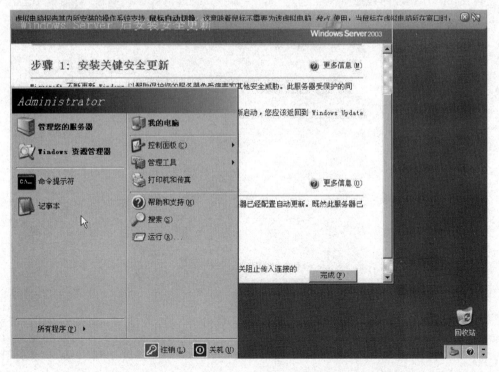

图 1-2-4　Windows Server 2003 桌面

（7）选择"开始"→"控制面板"→"添加或删除程序"命令，在打开的窗口中单击"添加/删除 Windows 组件"按钮，打开"Windows 组件向导"对话框，如图 1-2-5 所示。在"Windows 组件"页面的"组件"列表框中取消对"Internet Explorer 增强的安全配置"复选框的勾选，方便以后实训操作。

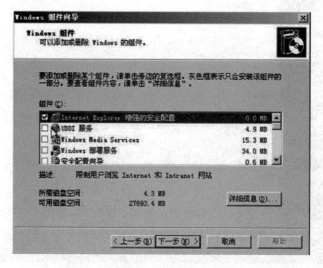

图 1-2-5　删除"IE 增强的安全配置"组件

（8）为保证组网实训的成功率，请将 Windows 更新和防火墙关闭。在桌面上右击"我的电脑"图标，在弹出的快捷菜单中选择"属性"命令，在打开的"系统属性"对话框中选择"自动更新"选项卡，如图 1-2-6 所示，单击"关闭自动更新"单选按钮。

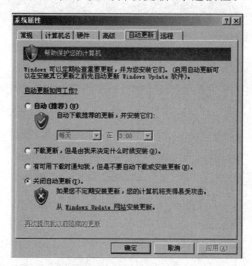

图 1-2-6　关闭自动更新

（9）在桌面上右击"网络邻居"图标，在弹出的快捷菜单中选择"属性"命令，在打开的"网络连接"窗口中右击"本地连接"图标，在弹出的快捷菜单中选择"属性"命令，在打开的"本地连接属性"对话框中选择"高级"选项卡，单击"设置"按钮，在打开的"Windows 防火墙"对话框的"常规"选项卡中单击"关闭"单选按钮，如图 1-2-7 所示。

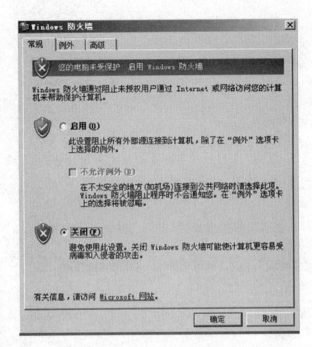

图 1-2-7　关闭防火墙

实训检测：

① 在桌面上右击"我的电脑"图标，在弹出的快捷菜单中选择"属性"命令，在打开的对话框中选择"常规"选项卡，查看系统名、注册名是否正确。

② 选择"计算机名"选项卡，查看计算机名、工作组名是否正确。

③ 右击"网上邻居"图标，在弹出的快捷菜单中选择"属性"命令，在打开的窗口中右击"本地连接"图标，在弹出的快捷菜单中选择"属性"命令，查看"本地连接"状态。

④ 重新启动计算机，查看能否用 Administrator 账户登录，以及口令是否正确。

实训 1-3　安装 Windows 7

【实训条件】

（1）VirtualBox 虚拟机软件。

（2）Windows 7 系统安装光盘或镜像文件（Windows 7.iso）。

【实训说明】

（1）在开始本实训前认真阅读实训环境说明部分的内容。

（2）选择安装有 VirtualBox 虚拟机软件的硬盘分区并启动。

（3）熟练掌握用 VirtualBox 设置完成 Windows 7 的安装任务。

【实训任务】

使用 VirtualBox 安装 Windows 7。

规划与组建 *Windows Server 2008* 网络环境

【实训目的】

掌握 Windows 7 网络操作系统的安装方法。

【实训内容】

本实训以 1 号物理主机为例。

用 VirtualBox 安装 Windows 7,安装步骤与实训 1-1 类似。

(1) 按照实训 1-1 的步骤(1)～(11)新建虚拟操作系统 Windows 7。

(2) 在 VirtualBox 主页面的左窗口上选择 Windows 7,单击"启动"按钮,开始安装 Windows 7 工作站。

(3) 在 Windows 7 安装向导中选择"自定义(高级)"选项,如图 1-3-1 所示。

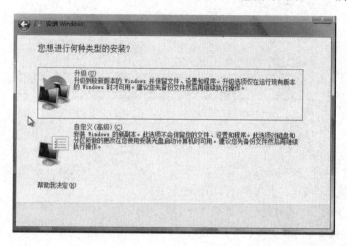

图 1-3-1　选择安装类型

(4) 划分硬盘分区,并选择其中一个分区作为主分区格式化安装系统,如图 1-3-2 所示,单击"下一步"按钮。

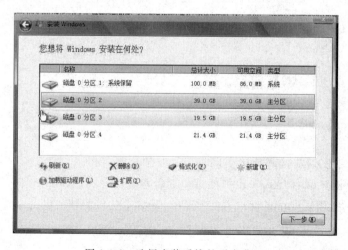

图 1-3-2　选择安装系统的磁盘分区

（5）正在进行系统安装，显示安装信息和安装进度，如图 1-3-3 所示。

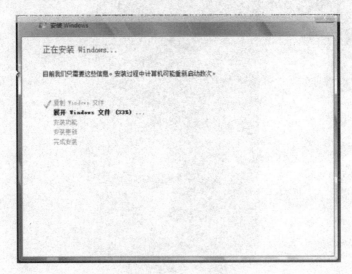

图 1-3-3　安装进程

（6）安装完成后重启计算机，要求输入用户名和计算机名，如图 1-3-4 所示。

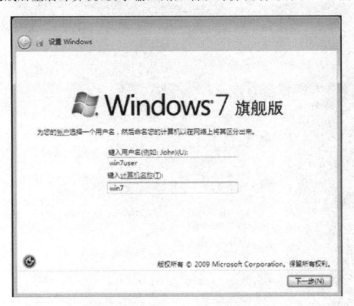

图 1-3-4　输入用户名和计算机名

（7）安装完成后重启计算机，进入 Windows 7 桌面，如图 1-3-5 所示。

（8）为保证组网实训的成功率，请将 Windows 更新和防火墙关闭。选择"开始"→"控制面板"命令，在打开的窗口中单击"系统和安全"按钮，分别对 Windows Update 选项和"Windows 防火墙"选项进行设置，如图 1-3-6 所示。

（9）选择 Windows Update 选项，打开 Windows Update 页面，在"重要更新"下拉列表中选择"从不检查更新（不推荐）"选项，关闭 Windows 更新，如图 1-3-7 所示。

（10）选择"Windows 防火墙"选项，打开"Windows 防火墙"页面，在"家庭或工作（专

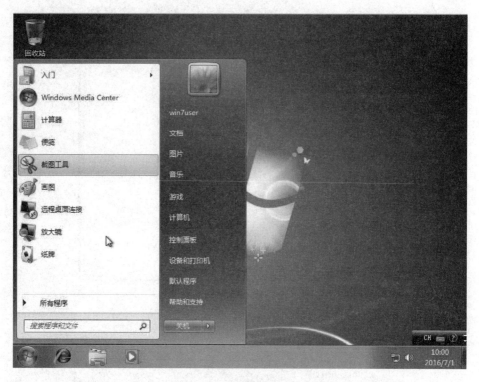

图 1-3-5　　Windows 7 桌面

图 1-3-6　"系统和安全"选项设置

用)网络位置设置"选项区域中单击"关闭 Windows 防火墙(不推荐)"单选按钮,在"公用网络位置设置"选项区域中单击"关闭 Windows 防火墙(不推荐)"单选按钮,如图 1-3-8 所示。

图 1-3-7　关闭 Windows 更新

图 1-3-8　关闭 Windows 防火墙

规划与组建 Windows Server 2008 网络环境

实训检测：

① 在桌面上右击"计算机"图标，在弹出的快捷菜单中选择"属性"命令，查看有关计算机的基本信息，包括 Windows 版本、系统信息、计算机名称、域和工作组设置、系统激活状态等。

② 在桌面上右击"网络"图标，在弹出的快捷菜单中选择"属性"命令，单击"本地连接"的属性，查看"本地连接"状态。

③ 重新启动计算机，查看能否用 Administrator 账户登录，以及口令是否正确。

实训 1-4　安装网卡驱动程序及网络协议

【实训条件】

(1) 正确安装了 Windows Server 2008 操作系统。

(2) 正确安装了网卡。

(3) 有网卡驱动程序。

【实训说明】

(1) 由于计算机上所配置的网卡型号不同，因此必须安装相应的网卡。

(2) 如果在物理主机的系统中已安装好相应的硬件驱动程序，则可以跳过对应的步骤。

【实训任务】

(1) 安装网卡驱动程序。

(2) 安装 TCP/IP 协议。

(3) 安装网络客户端。

(4) 选择网络服务。

【实训目的】

熟练掌握与网络有关的各种组件的安装方法。

【实训内容】

1. 安装网卡驱动程序

(1) 选择"开始"→"控制面板"→"添加硬件"命令，打开"添加硬件"对话框，单击"安装我手动从列表选择的硬件(高级)"单选按钮，如图 1-4-1 所示，单击"下一步"按钮。

(2) 选择"网络适配器"选项后单击"下一步"按钮。

(3) 如果列表中有此网卡驱动程序则选择安装；如果没有，可以单击"从磁盘安装"按钮，如图 1-4-2 所示。

(4) 插入厂商提供的装有网卡驱动程序文件的磁盘后，单击"确定"按钮完成网卡的安装。其他硬件驱动程序也按此步骤进行安装。

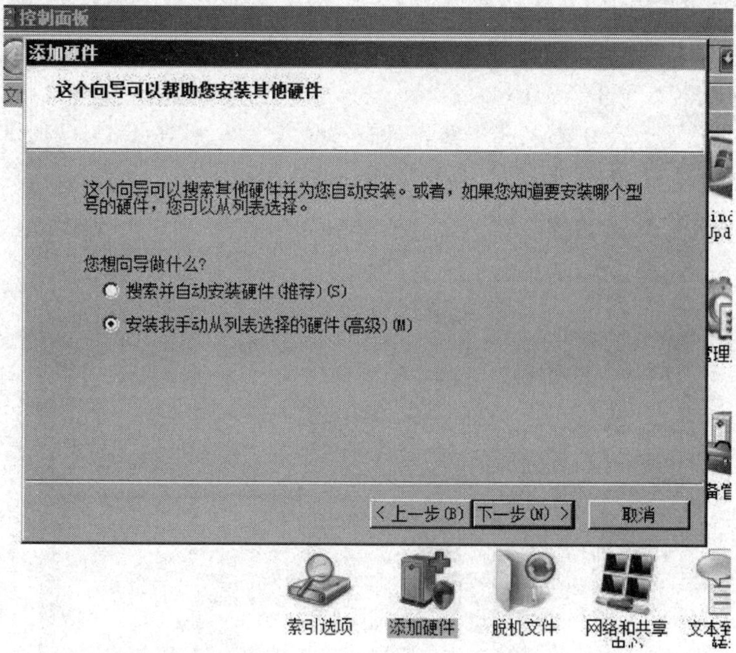

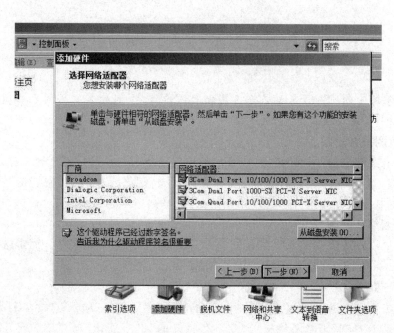

图 1-4-1　手动选择安装硬件

图 1-4-2　添加网卡

2. 安装协议

(1) 右击桌面上的"网络"图标,在弹出的快捷菜单中选择"属性"命令。打开"网络和共享中心"窗口,选择"管理网络连接"选项。在打开的"网络连接"窗口中右击"本地连接"图标,在弹出的快捷菜单中选择"属性"命令。在打开的"本地连接属性"对话框中检查是否有"Internet 协议版本 4/6(TCP/IPv4/6)"。

(2) 如果没有 Internet 协议或要安装其他的网络协议,可在图 1-4-3 所示的对话框中选择"安装"→"协议"→"添加"选项,选择所需要的网络协议。

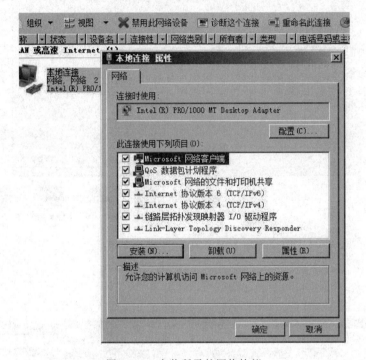

图 1-4-3　安装所需的网络协议

注意:网络中的所有计算机必须安装相同的协议,否则计算机之间无法通信。这里只要安装"Internet 协议版本 4/6(TCP/IPv4/6)"即可。

3. 安装网络客户端

(1) 右击桌面上的"网络"图标,在弹出的快捷菜单中选择"属性"命令。打开"网络和共享中心"窗口,选择"管理网络连接"选项。在打开的"网络连接"窗口中右击"本地连接"图标,在弹出的快捷菜单中选择"属性"命令。在弹出的"本地连接属性"对话框中检查是否有"Microsoft 网络客户端"。

(2) 如果没有或要安装其他的网络客户端,可在图 1-4-3 所示对话框中选择"安装"→"客户端"→"添加"选项,选择所需要的网络客户端。

4. 选择网络服务

(1) 右击桌面上的"网络"图标,在弹出的快捷菜单中选择"属性"命令。打开"网络和共享中心"窗口,选择"管理网络连接"选项。在打开的"网络连接"窗口中右击"本地连接"图标,在弹出的快捷菜单中选择"属性"命令。在打开的"本地连接属性"对话框中检查是否有"Microsoft 网络的文件和打印机共享"。

（2）如果要安装其他的网络服务，可在图 1-4-3 所示对话框中单击"安装"按钮。在打开的"选择网络功能类型"对话框中选择"服务"选项，如图 1-4-4 所示，单击"添加"按钮，选择所需要的网络服务。

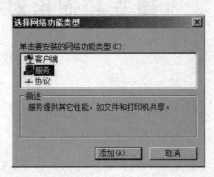

图 1-4-4　安装服务

实训检测：

可检查和设置 Windows Server 2003、Windows 7 中相应的"Internet 协议""网络客户端"和"Microsoft 网络的文件和打印机共享"等网络协议组件是否已安装完成。

第2章　建立和使用对等网

【知识背景】

用户可以利用 Windows Server 2008、Windows Server 2003 和 Windows 7 等网络操作系统环境设置网络，以便将网络上的资源与其他用户共享。Windows Server 2008、Windows Server 2003 和 Windows 7 等网络操作系统支持以下两种网络结构类型：

- 工作组（对等网）。
- 域（基于服务器的类型）。

其中工作组结构采用分布式管理模式，适用于小型的网络；而域采用集中式管理模式，适用于较大型的网络。

工作组由多台用网络连接在一起的计算机组成，网络上每台计算机的地位都是平等的，它们将计算机内的资源（如文件、打印机等）与其他计算机共享，即每台计算机都具有管理资源、提供服务、申请服务的功能。对等网使用方便，但安全性不高。对于没有特殊要求的局域网应用环境，一般可使用对等网。

对等网不一定需要有 Windows Server 2008 或 Windows Server 2003，也就是说，任何 Windows 操作系统，如 Windows XP、Windows 7、Windows 8、Windows 10 等都能构建一个工作组结构的网络。

使用 Windows Server 2008、Windows Server 2003 和 Windows 7 等网络操作系统所构建的对等网中，每台计算机都有自己的本地数据库。如果用户要访问某台计算机内的资源，则必须在这台计算机的本地安全数据库内建立该用户的账户。例如，若用户 Many 要访问工作组中其他计算机内的资源，则必须在每台计算机的本地安全数据库内建立 Many 这个账户。因此，当用户账户的数据有所更改时（如更改用户登录密码），就必须将每台计算机内的账户数据进行更新，操作起来比较麻烦。

在 Windows Server 2008、Windows Server 2003 和 Windows 7 上，如果将 Guest 账户启用，则任何账户都可访问 Guest 账户的资源（具有 Everyone 的权限）。

在基于 Windows 的对等网中，实现共享的资源主要有文件系统、存储设备（包括硬盘、光盘）、打印机等。

基于 Windows Server 2008、Windows Server 2003 和 Windows 7 组成的对等网操作系统提供多种登录级别：

（1）只有用 Windows Server 2008、Windows Server 2003 计算机上都有的账户（如 Administrator）登录到 Windows 7 计算机，才能在 Windows 7 系统中访问 Windows Server 2008、Windows Server 2003 计算机上的资源。如果用 Windows Server 2008 上的账户而不

是 Windows Server 2003 上的账户登录到 Windows 7 系统,则只能访问 Windows Server 2008 上的资源,而 Windows Server 2003 上的资源不能访问。但是,一旦 Windows Server 2008、Windows Server 2003 上的 Guest 账户被启用,用任何账户登录 Windows 7 都能访问 Windows Server 2008、Windows Server 2003 中的资源。

(2) 对于 Windows Server 2008,用本地账户登录到本机,并访问 Windows Server 2003 和 Windows 7 上的资源。若此账户不是 Windows Server 2003 或 Windows 7 上的账户,需要输入对方计算机的本地账户名和密码才能访问。

(3) Windows Server 2003 和 Windows 7 的登录情况类似。

基于 Windows 的对等网操作系统能提供简单的资源安全性管理(即访问权限机制)功能,设置了以下类型的访问权限:

- 只读权限:可以浏览文件夹的内容,以只读方式打开文件或作为复制资源的源。
- 完全权限:可以进行包括删除、更改、新建在内的所有操作。
- 密码限制权限:用户必须通过密码来获取相应的访问权限。

对等网计算机之间的互相访问可通过两种方法实现:

(1) 通过双击桌面上的"网络"图标访问。适用于同组或不同组计算机之间共享资源的访问。

(2) 用计算机主机名或 IP 地址进行搜索。当两台计算机属于不同的工作组,或在"网络"中看不到此计算机,但又能 Ping 通时,使用搜索的方式更便捷。

实训 2-1 组建仅有一个工作组的对等网

【实训条件】

(1) 每组设置三台虚拟计算机,通过虚拟网卡的"内部网络"形式连接。

(2) 安装了虚拟操作系统、网卡及网卡驱动程序:一台装有 Windows Server 2008 系统、一台装有 Windows Server 2003 系统、一台装有 Windows 7 系统。

【实训说明】

(1) 对虚拟操作系统进行配置,组建工作组方式的对等网。

(2) 工作组内三台虚拟 PC 之间网络是否连通,相互资源是否能够共享。

(3) 如果所有的工作站均由 Windows Server 2008、Windows Server 2003 和 Windows 7 组成,则在每台计算机上创建相同的账户,用每台计算机上都有的用户账户登录,就可以相互访问对方的共享资源了。

【实训任务】

(1) Windows Server 2008 的网络配置。

(2) Windows Server 2003 的网络配置。

(3) Windows 7 的网络配置。

(4) 检测每个小组的局域网络是否连通。

（5）同一工作组内计算机资源的共享。

【实训目的】

熟练掌握同一个工作组中对等网的配置方法。

【实训内容】

本实训以 1 号物理主机为例。

1. Windows Server 2008 的网络配置

（1）检查 VirtualBox 中对 Win 2008 的基本设置情况。

（2）检查 Windows Server 2008 的基本情况，要求按局域网分组方案对计算机名和 IP 地址进行设置。如果不正确，在桌面上右击"计算机"图标，在弹出的快捷菜单中选择"属性"命令。在打开的"系统"对话框中单击"改变设置"按钮。在弹出的"系统属性"对话框中的"计算机名"选项卡中单击"更改"按钮，修改计算机名和工作组名，如图 2-1-1 所示，单击"确定"按钮，重启后生效。

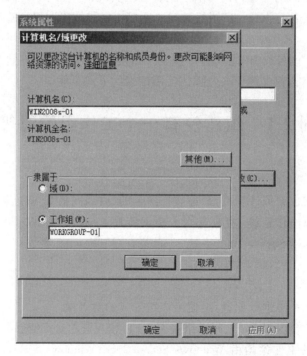

图 2-1-1 计算机名和工作组名设置

（3）在桌面上右击"网络"图标，在弹出的快捷菜单中选择"属性"命令。单击"查看活动网络"选项组下的"本地连接"按钮，打开"本地连接状态"对话框。在该对话框的"活动"选项区域中单击"属性"按钮，打开"本地连接属性"对话框。双击"Internet 协议版本 4（TCP/IPv4）"选项，在打开的"Internet 协议版本 4（TCP/IPv4）属性"对话框中设置 IP 地址，如图 2-1-2 所示。

（4）在 Windows Server 2008 上创建本地用户和本地组。

① 在桌面上右击"计算机"图标，在弹出的快捷菜单中选择"管理"命令。在"服务器管

图 2-1-2　IP 地址设置

理器"窗口中打开"配置"扩展页，右击"本地用户和组"节点下的"用户"选项，在弹出的快捷菜单中选择"新用户"命令，如图 2-1-3 所示。

图 2-1-3　选择"新用户"命令

　　② 打开图 2-1-4 所示"新用户"对话框后，输入用户名 user1 和密码 user1，选择"用户不能更改密码"和"密码永不过期"复选框，然后单击"创建"按钮。

　　③ 在桌面上右击"计算机"图标，在弹出的快捷菜单中选择"管理"命令。在"服务器管理器"窗口中打开"配置"扩展页。右击"本地用户和组"节点下的"组"选项，在弹出的快捷菜单中选择"新建组"命令，如图 2-1-5 所示。

图 2-1-4　创建 user1 用户

图 2-1-5　选择"新建组"命令

　　④ 打开如图 2-1-6 所示的"新建组"对话框后,输入组名 ylj,单击"添加"按钮将刚建立的 user1 用户作为 ylj 本地组的成员,然后单击"创建"按钮。

　　(5) 资源共享。

　　① 在"网络和共享中心"页面的"共享和发现"选项区域中单击"启用网络发现"单选按钮,首先启用"网络发现"功能,如图 2-1-7 所示。

图 2-1-6　新建本地组和添加组成员

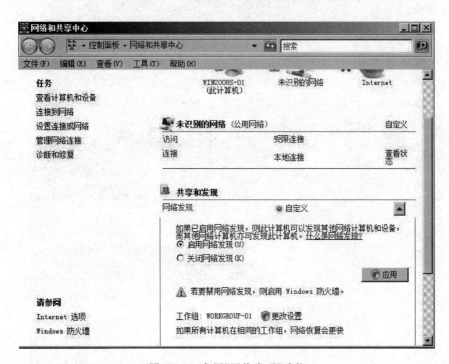

图 2-1-7　启用"网络发现"功能

② 使用资源管理器创建一个文件夹 C:\Myfile,复制一些文件到此文件夹中。

③ 右击 Myfile 文件夹,在弹出的快捷菜单中选择"共享"命令。在弹出的"Myfile 属性"对话框中选择"共享"选项,在弹出的对话框中选择要与其共享的用户,然后单击"添加"按钮,并单击"共享"按钮,如图 2-1-8 所示。

④ 右击共享文件夹 Myfile,在弹出的快捷菜单中选择"属性"命令。打开"Myfile 属性"对话框,选择"共享"选项卡,单击"高级共享"按钮设置共享权限。单击"权限"按钮,出现"Myfile 的权限"对话框,设置此文件夹的共享权限为 Everyone 有"读取"权限,如图 2-1-9 所示,则在本机上所有用户均对文件夹 Myfile 有读取共享权限,单击"确定"按钮。

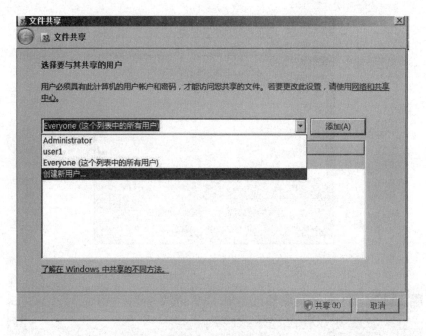

图 2-1-8　选择用户

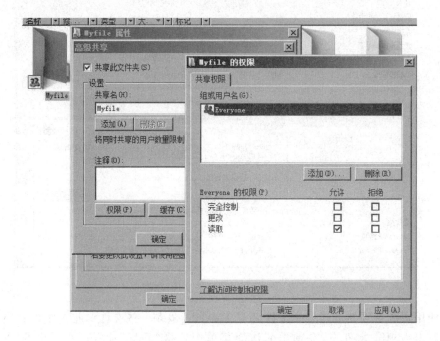

图 2-1-9　Myfile 的共享权限设置

2．Windows Server 2003 的网络配置

（1）检查 VirtualBox 中对 Win 2003 的基本设置情况。

（2）检查 Windows Server 2003 的基本情况，要求按局域网分组方案对计算机名和 IP 地址进行设置。如果不正确，右击"我的电脑"图标，在弹出的快捷菜单中选择"属性"命令。在"系统属性"对话框中切换至"计算机名"选项卡，单击"更改"按钮。在打开的"计算机名称更改"对话框中修改计算机名和工作组名,如图 2-1-10 所示,单击"确定"按钮,重启后生效。

（3）安装网络组件及配置。右击"网上邻居"图标,在弹出的快捷菜单中选择"属性"命令。在"网络连接"对话框中双击"本地连接"按钮,然后单击"属性"按钮,选中"Internet 协议(TCP/IP)"复选框,在弹出的"Internet 协议(TCP/IP)属性"对话框中如图 2-1-11 所示进行设置。

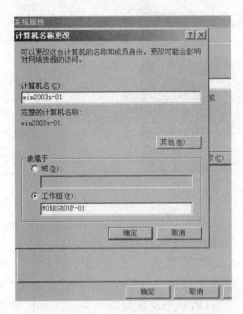

图 2-1-10 计算机名和工作组名设置

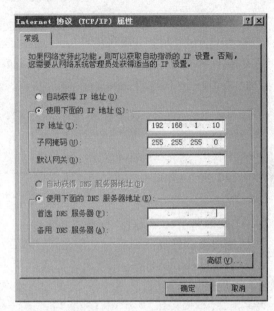

图 2-1-11 IP 地址设置

（4）在 Windows Server 2003 上创建本地用户 user2。

① 右击"我的电脑"图标,在弹出的快捷菜单中选择"管理"命令,打开"计算机管理"窗口。右击"本地用户和组"节点下的"用户"选项,在弹出的快捷菜单中选择"新用户"命令,如图 2-1-12 所示。

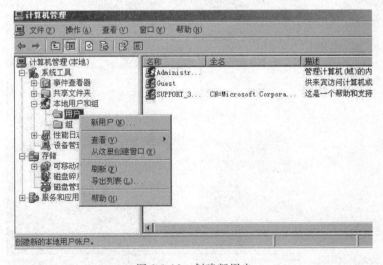

图 2-1-12 创建新用户

建立和使用对等网

② 在弹出的图 2-1-13 所示对话框中新建用户名为 user2,密码为 user2 的用户,单击"创建"按钮。

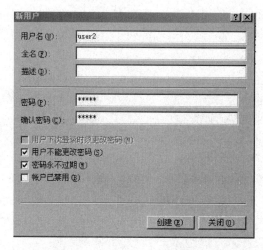

图 2-1-13　输入用户名和密码

(5) 资源共享。

① 使用资源管理器创建一个文件夹 C:\Temp,复制一些文件到此文件夹中。

② 右击 Temp 文件夹,在弹出的快捷菜单中选择"共享和安全"命令,在打开的"Temp 属性"对话框的"共享"选项卡中单击"共享此文件夹"单选按钮。在"用户数限制"中单击"允许最多用户"单选按钮,然后在打开的"Temp 的权限"对话框中设置此文件夹的共享权限为 Everyone 有"完全控制"权限,则本地所有账户均对文件夹 Temp 有存取权限,如图 2-1-14 所示。

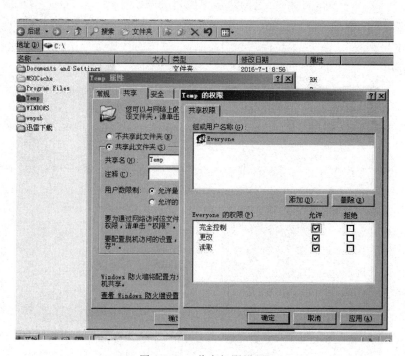

图 2-1-14　共享权限设置

3. Windows 7 的网络配置

（1）检查 VirtualBox 中对 Windows 7 的基本设置情况。

（2）检查 Windows 7 的基本情况，要求按局域网分组方案对计算机名和 IP 地址进行设置。如果不正确，右击"计算机"图标，在弹出的快捷菜单中选择"属性"命令。在"系统"对话框中单击"计算机名称、域和工作组设置"选项组旁的"更改设置"按钮，在弹出的"系统属性"对话框的"计算机名"选项卡中单击"更改"按钮，修改计算机名和工作组名，如图 2-1-15 所示，单击"确定"按钮，重启后生效。

（3）右击"网络"图标，在弹出的快捷菜单中选择"属性"命令，在"查看活动网络"选项组下单击"本地连接"按钮。在"本地连接状态"对话框中单击"属性"按钮，打开"本地连接属性"对话框，双击"Internet 协议版本 4（TCP/IPv4）"复选框，设置 IP 地址，如图 2-1-16 所示。

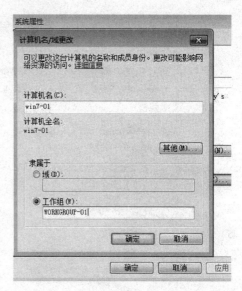

图 2-1-15　计算机名和工作组名设置

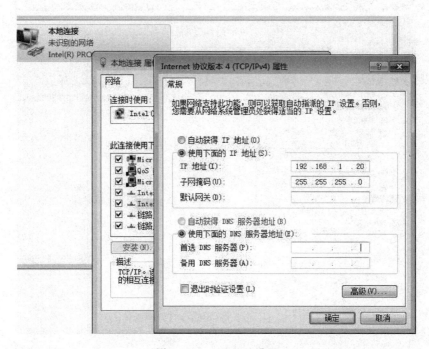

图 2-1-16　IP 地址设置

（4）在"网络和共享中心"页面中单击"更改高级共享设置"按钮，在"家庭或工作"和"公用"选项区域中单击"启用网络发现"单选按钮，如图 2-1-17 所示。

（5）在 Windows 7 上创建本地用户 user3。

① 右击"计算机"图标，在弹出的快捷菜单中选择"管理"命令，在打开的"计算机管理

建立和使用对等网

（本地）"窗口中展开"本地用户和组"选项，右击"用户"文件夹，在弹出的快捷菜单中选择"新用户"命令，如图 2-1-18 所示。

图 2-1-17　启用"网络发现"

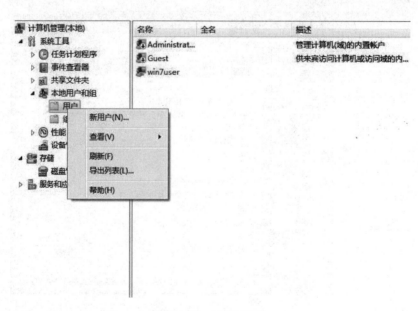

图 2-1-18　创建新用户

②　在如图 2-1-19 所示的"新用户"对话框中新建用户名为 user3，密码为 user3 的用户，单击"创建"按钮。

（6）资源共享。

①　使用资源管理器创建一个文件夹 C:\Tool，复制一些文件到此文件夹中。

图 2-1-19 用户名和密码设置

② 右击 Tool 文件夹,在弹出的快捷菜单中选择"共享"命令,选择下一个级联子菜单中的"特定用户"选项。选择要与其共享的用户,单击"添加"按钮,如图 2-1-20 所示。

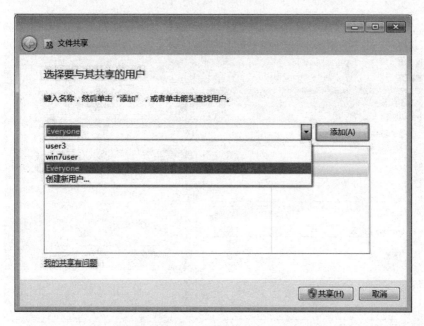

图 2-1-20 选择要与其共享的用户

③ 在高亮选中的用户中选择权限级别为"读取",然后单击"共享"按钮,如图 2-1-21 所示。

④ 如果要进一步设置共享权限,右击 Tool 文件夹,在弹出的快捷菜单中选择"属性"命令。在打开对话框的"共享"选项卡中单击"高级共享"按钮,可以设置用户数限制为 100,更改 Everyone 共享权限的设置,如"更改"权限,如图 2-1-22 所示。

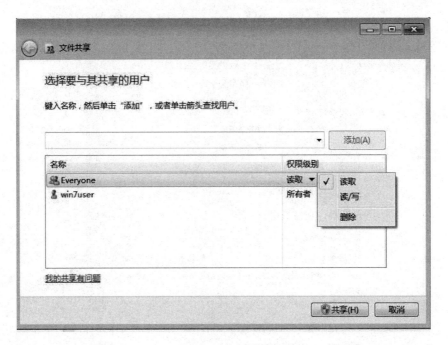

图 2-1-21　设置 Everyone 为"读取"共享权限

图 2-1-22　"高级共享"权限设置

实训检测：

① 重新启动计算机(三台装有 Windows Server 2008、Windows Server 2003、Windows 7 的计算机)。

② 在桌面上双击"网上邻居"或"网络"图标,看到 WorkGroup-01 组下的三台计算机,如图 2-1-23 所示。如果没法看到网络中的其他计算机,则用以下方法检测网络是否连通。若已连通,而又看不到网络中的其他计算机,说明网络配置有问题。多数问题是工作组不一致,只要进行网络设置即可。

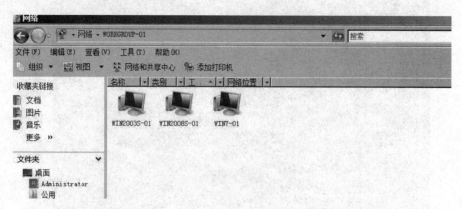

图 2-1-23 在 Windows Server 2008 虚拟机上通过"网络"找到工作组下的三个成员

③ 在 Windows 7 上测试该计算机网卡及网络配置是否正确。运行命令 Ping 192.168.1.20,如图 2-1-24 所示,表明网卡及网络配置都正确。

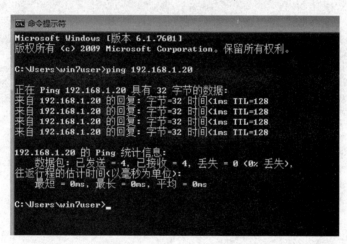

图 2-1-24 Ping 本机 IP 地址

④ 在 Windows 7 上分别检测与 Windows Server 2008 和 Windows Server 2003 的网络连通情况,运行命令 Ping 192.168.1.1 和 Ping 192.168.1.10,如果出现图 2-1-25 所示的情况,表明与上述两台计算机已连通。

⑤ 在 Windows Server 2008 和 Windows Server 2003 两台计算机上用类似的方法进行检测,以判断网络是否全部连通。

⑥ 查找计算机。通过在每台计算机上查找同一工作组内其他的计算机,可以检查网络是否连通。右击"网上邻居"或"网络"图标,在弹出的快捷菜单中选择"搜索计算机"命令,在图 2-1-26 所示对话框中输入计算机名 Win2008s-01,然后单击"搜索"按钮。如果此计算机的网络已连通,则会显示找到的计算机。

43

第 2 章

图 2-1-25　Ping 网络中对方计算机的 IP 地址

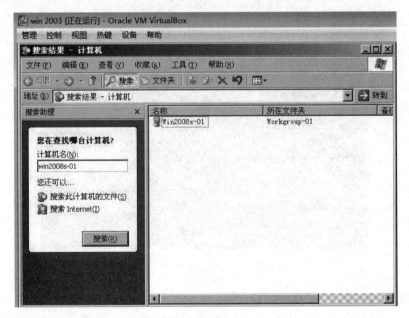

图 2-1-26　搜索计算机

4. 同一工作组中三台计算机相互对等访问

请将相互访问的情况写在实训报告中。

(1) 在 Windows Server 2008 上登录。

① 用 Windows Server 2008 上创建的用户(如 user1)进行登录。在桌面上双击"网络"图标,选中 WorkGroup-01,出现三个图标:Wn2008s-01、Win2003s-01、Win7-01。双击每一个图标,查看共享情况(提示:在 Windows Server 2008 上能查看共享资源,在 Windows

Server 2003 上要求输入用户名和密码,在 Windows 7 上要求输入用户名和密码)。

② 检查:

- 用 Windows Server 2003 上创建的用户 user2 能否在 Windows Server 2008 上登录? 为什么? 提示:不能。

- 用 Windows 7 上创建的用户 user3 能否在 Windows Server 2008 上登录? 为什么? 提示:不能。

- 用 Windows Server 2008、Windows Server 2003、Windows 7 上都有的超级用户 Administrator 登录,检查各共享情况。说明为什么。提示:能查看共享资源。

(2) 在 Windows Server 2003 上登录。

① 用 Windows Server 2003 上创建的用户(如 user2)进行登录。在桌面上双击"网上邻居"图标,在打开的窗口中双击"整个网络",双击 Microsoft Windows Network,然后双击 WorkGroup-01,出现三个图标:Wn2008s-01、Win2003s-01、Win7-01。双击每一个图标,查看共享情况(提示:在 Windows Server 2003 上能查看共享资源,在 Windows Server 2008 上要求输入用户名和密码,在 Windows 7 上要求输入用户名和密码)。

② 检查:

- 用 Windows Server 2008 上创建的用户 user1 能否在 Windows Server 2003 上登录? 为什么? 提示:不能。

- 用 Windows 7 上创建的用户 user3 能否在 Windows Server 2003 上登录? 为什么? 提示:不能。

- 用 Windows Server 2008、Windows Server 2003、Windows 7 上都有的超级用户 Administrator 登录,检查各共享情况。说明为什么。提示:能查看共享资源。

(3) 在 Windows 7 上登录。

① 用 Windows 7 上创建的用户(如 user3)进行登录。在桌面上双击"网络"图标,在"搜索"栏里输入 WorkGroup-01,出现三个图标:Wn2008s-01、Win2003s-01、Win7-01,如图 2-1-27 所示。双击每一个图标,查看共享情况(提示:在 Windows Server 7 上能查看共享资源,在 Windows Server 2008 上要求输入用户名和密码,在 Windows Server 2003 上要求输入用户名和密码)。

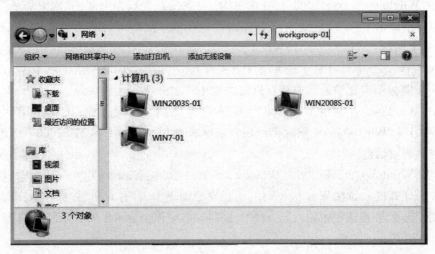

图 2-1-27　WorkGroup-01 组内的计算机

建立和使用对等网

② 检查：

- 用 Windows Server 2008 上创建的用户 user1 能否在 Windows 7 上登录？为什么？提示：不能。

- 用 Windows Server 2003 上创建的用户 user2 能否在 Windows 7 上登录？为什么？提示：不能。

- 用 Windows Server 2008、Windows Server 2003、Windows 7 上都有的超级用户 Administrator 登录，检查各共享情况。说明为什么？提示：能查看共享资源。

（4）参考结果。

① 在 Windows Server 2008 上用 user1 账户登录。双击"网络"，选中 WorkGroup-01，双击 Win2008s-01 图标，将看到 Windows Server 2008 计算机上的共享文件夹 Myfile，如图 2-1-28 所示。

② 双击 Win2003s-01 图标，要求输入 Windows Server 2003 的本地用户名和密码，准确无误后方可登录，如图 2-1-29 所示。

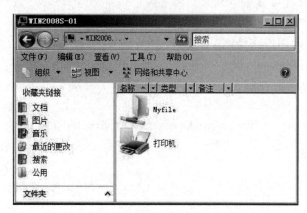

图 2-1-28　Windows Server 2008 中的共享文件夹 Myfile　　图 2-1-29　　输入 Windows Server 2003 的本地用户名和密码

③ 在 Windows Server 2003 上用 user2 账户登录。在桌面上双击"网上邻居"图标，在打开的窗口中双击"整个网络"，双击 Microsoft Windows Network，然后双击 WorkGroup-01，出现三个图标：Win2008s-01、Win2003s-01、Win7-01。双击 Win2003s-01 图标，将看到 Windows Server 2003 计算机上的共享文件夹 Temp，如图 2-1-30 所示。双击 Win2008s-01 和 Win7-01 图标都需要输入对方计算机的本地用户名和密码才能登录。

④ 在 Windows 7 上用 user3 账户登录到相应的工作组 WorkGroup-01 中。双击 Win2008s-01 和 Win2003s-01 图标都出现要求输入 Win2008s-01 和 Win2003s-01 本地用户账户和密码的对话框。

（5）用 Windows Server 2008、Windows Server 2003、Windows 7 上的"搜索"功能查找工作组中的计算机。如在 Windows 7 中，可以在桌面上双击"计算机"图标，在打开的窗口中单击"网络"选项，在搜索栏中输入要查找的计算机名，应该会显示出来，如图 2-1-31 所示。

（6）启用 Guest 账户。

如果将 Windows Server 2008、Windows Server 2003、Windows 7 上的 Guest 账户启

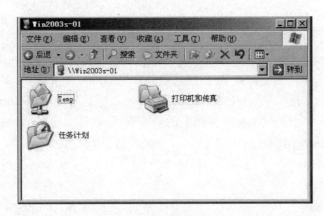

图 2-1-30　Windows Server 2003 中的共享文件夹 Temp

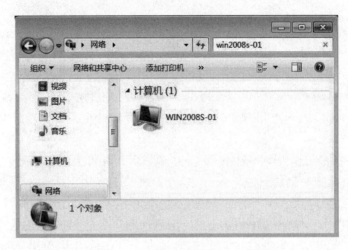

图 2-1-31　使用"搜索"查找计算机

用,则在三台计算机上无论用哪个本地账户登录,都能访问到其他计算机上的共享资源。

在 Windows Server 2008 上启用 Guest 账户的步骤:首先用 Administrator 账户登录,选择"开始"→"管理工具"→"计算机管理"→"本地用户和组"→"用户"选项。右击 Guest 账户,在弹出的快捷菜单中选择"属性"命令,在打开的对话框中取消对"账户已禁用"复选框的选择。

在 Windows Server 2003 上启用 Guest 账户的步骤:首先用 Administrator 账户登录,选择"开始"→"管理工具"→"计算机管理"→"本地用户和组"→"用户"选项。右击 Guest 账户,在弹出的快捷菜单中选择"属性"命令,在打开的对话框中取消对"账户已禁用"复选框的选择。

在 Windows 7 上启用 Guest 账户的步骤:首先用 Administrator 账户登录,在桌面上右击"计算机"图标,从弹出的快捷菜单中选择"管理"→"本地用户和组"→"用户"选项。右击 Guest 账户,在弹出的快捷菜单中选择"属性"命令,在打开的对话框中取消对"账户已禁用"复选框的选择。

（7）练习:检验 Guest 账户在对等网中的作用。

① 在 Windows Server 2008 上用 Administrator 账户登录,启用 Guest 账户。创建 a 账户,再用 a 账户登录,在"网络"中访问其他计算机上的共享资源,结果如何?

② 在 Windows Server 2008 上用 Administrator 账户登录,禁用 Guest 账户。再用 a 账户登录,在"网络"中访问其他计算机上的共享资源,结果如何?

③ 在 Windows Server 2003 上用 Administrator 账户登录,启用 Guest 账户。创建 b 账户,再用 b 账户登录,在"网上邻居"中访问其他计算机上的共享资源,结果如何?

④ 在 Windows Server 2003 上用 Administrator 账户登录,禁用 Guest 账户。再用 b 账户登录,在"网上邻居"中访问其他计算机上的共享资源,结果如何?

⑤ 禁用 Windows Server 2008 上的 Guest 账户,同时禁用 Windows Server 2003 上的 Guest 账户,在 Windows 7 上用 user3 账户登录,在"网络"中访问其他计算机上的共享资源,结果如何?

⑥ 启用 Windows Server 2008 上的 Guest 账户,同时禁用 Windows Server 2003 上的 Guest 账户,在 Windows 7 上用 user3 账户登录,在"网络"中访问其他计算机上的共享资源,结果如何?

⑦ 禁用 Windows Server 2008 上的 Guest 账户,同时启用 Windows Server 2003 上的 Guest 账户,在 Windows 7 上用 user3 账户登录,在"网络"中访问其他计算机上的共享资源,结果如何?

⑧ 启用 Windows Server 2008 上的 Guest 账户,同时启用 Windows Server 2003 上的 Guest 账户,在 Windows 7 上用 user3 账户登录,在"网络"中访问其他计算机上的共享资源,结果如何?

⑨ 练习:在同一工作组 WorkGroup-01 中的三台计算机上都创建同一账户 sameuser,但密码各不相同,检查对等访问情况。

⑩ 如果所创建的本地用户账户密码为空的话,系统默认只允许控制台登录,而不能通过网络访问。如在 Windows 7 中创建一个空密码的用户账户,工作组内的其他两台计算机要用此账户访问 Windows 7 中的共享资源,必须在 Windows 7 中先用 Administrator 账户登录。选择"开始"→"控制面板"→"系统和安全"→"管理工具"→"本地安全策略"→"本地策略"→"安全选项"选项。在打开的对话框中右击"账户:使用空密码的本地账户只允许进行控制台登录"选项,在弹出的快捷菜单中选择"属性"命令,在打开的对话框中选择"已禁用"单选按钮,如图 2-1-32 所示。

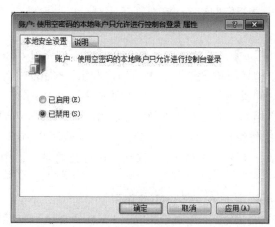

图 2-1-32　本地安全策略设置

实训 2-2　组建有多个工作组的对等网

【实训条件】

（1）每个小组的三台计算机按实训 1-1 要求组建了局域网，各组计算机都用交换机互连在一起。

（2）每个小组正确安装了 Windows Server 2008、Windows Server 2003、Windows 7 操作系统及网卡和网卡驱动程序，小组内的网络已经连通。

【实训说明】

（1）VirtualBox 中三台虚拟计算机的网卡设置为"桥接网卡"形式。

（2）对每个小组中的计算机进行重新配置，在不改变 IP 地址、计算机名称、工作组名称的情况下，通过改变子网掩码，使不同小组的计算机属于同一个网络。

（3）不同小组的同学相互配合，检查网络是否连通，相互的资源是否能够共享，从而熟悉在同一网络内创建不同的工作组，实现多个工作组之间的对等访问。

【实训任务】

（1）修改 VirtualBox 中三台虚拟计算机的网卡设置。

（2）修改三台计算机的网络配置。

（3）检查资源共享情况。

【实训目的】

熟练掌握不同工作组的对等网配置方法。

【实训内容】

本实训以 1 号物理主机和 2 号物理主机为例。

1. 网卡设置

在 VirtualBox 管理控制台上分别对三台虚拟计算机（已关闭状态）中的网卡设置为"桥接网卡"，如图 2-2-1 所示。

2. Windows Server 2008、Windows Server 2003、Windows 7 的网络配置

在原有的 IP 地址、计算机名称、工作组名称不变的情况下，修改所有计算机的子网掩码为 255.255.0.0，使整个机房内的计算机都在同一网络内（192.168.0.0）。

分别在 Win2008s-02 计算机上建立共享文件夹 Share；在 Win2003s-02 计算机上建立共享文件夹 Report；在 Win7-02 计算机上建立共享文件夹 Vpc。

在 Win2008s-02 计算机上新建账户名为 user4，密码为空，隶属于 users 组。

在 Win2003s-02 计算机上新建账户名为 user5，密码为空，隶属于 users 组。

在 Win7-02 计算机上新建用户名为 user6，密码为空，隶属于 users 组。

图 2-2-1　VirtualBox 中的网卡设置

3. 不同工作组的几台计算机相互对等访问

（1）在 01 组（WorkGroup-01 工作组）的 Windows Server 2008 上登录，用 Windows Server 2008 上创建的用户（如 user1）进行登录。在桌面上双击"网络"图标，在打开的窗口中选择"工作组"选项卡，选中 WorkGroup-01 和 WorkGroup-02，可以看到图 2-2-2 所示两个工作组中的 6 台计算机。

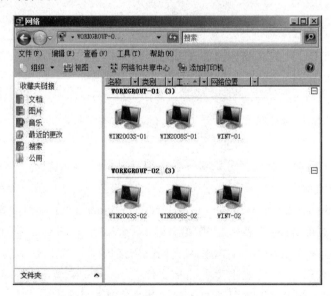

图 2-2-2　显示两个工作组下的所有计算机

双击 WorkGroup-02 工作组下的每一个计算机图标，查看共享情况。结果都不能访问第二小组中 Win2008s-02、Win2003s-02、Win7-02 计算机中的共享资源（要求输入用户名和密码），如图 2-2-3 所示。

（2）在 01 组（WorkGroup-01 工作组）的 Windows Server 2008 上用超级用户 Administrator 登录（如 Administrator 密码为空，首先应该在 Win2008s-02、Win2003s-02、Win7-02 中设置本地安全策略，如图 2-1-32 所示），检查各共享情况。双击 02 小组（WorkGroup-02 工作组）中的 Win2008s-02、Win2003s-02、Win7-02，发现都能访问它们的共享文件夹，如图 2-2-4 所示。

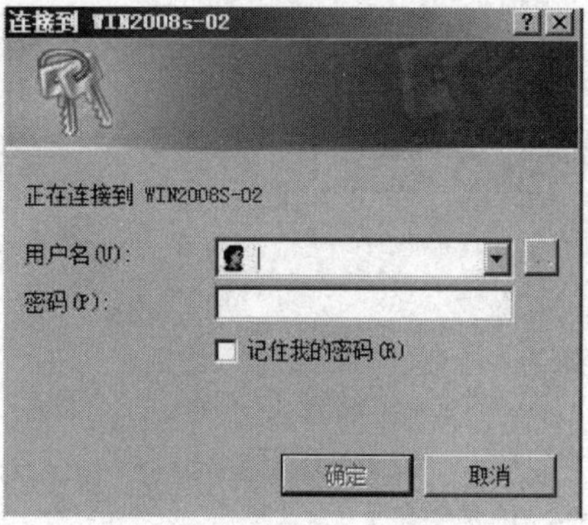

（3）在 01 组（WorkGroup-01 工作组）的 Windows Server 2003 上登录。

① 在 01 小组用 Windows Server 2003 上创建的用户 user2 登录，访问 WorkGroup-02 工作组中的计算机 Win2008s-02、Win2003s-02、Win7-02。双击每一个计算机图标，查看共享情况。

图 2-2-3　要求输入对方计算机的
用户名和密码

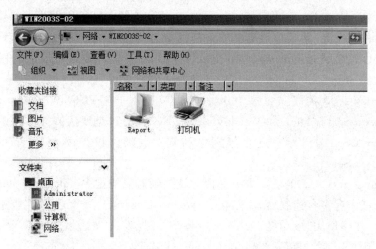

图 2-2-4　访问 Win2003s-02 中的共享文件夹

② 在 01 小组用 Windows Server 2003 上的超级用户 Administrator 登录，检查共享情况。

（4）在 01 组（WorkGroup-01 工作组）的 Windows 7 上登录，在登录窗口中输入用户名 user3 和密码，访问 WorkGroup-02 工作组中的计算机 Win2008s-02、Win2003s-02、Win7-02。双击每一个计算机图标，查看共享情况。

（5）在 02 小组（WorkGroup-02 工作组）中用 Win2008s-02 上创建的用户 user4 登录，查看对 01、02 小组中各计算机的访问情况。用 Win2003s-02 上创建的用户 user5 登录，查看对 01、02 小组中各计算机的访问情况。启用 Guest 账户后，查看有什么变化？再用 Administrator 账户登录，查看对 01、02 小组中各计算机的访问情况，看有哪些不同。在 Win7-02 上用本地用户（如 user6）登录，使用搜索网络中计算机的方法能否找到其他工作组中的计算机？能否访问其他工作组中的共享资源？

第 3 章 组建基于域的局域网

【知识背景】

在基于服务器的 Windows 网络中定义了"域"的概念。域是网络中特定的资源集合,具有统一的域名和安全管理体系,由域控制器承担全域资源的统一管理。

在基于"域"的 Windows 网络中,以 Active Directory(活动目录)来组织网络内的全部资源,包括用户、计算机及其他网络设备。

域控制器是一台运行 Windows Server 2008 的计算机。域控制器为网络中的用户和计算机提供活动目录服务,并管理用户和域之间的信息传输和交互,包括用户登录过程、验证和目录搜索等。每个域必须至少包含一个域控制器,所有的域控制器都是平等的。

Windows Server 2008 的"域功能"分为三种级别:

- Windows 2000 纯模式:这个级别内的域控制器可以是 Windows Server 2008、Windows Server 2003 和 Windows 2000 Server。这是默认值选项。
- Windows Server 2003:这个级别内的域控制器可以是 Windows Server 2008 和 Windows Server 2003。
- Windows Server 2008:这个级别内的域控制器只能是 Windows Server 2008。

若创建的域中有多台控制器,而且包含 Windows Server 2008 及以下版本的 Windows 网络操作系统,建议使用"域功能"为"Windows 2000 纯模式";若域中只有 Windows Server 2008 控制器,则使用"域功能"为"Windows Server 2008"。

不同级别的"域功能"有不同的特色和用途,其中 Windows Server 2008 域功能拥有 Active Directory 的所有功能,如域控制器重新命名、更新登录时间、转换组类型等。用户可以提升域功能的级别,不过一旦将级别从"Windows 2000 纯模式"提升到 Windows Server 2003 或 Windows Server 2008 级别后,就不可能再改回到 Windows Server 2003 或 "Windows 2000 纯模式"级别了。

Windows Server 2008 对计算机的硬件配置有一定的要求:

- 处理器:最小 1GHz,建议 2GHz,最佳 3GHz 或者更快速的。
- 内存:最小 512MB RAM,建议 1GB RAM,最佳 2GB RAM(完整安装)或者 1GB RAM(Server Core 安装);最大(32 位系统)4GB(标准版)、64GB(企业版以及数据中心版),最大(64 位系统)32GB(标准版)、2TB(企业版以及数据中心版)。
- 允许的硬盘空间:最小 8GB,建议 40GB(完整安装)或者 10GB(Server Core 安装);最佳 80GB(完整安装)或者 40GB(Server Core 安装)。
- 要开启 AERO,显卡硬件必须支持 DX9.0 和 PS2.0(因为 AERO 会用到 DX9.0 和

PS2.0 的特效),最好有 128MB 以上显存。

- 从光盘安装时,应该选择 40 倍速或更高的光盘驱动器,这样可确保从光盘顺利、快速地读出安装程序。

现在计算机硬件配置都相当高,对 Windows Server 2008 操作系统的安装已不存在任何问题。

Windows Server 2008 的磁盘分区可采用 FAT32 和 NTFS 两种类型的文件系统。Windows Server 2008 的 NTFS 文件系统在原有的安全特性之上又添加了新的特性,如活动目录、卷影副本、磁盘配额、NTFS 安全权限等。如果希望 Windows Server 2008 和早期操作系统之间建立多重启动,就需要使用 FAT32 文件系统,用户必须把系统配置成多重启动并在硬盘上用 FAT32 分区作为活动分区;如果服务器不需要配置多重启动功能,最好使用 NTFS 格式的文件系统。

域的合法用户可以从局域网的工作站上登录到域,从而共享域内的资源。

Windows Server 2008 所支持的用户账户分为两类:域用户账户和本地用户账户。域用户账户建立在域控制器的 Active Directory 数据库内。用户可以用域用户账户登录域,并利用它来访问网络上的资源,登录时由域控制器检查用户名和密码的正确性。本地用户账户建立在 Windows Server 2008 独立服务器、成员服务器的本地数据库内,而不是域控制器的 Active Directory 中。用户可用本地登录此用户所在的计算机,但只能访问这台计算机内的资源,无法访问网上资源。登录时这台计算机将根据本地安全数据库来检查用户身份的合法性。

实训 3-1　安装活动目录

【实训条件】

已正确安装了 Windows Server 2008。

【实训说明】

(1) 安装活动目录,将 Windows Server 2008 独立服务器升级为域控制器。
(2) 在安装活动目录的同时安装 DNS。

【实训任务】

(1) 安装活动目录。
(2) 安装 DNS。
(3) 将 Windows Server 2008 域控制器降级为独立服务器。

【实训目的】

(1) 将 Windows Server 2008 独立服务器升级为域控制器。
(2) 将 Windows Server 2008 域控制器降级为独立服务器。

【**实训内容**】

本实训以 1 号物理主机为例。

1. 安装活动目录

（1）在 Windows Server 2008 上检查计算机名称是否正确。右击"计算机"图标，在弹出的快捷菜单中选择"属性"命令，可以在打开的"系统"页面上查看计算机的相关信息。在"计算机名称、域和工作组设置"中显示计算机名为 Win2008s-01，工作组为 WorkGroup-01。如设置不正确，单击右侧的"改变设置"按钮可重新命名。正确设置名称后重启计算机，以确保更改生效。

（2）安装 AD（Active Directory，活动目录）。

① 选择"开始"→"管理工具"→"服务器管理器"命令，右击"角色"选项，在弹出的快捷菜单中选择"添加角色"命令，打开"添加角色向导"对话框，单击"下一步"按钮。

② 在"选择服务器角色"页面中选中"Active Directory 域服务"复选框，如图 3-1-1 所示，然后单击"下一步"按钮。

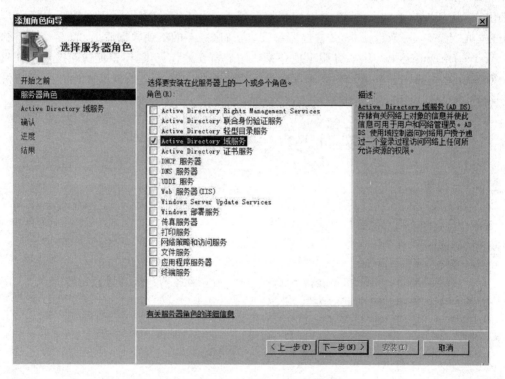

图 3-1-1　选择"Active Directory 域服务"选项

③ 在"Active Directory 域服务"页面上显示 Active Directory 域服务的简介，如图 3-1-2 所示，单击"下一步"按钮。

④ 在"确认安装选择"页面上显示 Active Directory 域服务安装信息，如图 3-1-3 所示，单击"安装"按钮。

⑤ 在"安装进度"页面上显示正在进行 Active Directory 域服务的安装，如图 3-1-4 所示。

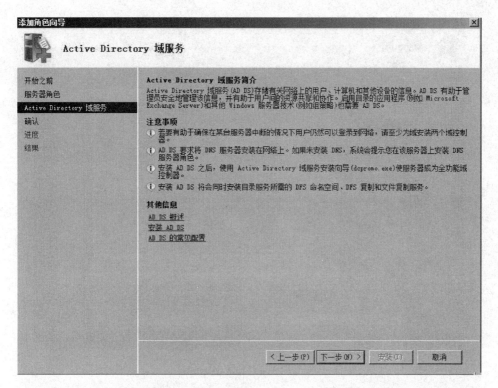

图 3-1-2 "Active Directory 域服务"页面

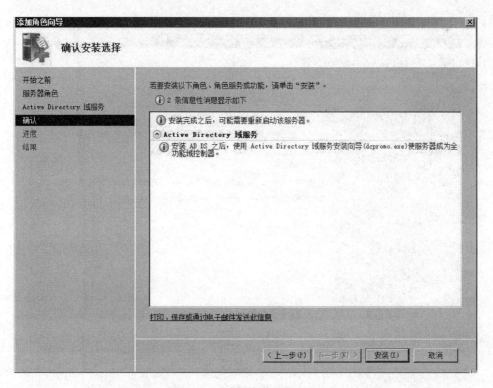

图 3-1-3 "确认安装选择"页面

组建基于域的局域网

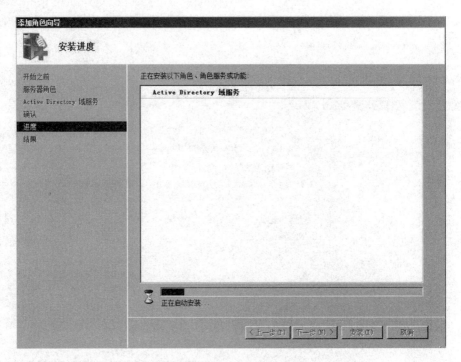

图 3-1-4　"安装进度"页面

⑥ 在"安装结果"页面上显示"已成功安装以下角色、角色服务或功能"信息，如图 3-1-5 所示，单击"关闭"按钮结束安装。

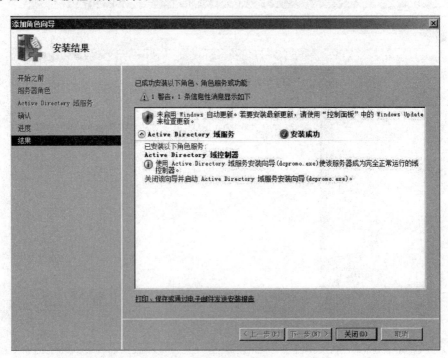

图 3-1-5　添加角色成功页面

⑦ 在随后出现的"服务器管理器"窗口左侧窗格中选择"角色"→"Active Directory 域服务"节点,在右侧窗格中的"摘要"选项卡中显示"尚未将此服务器作为域控制器运行"。单击"运行 Active Directory 域服务安装向导(dcpromo.exe)"超链接(也可以直接在桌面上选择"开始"→"运行"命令,在"打开"文本框中输入安装程序 dcpromo.exe),如图 3-1-6 所示。

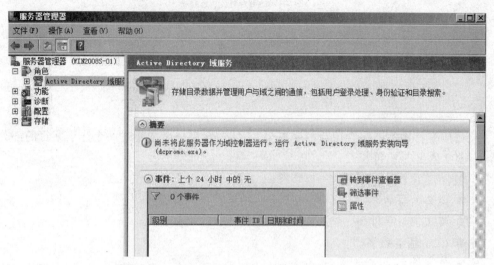

图 3-1-6　启动 Active Directory 域服务安装向导

⑧ 依次出现欢迎和兼容性警告后,在接下来出现的如图 3-1-7 所示的对话框中选择"在新林中新建域"单选按钮,然后单击"下一步"按钮。

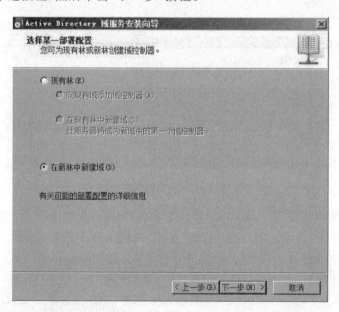

图 3-1-7　选择在新林中新建域

⑨ 弹出如图 3-1-8 所示的出错对话框,应取消 Active Directory 域服务安装向导,重设本地 Administrator 账户的密码(本地账户密码复杂性要求在独立服务器中默认是禁用的),使之符合密码复杂性的要求。

图 3-1-8　显示本地 Administrator 账户密码不符合要求

账户密码复杂性要求必须是：

- 密码字符中不能包含用户的账户名，不能包含用户名中超过两个连续字符的部分。
- 至少有 6 个字符长。
- 包含以下 4 类字符中的三类字符：
  - 英文大写字母（A～Z）。
  - 英文小写字母（a～z）。
  - 10 个基本数字（0～9）。
  - 非字母字符（例如！、$、♯、％）。

⑩ 重设本地 Administrator 账户的密码后，再重新开始第⑦步和第⑧步。在"命名林根域"页面中的"目录林根级域的 FQDN"文本框中输入 Nserver-01.com，单击"下一步"按钮，如图 3-1-9 所示。安装向导自动检查这个域名有没有被占用，若已被占用，安装程序会要求输入新的域名。

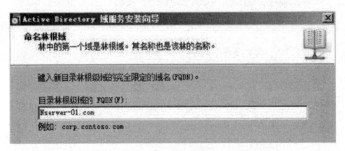

图 3-1-9　输入域名

⑪ 在"设置林功能级别"页面中的"林功能级别"下拉列表中选择 Windows Server 2008 选项，如图 3-1-10 所示，单击"下一步"按钮，系统会检查 DNS 配置。

⑫ 在"其他域控制器选项"页面中选中"DNS 服务器"复选框，将 DNS 服务安装在第一个域控制器上，如图 3-1-11 所示，然后单击"下一步"按钮。

⑬ 弹出如图 3-1-12 所示的对话框，提示无法创建 DNS 服务器委派，这是因为安装向导找不到父域，因而无法通过父域委派。不过此域为根域，不需要父域委派，单击"是"按钮。

⑭ 在弹出的页面中选择数据库、日志文件的保存位置。这里使用默认值，不作更改，单击"下一步"按钮。

⑮ 在弹出的页面中输入目录服务还原模式的 Administrator 密码（**注意：DSRM 密码**

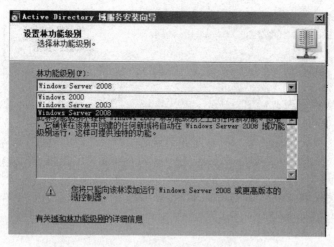

图 3-1-10　设置林功能级别

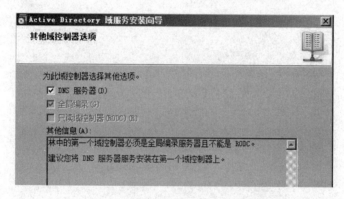

图 3-1-11　在域控制器上安装 DNS 服务器

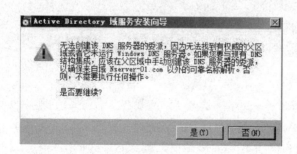

图 3-1-12　选择继续

与域管理员账户的密码不同,指定的 DSRM 密码必须符合包含安装伙伴的域的最小密码长度、历史记录和复杂性要求。默认情况下,必须提供包含大写和小写字母组合、数字和符号的强密码),如图 3-1-13 所示,单击"下一步"按钮。

目录还原模式是一种安全模式,进入此模式可以修改 Active Directory 数据库。可以在系统启动时按 F8 键进入此模式。

⑯ 在弹出如图 3-1-14 所示的"摘要"页面中列出安装过程中用户设置的参数,单击"下一步"按钮,安装向导开始安装活动目录,安装完成后需要重新启动计算机。

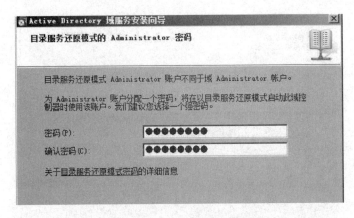

图 3-1-13   输入 DSRM 密码

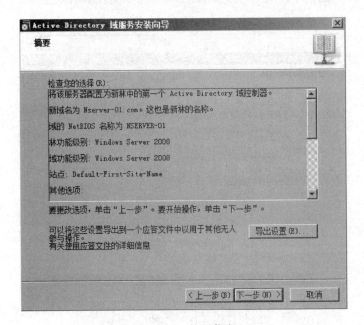

图 3-1-14   摘要信息

⑰ 重新启动 Windows Server 2008 后,该服务器就变成了域控制器。在"管理工具"的级联菜单中增加了 DNS、"Active Directory 用户和计算机""Active Directory 站点和服务""Active Directory 域和信任关系"4 个选项,如图 3-1-15 所示。

用户还可以利用 dcpromo 命令启动 Active Directory 域服务安装向导建立域控制器,具体设置请自己练习。

实训检测:

① 作为域控制器的计算机,可以更改计算机名称,但域名却不可改变,除非将此域控制器降级。右击"计算机"图标,在弹出的快捷菜单中选择"属性"命令。在打开的窗口中单击"改变设置"按钮。在弹出的"系统属性"对话框中选择"计算机名"选项卡,单击"更改"按钮,会弹出如图 3-1-16 所示的对话框,表示不允许更改域名,只有降级才可以更改。可以更改计算机名称,但会造成一些问题,建议不要轻易更改域控制器名称。

图 3-1-15　显示管理工具下的级联菜单项目

　　如果需要更改,单击"确定"按钮后进入如图 3-1-17 所示的"计算机名/域更改"对话框,可以在"计算机名"文本框中输入想要更改的计算机名称。

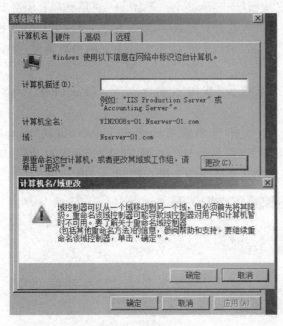

图 3-1-16　警告对话框

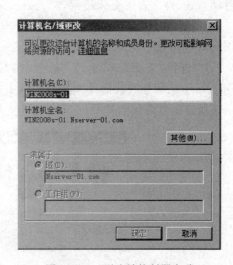

图 3-1-17　更改域控制器名称

　　② 活动目录安装好以后,管理工具中增加了若干项菜单项,与升级之前的 Windows Server 2008 独立服务器相比,增加了哪些菜单项?

　　③ 查看安装了哪些 Windows 组件。选择"开始"→"控制面板"命令,在打开的"控制面

板"窗口下单击"程序"按钮,选择"打开或关闭 Windows 功能"选项,可以在打开的"服务器管理器"窗口中看到已安装的 Windows 服务器角色,如图 3-1-18 所示。

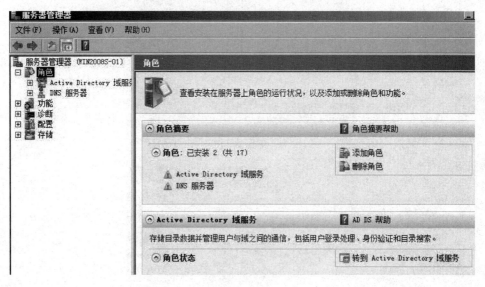

图 3-1-18   显示已安装两个服务器角色

2. 降级

（1）检查安装 Active Directory 及域名服务器（DNS）是否有错。选择"开始"→"管理工具"→"事件查看器"命令,分别展开"自定义视图"→"Windows 日志"→"应用程序和服务日志"节点,在下一级文件夹选项中选择一些事件查看有无错误类型（X 标志）及发生日期。如对一些日志文件,如果无法确定错误产生的原因,可以先将这些文件夹下的内容清空,重新启动系统,再来查看有无错误。

（2）如果安装 Active Directory 有严重错误,或需重命名域名,则必须将 Active Directory 降级。

① 选择"开始"→"运行"命令,在"运行"文本框中输入 dcpromo 命令,出现"Active Directory 域服务安装向导"对话框,单击"下一步"按钮后弹出如图 3-1-19 所示的对话框,提示该域控制器降级后应确保其他域用户可访问其他全局编录服务器,单击"确定"按钮。

图 3-1-19   警告对话框

② 在"删除域"页面中确认此域控制器是否是该域中的最后一个域控制器,选中"删除该域,因为此服务器是该域中的最后一个域控制器"复选框,如图 3-1-20 所示,然后单击"下一步"按钮。

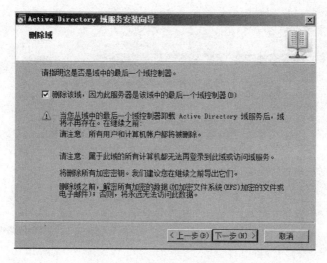

图 3-1-20　删除域

③ 在"确认删除"页面中安装向导确认要删除所有应用程序目录分区,选中"删除该 Active Directory 域控制器上的所有应用程序目录分区"复选框,如图 3-1-21 所示,然后单击 "下一步"按钮。

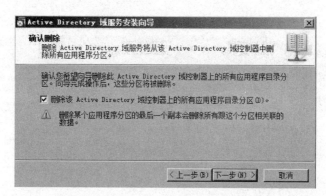

图 3-1-21　确认删除 Active Directory 域控制器上的所有应用程序目录分区

④ 删除 Active Directory 时需要指定新的系统管理员密码,在确认输入的密码一致后系统 才会执行下一步操作。在如图 3-1-22 所示的对话框中输入密码,然后单击"下一步"按钮。

图 3-1-22　输入新管理员密码

　　提示：如果所输入的密码长度不符合系统最小密码长度要求，会弹出如图 3-1-23 所示的对话框，说明已启用账户密码安全策略（域控制器默认启用）。

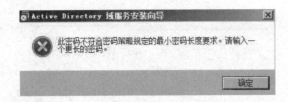

图 3-1-23　输入密码不符合安全策略

　　以后为了方便实训，可在对域控制器降级之前在域安全策略上对账户策略进行修改，具体步骤如下：

　　a. 选择"开始"→"程序"→"管理工具"命令，在菜单列表中选择"组策略管理"选项。

　　b. 在打开的"组策略管理"窗口中依次展开"林：Nserver-01.com"→"域"→"组策略对象"节点。然后右击 Default Domain Policy 选项，在弹出的快捷菜单中选择"编辑"命令。

　　c. 在打开的"组策略管理编辑器"窗口中依次展开"计算机配置"→"策略"→"Windows 设置"→"安全设置"→"账户策略"→"密码策略"节点。

　　将"密码必须符合复杂性要求"禁用，"密码最小长度"设为 0，即不要求密码，如图 3-1-24 所示。

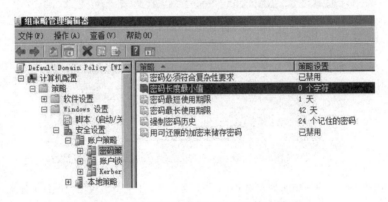

图 3-1-24　域安全策略中的密码策略设置

　　为使刚设置的密码策略生效，有如下方法：

- 等待系统自动刷新组策略，5～15 分钟。
- 重启域控制器（若是修改的用户策略，注销即可）。
- 使用 gpupdate 命令。选择"开始"→"运行"命令，在"运行"文本框中输入 cmd 命令，在弹出的"命令提示符"窗口中输入 gpupdate /force，按 Enter 键，如图 3-1-25 所示。

用户可通过"事件查看器"检查策略是否被成功应用，如图 3-1-26 所示。

　　⑤ 在出现的"摘要"页面中确认所选择的选项，如图 3-1-27 所示，单击"下一步"按钮，开始 Active Directory 降级操作。

　　⑥ 在降级安装过程中选中"完成后重新启动"复选框，重启计算机后 Windows Server 2008 域控制器将降级为独立服务器。

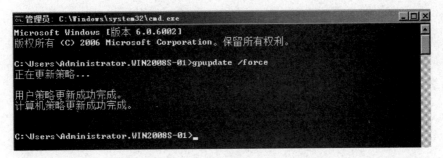

图 3-1-25　运行"命令提示符"窗口

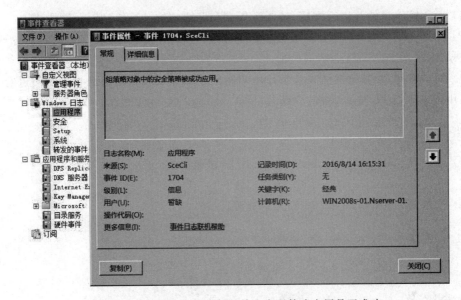

图 3-1-26　通过"事件查看器"检查密码策略应用是否成功

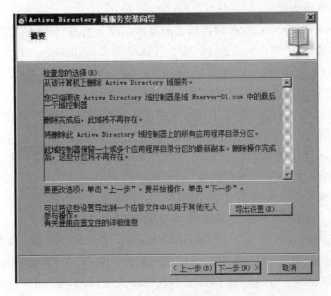

图 3-1-27　"摘要"信息

组建基于域的局域网

实训 3-2　服务器端的网络配置

【实训条件】

（1）已正确安装了 Windows Server 2008。

（2）已正确安装了 Windows Server 2008 中的 Active Directory。

【实训说明】

（1）安装网络组件并进行配置，使服务器端和客户端的计算机在同一网段中。

（2）在 Windows Server 2008 域控制器上创建一些用户账户，使得工作站能用这些用户账户登录。

（3）为了方便实训，请在域安全策略中对密码复杂性要求和密码最小长度值进行设置，使之可用空密码（见实训 3-1 中的介绍）。

【实训任务】

（1）设置 Windows Server 2008 的 TCP/IP 协议属性。

（2）创建 Windows Server 2008 域用户账户。

（3）设置 Windows Server 2008 共享资源。

【实训目的】

熟练掌握 Windows Server 2008 的网络配置。

【实训内容】

本实训以 01 小组为例。

（1）检查 Windows Server 2008 域控制器的基本情况。右击"计算机"图标，在弹出的快捷菜单中选择"属性"命令，打开"系统"窗口，检查计算机全名 Win2008s-01. Nserver-01. com 和域 Nserver-01. com 是否正确。如果不正确，则使 Active Directory 降级（运行 dcpromo 命令），重启计算机后重新安装 AD，使之正确。

（2）安装网络组件。右击"网络"图标，在弹出的快捷菜单中选择"属性"命令，在打开的"网络和共享中心"窗口中选择"自定义"选项，把位置类型改为"专用"。再单击"查看状态"按钮，在打开的对话框中选择"属性"选项，双击"Internet 协议版本 4（TCP/IPv4）"，在打开的"Internet 协议版本 4（TCP/IPv4）属性"对话框中设置 IP 地址，如图 3-2-1 所示。

（3）在 Windows Server 2008 上创建用户。

① 用 Administrator 用户登录 Windows Server 2008 域控制器。

② 选择"开始"→"管理工具"→"Active Directory 用户和计算机"命令，在打开的对话框中右击 users。从弹出的快捷菜单中选择"新建"→"用户"命令，出现如图 3-2-2 所示的"新建对象-用户"对话框。在"姓"和"名"文本框中输入用户名，在"用户登录名"文本框中输入登录名，然后单击"下一步"按钮。

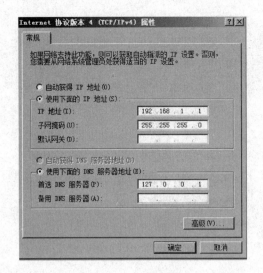

图 3-2-1　IP 设置

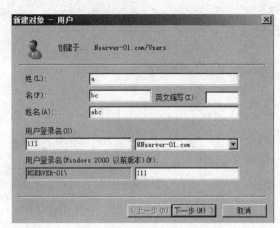

图 3-2-2　创建用户账户

注意：用户姓名和用户登录名可以不一致，用户登录时是通过用户登录名登录系统的。

③ 输入密码(或无)，选中"密码永不过期"和"用户不能更改密码"复选框，如图 3-2-3 所示，然后单击"下一步"按钮。

④ 出现将要创建的用户信息，如图 3-2-4 所示，单击"完成"按钮，创建用户完毕。

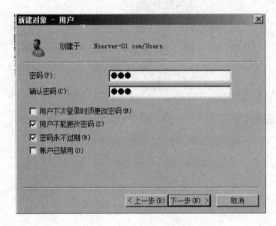

图 3-2-3　输入密码

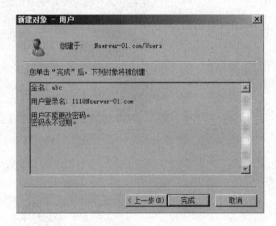

图 3-2-4　用户账户信息

⑤ 同理，再创建域用户账户，用户名和登录名均为 xyz，密码为 111。

(4) 设置用户属性。

① 选择"Active Directory 用户和计算机"→Nserver-01.com→users 选项，在右窗格中双击用户 abc。在打开的"abc 属性"对话框中选择"隶属于"选项卡，如图 3-2-5 所示。

② 单击"添加"按钮，在弹出的对话框中单击"高级"按钮，然后再单击"立即查找"按钮，在如图 3-2-6 所示的对话框中双击 Domain Admins(**注意**：Domain Admins 组是域管理员组，是最高特权用户组)，然后单击"确定"按钮。

③ 返回到如图 3-2-7 所示的对话框，单击"确定"按钮，完成账户属性的设置。

④ 添加 xyz 用户隶属于 Backup Operators 组，请用户自己设置。

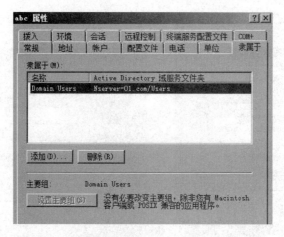

图 3-2-5 "abc 属性"对话框

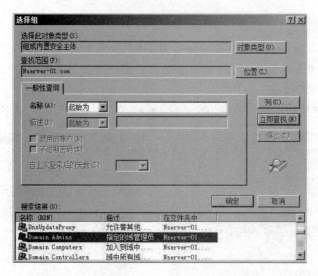

图 3-2-6 添加 Domain Admins 组

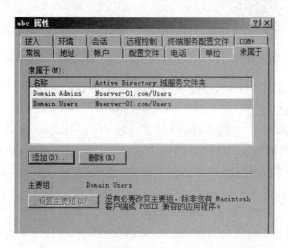

图 3-2-7 添加域组后的"abc 属性"对话框

（5）资源共享。

① 用资源管理器创建一个文件夹 C:\FFF，复制一些文件到此文件夹中，设置共享此文件夹，如图 3-2-8 所示。

② 单击"权限"按钮，出现如图 3-2-9 所示的"FFF 的权限"对话框，单击"添加"按钮。

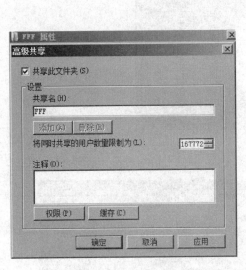

图 3-2-8　设置共享　　　　　　　　　　　图 3-2-9　设置权限

③ 出现"选择用户、计算机或组"对话框，单击"高级"按钮，在弹出的对话框中单击"立即查找"按钮，在搜索到的结果中双击 abc，弹出如图 3-2-10 所示的对话框，然后单击"确定"按钮。

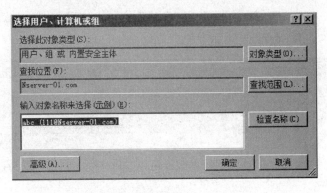

图 3-2-10　查找 abc 用户

④ 单击"确定"按钮回到权限设置对话框，选中"完全控制"选项组中的"允许"复选框，如图 3-2-11 所示。完成共享权限设置后单击"确定"按钮。

⑤ 设置用户 xyz 对共享文件夹 FFF 具有"更改"共享权限，请用户自行设置。

实训检测：

① 在 Windows Server 2008 域控制器上双击"网络"图标，在打开的"网络"窗口中单击如图 3-2-12 所示的长条提示信息，在弹出的快捷菜单中选择"启用网络发现和文件共享"选项。

组建基于域的局域网

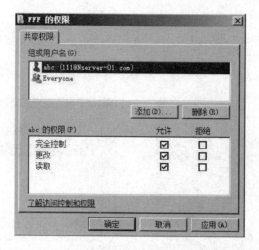

图 3-2-11　设置用户共享权限

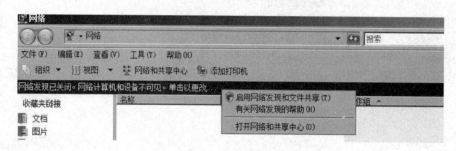

图 3-2-12　启用网络发现和文件共享

② 再次双击"网络"图标,在打开的"网络"窗口右窗格的"工作组"选项卡中选择 Nserver-01.com 复选框,如图 3-2-13 所示。

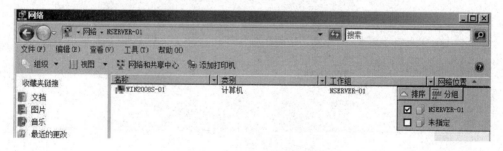

图 3-2-13　域中的计算机图标

实训 3-3　客户端的网络配置

【实训条件】

(1) 已正确安装了 Windows Server 2003。

(2) 已正确安装了 Windows 7。

【实训说明】

（1）工作站的网络配置与对等网中的网络配置基本相似。

（2）每个工作站要登录网络，必须登录到域。

（3）每个工作站也可以不登录网络，仅登录到本机。

【实训任务】

（1）设置各工作站的 TCP/IP 协议属性。

（2）对各工作站进行网络配置。

（3）创建共享文件。

【实训目的】

（1）熟练掌握 Windows Server 2003 的网络配置。

（2）熟练掌握 Windows 7 的网络配置。

【实训内容】

本实训以 01 小组为例。

1. Windows Server 2003 的配置

（1）用 Windows Server 2003 上的本机用户 Administrator 登录到 Windows Server 2003。

注意：登录到本机 Win2003s-01 而不是域 Nserver-01（如果单击"选项"按钮，出现"登录到"文本框，能下拉出 Win2003s-01 及 Nserver-01，表明本机已设置了网络标识，并已是域 Nserver-01 的一个成员，否则只能登录到本机）。

（2）安装网络组件和配置。右击"网上邻居"图标，从弹出的快捷菜单中选择"属性"命令。在打开的窗口中右击"本地连接"图标，从弹出的快捷菜单中选择"属性"命令。在"本地连接属性"对话框中已经选定了"Microsoft 网络客户端""Microsoft 网络的文件和打印机共享""Internet 协议（TCP/IP）"，双击"Internet 协议（TCP/IP）"，打开如图 3-3-1 所示的对话框，设置 IP 地址。

（3）选择"开始"→"运行"命令，在"运行"文本框中输入 cmd 进入命令提示符窗口，Ping 一下 Windows Server 2008 计算机的 IP 地址，如图 3-3-2 所示。如能 Ping 通说明是在同一网段。

（4）设置网络标识。

① 右击"我的电脑"图标，从弹出的快捷菜单中选择"属性"命令。在打开的"系统属性"对话框中选择"计算机名"选项卡，显示出完整的计算机名称（win2003s-01）和工作组名或域名（WORKGROUP-01），如图 3-3-3 所示。如果不正确，单击"更改"按钮，修改计算机名和工作组名，单击"确定"按钮后重新启动计算机使之生效。

② 重启计算机后用 Administrator 用户登录到本机，在桌面上右击"我的电脑"图标，在弹出的快捷菜单中选择"属性"命令。在打开的"系统属性"对话框中选择"计算机名"选项卡，单击"更改"按钮，在打开的"计算机名称更改"对话框中单击"隶属于"选项区域中的"域"

组建基于域的局域网

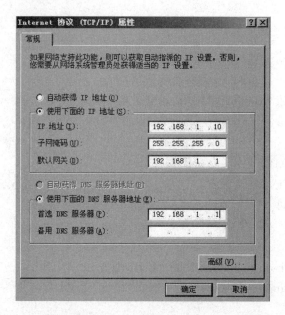

图 3-3-1　设置 IP 地址

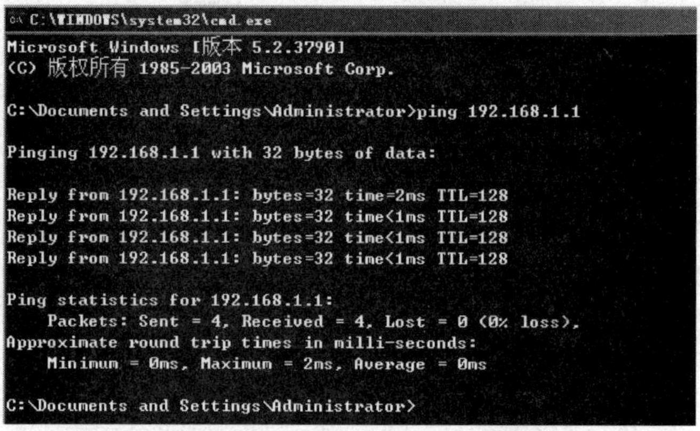

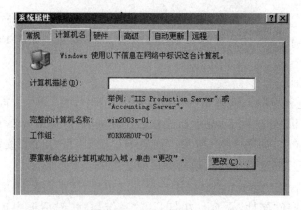

图 3-3-2　Ping Windows Server 2008 计算机的 IP 地址

图 3-3-3　设置网络标识

单选按钮,在文本框中输入 Nserver-01,如图 3-3-4 所示,然后单击"确定"按钮。

③ 弹出如图 3-3-5 所示的对话框,要求输入 Windows Server 2003 控制器中已存在的具有管理员权限的域用户账户,如 abc 用户(登录名为 111,密码为 111),然后单击"确定"按钮。

④ 弹出"欢迎加入 Nserver-01 域"对话框,单击"确定"按钮后弹出"要使更改生效,必须重新启动计算机"的对话框信息,单击"确定"按钮后回到"系统属性"对话框。单击"确定"按钮,弹出"系统设置改变"对话框,单击"是"按钮,重新启动计算机。

(5) 重启计算机后登录到 Nserver-01,输入域管理员用户账户名和密码,如图 3-3-6 所示。单击"确定"按钮,使 Windows Server 2003 作为工作站登录到域控制器 Windows Server 2008 上。

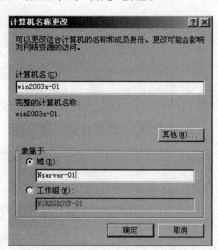

图 3-3-4　将 Win2003s-01 加入到域

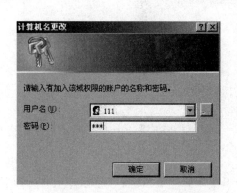

图 3-3-5　输入域用户账户登录名和密码

图 3-3-6　登录到 Nserver-01 域

(6) 在 Windows Server 2003 上创建一个共享文件夹 C:\TTT,复制一些文件到此文件夹中。设置此文件夹的共享属性为 abc 用户有"完全控制"共享权限,xyz 用户有"读取"共享权限。

实训检测:

① 在 Windows Server 2003 的桌面上双击"网上邻居"图标,在打开的窗口中双击"整个网络",然后双击 Microsoft Windows Network,出现 Nserver-01 域图标,如图 3-3-7 所示。

② 双击 Nserver-01 域图标,能看到两个计算机图标(Windows Server 2008 域控制器已配置,Windows Server 2003 工作站已配置,但 Windows 7 工作站尚未配置),如图 3-3-8 所示。

③ 在 Windows Server 2008 域控制器的桌面上双击"网络"图标,选择 WorkGroup-01 和 Nserver-01,能看到网络中三台计算机的图标,如图 3-3-9 所示。分别单击 Win2003s-01

组建基于域的局域网

和 Win7-01 计算机图标都能打开计算机吗(请回答为什么)?

图 3-3-7　Nserver-01 域图标

图 3-3-8　显示域中的两台计算机

图 3-3-9　显示"网络"中分组情况

2. Windows 7 的配置

(1) 检查网络用户登录环境。用 Windows 7 上的本地用户 Administrator 登录到 Windows 7。

注意：登录到本机 Win7-01 而不是域 Nserver-01(如果单击"选项"按钮,出现"登录到"文本框,能下拉出 Win7-01 及 Nserver-01 表明本机已设置了网络标识,并已是域 Nserver-01 的一个成员,否则只能登录到本机)。

(2) 更改桌面显示方式。在桌面上右击鼠标,从弹出的快捷菜单中选择"个性化"命令,在弹出的对话框中单击"更改桌面图标"按钮,选中"网络""计算机""控制面板""回收站"等复选框,然后单击"确定"按钮。

(3) 安装网络组件和配置。右击"网络"图标,从弹出的快捷菜单中选择"属性"命令,在打开窗口的右窗格中选择"工作网络"选项,并单击"本地连接"按钮,在弹出的"本地连接状态"对话框中单击"属性"按钮,双击"Internet 协议版本 4(TCP/IPv4)",在打开的对话框中单击"属性"按钮,弹出如图 3-3-10 所示的"Internet 协议版本 4(TCP/IPv4)属性"对话框,设置 IP 地址,然后单击"确定"按钮。

(4) 选择"开始"命令,在"搜索程序和文件"文本框中输入 cmd 进入"命令提示符"窗口,分别 Ping 一下 Windows Server 2008 和 Windows Server 2003 计算机的 IP 地址,如图 3-3-11 所示。如能 Ping 通,说明是在同一网段。

(5) 设置网络标识。

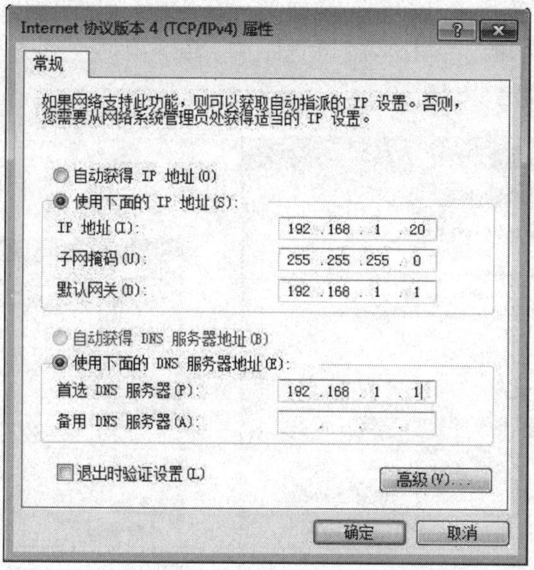

图 3-3-10　IP 地址设置

图 3-3-11　用 Ping 命令测试网络连通性

　　① 右击"计算机"图标,从弹出的快捷菜单中选择"属性"命令。在打开的对话框中显示完整的计算机名称(win7-01)和工作组名或域名(WORKGROUP-01)。单击"更改设置"按钮,在弹出的"系统属性"对话框中选择"计算机名"选项卡,如图 3-3-12 所示。

　　② 重启计算机后用 Administrator 用户登录到本机,在桌面上右击"计算机"图标,从弹出的快捷菜单中选择"属性"命令。在打开的对话框中单击"更改设置"按钮,在弹出的"系统

属性"对话框中选择"计算机名"选项卡,单击"更改"按钮,在弹出的"计算机名/域更改"对话框中的"隶属于"选项区域中单击"域"单选按钮,在下面的文本框中输入 Nserver-01,如图 3-3-13 所示,单击"确定"按钮。

图 3-3-12　设置网络标识

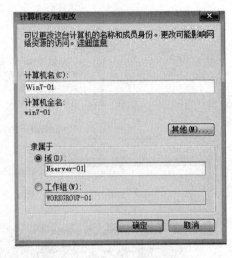

图 3-3-13　将 Win7-01 加入到域

③ 弹出如图 3-3-14 所示的"Windows 安全"对话框,要求输入 Windows Server 2008 控制器中已存在的具有管理员权限的域用户账户,如 Administrator 用户,然后单击"确定"按钮。

图 3-3-14　输入域管理员用户名和密码

④ 弹出"欢迎加入 Nserver-01 域"对话框,单击"确定"按钮后弹出"必须重新启动计算机才能应用这些更新"对话框,单击"确定"按钮后回到"系统属性"对话框。单击"关闭"按钮,在弹出的对话框中单击"立即重新启动"按钮,重新启动计算机。

(6) 重启计算机后,在上面文本框中输入用户名 Nserver-01\Administrator,在下面文本框中输入登录密码,就可登录到 Nserver-01 域了。如图 3-3-15 所示,单击"→"按钮,使 Windows 7 作为工作站登录到域控制器 Windows Server 2008 上。

(7) 在 Windows 7 上创建一个共享文件夹 C:\PPP,复制一些文件到此文件夹中,设置

图 3-3-15　登录到 Nserver-01 域

此文件夹的共享属性为 abc 和 xyz 用户具有"完全控制"共享权限。

实训检测：

① 在 Windows 7 桌面上双击"网络"图标，在打开的窗口中出现"网络发现和文件共享已关闭，看不到网络计算机和设备。单击以更改…"提示信息，选择"启用网络发现和文件共享"选项，如图 3-3-16 所示。

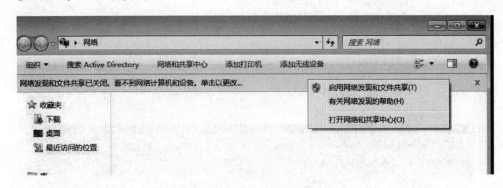

图 3-3-16　启用网络发现和文件共享

② 看到 Nserver-01 域中显示三台计算机图标，如图 3-3-17 所示。

也可以在"网络"窗口中选择"搜索 Active Directory"标识栏，查找域中的计算机，如图 3-3-18 所示。

③ 在 Windows Server 2008 域控制器的桌面上双击"网络"图标，在打开的窗口中选择 Nserver-01，能看到网络中三台计算机的图标，如图 3-3-19 所示。分别单击 Win2003s-01 和 Win7-01 计算机图标都能打开计算机吗(请回答为什么)？

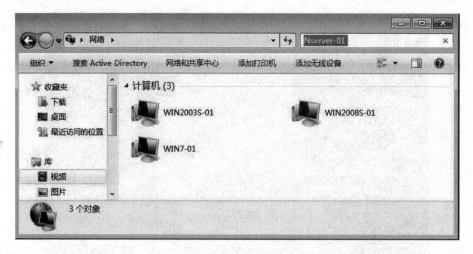

图 3-3-17 显示域中的三台计算机

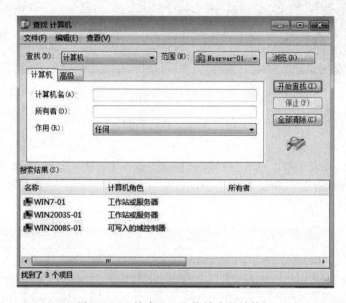

图 3-3-18 搜索 AD 查找域中的计算机

图 3-3-19 显示"网络"中分组情况

实训 3-4　从客户端工作站登录到域控制服务器

【实训条件】

（1）已正确安装了 Windows Server 2008 中的 Active Directory。

（2）已正确配置了 Windows Server 2008、Windows Server 2003 和 Windows 7。

（3）网络已经连通。

（4）如要查看不同域中的共享资源，请按实训 2-2 修改 VirtualBox 中三台虚拟计算机的网卡设置和网络配置。

【实训说明】

（1）各小组在自己的工作站上访问域服务器。

（2）用不同的用户账号登录到域服务器。

（3）每台工作站也可以不登录到域网络，仅登录到本机，则不能访问网络中的资源。

【实训任务】

（1）在 Windows Server 2003 上用不同的用户登录，查看本域和不同域内的共享资源。

（2）在 Windows Server 7 上用不同的用户登录，查看本域和不同域内的共享资源。

（3）在 Windows Server 2003 上登录到本机，查看本域和不同域内的共享资源。

（4）在 Windows 7 上登录到本机，查看本域和不同域内的共享资源。

【实训目的】

（1）熟练掌握各工作站登录到域控制器的方法。

（2）熟练掌握不登录到域控制器仅登录到本机的方法。

（3）熟练掌握对域中共享资源的访问方法。

【实训内容】

本实训以 1 号物理主机为例。

（1）在每一台工作站上重启计算机后，按不同的域用户账户如 abc、xyz 或 Administrator 在 Windows Server 2003、Windows 7 上登录。登录到域后，在 Windows Server 2003 桌面上双击"网上邻居"图标，在打开的窗口中双击"整个网络"图标，在打开的窗口中选择"全部内容"选项，然后双击 Microsoft Windows Network 图标，接着双击 Nserver-01 域图标。此时有 Win2008s-01、Win2003s-01、Win7-01 三个计算机图标，双击第一个图标，查看共享资源并写出访问情况。

（2）在 Windows Server 2003 上重启计算机后，按不同的用户账户 user2 或 Administrator 进行登录。单击"选项"按钮，在"登录到"栏中选择 Win2003s-01，单击"确定"按钮后登录到本机。在桌面上双击"网上邻居"图标，在打开的窗口中双击"整个网络"图标，会看到什么情况？

组建基于域的局域网

（3）在 Windows 7 上重启计算机后，按不同的用户账户 user3 或 Administrator 进行登录。如在上面的文本框中输入 Win7-01\user3，在下面的文本框中输入登录密码，单击"→"按钮就能登录到本机。在桌面上双击"网络"图标，看会出现什么情况？

（4）按照实训 2-2 修改 VirtualBox 中三台虚拟计算机的网卡设置和网络配置后用 Administrator 账户分别在 Windows Server 2008、Windows Server 2003、Windows7 上登录到 Nserver-01 域，是否能看到其他小组的域名图标，打开该域后看会出现什么情况？

实训检测：

完成实训内容后，写出各种对域中共享资源进行访问的具体方法。

第 4 章　管理域用户账户和组

【知识背景】

1. Windows Server 2008 组的概念

组是同类对象的集合，它可以包含用户、计算机和其他组等对象。利用组可以管理用户和计算机对共享资源的访问，按组进行组策略的设置等。

利用组来管理用户账户可以简化网络的管理。将性质相同的用户纳入同一个组中，当对该组设置了权限后，该组中所有用户就同时享有了此权限，避免了管理员对每个用户设置权限，从而简化了管理。用户可以在本地和域中创建组账户，而本书主要讨论在域中组建的组账户，即域组的概念。

Windows Server 2008 支持两种类型的组：安全组和通讯组。本实训只涉及安全组，安全组是用来设置权限的。

2. Windows Server 2008 组的分类

从组的使用范围来分，可以分为全局组、本地域组和通用组三种。全局组主要是用来组织用户的。全局组内可以包含同一个域的用户账户与全局组，可以访问任何一个域内的资源。本地域组具有所属域的访问权限，以便访问本域的资源。本地域组的成员可以是同一个域的本地域组，也可以是任何域内的账户、全局组和通用组，它们能访问的资源只是该本地域组所在域的资源。通用组可以访问任何一个域内的资源，可以包含所有域内的用户账户、全局组和通用组。当然，上面所说的访问权限是要经过设定的。

安装域控制器时系统会自动生成一些组，称为内置组。这些组都定义了一些常用权限，通过将用户加入到这些内置组中可使用户获得相应的权限。"Active Directory 用户和计算机"管理控制台的 Builtin 和 Users 组织单元就是内置组。内置的本地域组在 Builtin 组织单元中，内置的全局组在 Users 组织单元中。

在"Active Directory 用户和计算机"管理控制台窗口中单击树状目录下的 Builtin 文件夹，Windows Server 2008 已建立了内置的本地域组。一些主要的本地域组介绍如下：

- Account Operators：该组的成员能操作用户管理员所属域的账号和组并可设置其权限。但是该组成员无法删除 Administrators 和 Domain Admins 组和权限。
- Administrators：该组的成员可以完全不受限制地存取计算机/域的资源，是最具权力的一个组。通常 Administrator 账户、Domain Admins 全局组、Enterprise Admins 全局组等都是它的成员。
- Backup Operators：该组的成员可以备份和还原域控制器内的文件夹和文件，还可以关闭域控制器。

- Guest：该组的成员只能享有管理员授予的权限以及存取指定权限的资源。通常 Guest 账户与 Domain Guests 全局组都是该组的成员。
- Printer Operators：该组的成员可以管理网络打印机，包括建立、管理以及删除网络打印机，还可以关闭域控制器。
- Network Configuration Operators：该组内的成员可以在域控制器上执行一般的网络设置工作，如更改 IP 地址。但是不可以安装/删除驱动程序与服务，也不可以执行与网络服务器设置有关的任务，如 DNS 服务器、DHCP 服务器的设置。
- Pre-Windows 2000 Compatible Access：该组主要是为了与 Windows NT 4.0 计算机（或更旧的计算机）兼容。其成员可以读取 Windows Server 2008 域中的所有用户与组账户。其默认的成员为特殊组 Everyone。只有在用户所使用的计算机是 Windows NT 4.0 或更旧的系统时才将用户加入到该组中。
- Remote Desktop Users：该组的成员可以通过远程计算机登录，例如利用终端服务器从远程计算机登录。
- Server Operators：该组的成员可以管理域服务器，包括建立/管理/删除任何服务器的共享目录、管理网络打印机、备份任何服务器的文件、格式化服务器硬盘、锁定服务器以及变更服务器的系统时间等权限。
- Users：该组的成员只可以执行得到权限的应用程序，而且不可以执行大部分的继承应用程序。

在"Active Directory 用户和计算机"管理控制台窗口中单击树状目录下的 Users 文件夹，Windows Server 2008 已建立了内置的全局组来组织不同状态的用户账户（一般用户、Administrators 以及 Guests）。一些主要的全局组介绍如下：

- Domain Admins：该组可以代表具有操作域权力的用户。通常 Domain Admins 会属于 Administrators 组，因此该组的成员可以在域中执行管理工作。Windows Server 2008 不会将任何我们所建立的账户放在 Domain Admins 组，而内建的 Administrator 账户是其唯一的成员。所以，如果希望某一用户成为域系统管理员，则建议将该用户加至 Domain Admins 组中，而不要加至 Administrators 组中。
- Domain Computers：所有加入到该域的计算机都被自动加入到该组内。
- Domain Controllers：域内的所有域控制器都被自动加入到该组内。
- Domain Guests：对于所有域来宾，Windows Server 2008 会自动将 Guest 用户账户加至该组，并将该组加至内置的 Guest 本地域组中。
- Domain Users：域内的成员计算机会自动地将该组加入到其内置的 Users 本地域组内。该组默认的成员为域用户 Administrator，而以后所有添加的域用户账户都自动属于该 Domain Admins 全局组。
- Group Policy Creator Owners：这个组的成员可以修改域的组策略。

在"Active Directory 用户和计算机"管理控制台窗口中单击树状目录下的 Users 文件夹，Windows Server 2008 已建立了内置的通用组。一些主要的通用组介绍如下：

- Enterprise Admins：该组只存在于整个域目录林的根域中，其成员具有管理整个域目录林内所有域的权利。
- Schema Admins：该组只存在于整个域目录林的根域中，其成员具有管理架构的权利。

内置的特殊组存在于每一台 Windows Server 2008 计算机内,用户无法更改这些组的成员,也就是说无法在"Active Directory 用户和计算机"或"计算机管理"内看到和管理这些组。这些组只有在设置权限时才看得到。

下面列出几个较常用的特殊组:

- Everyone:任何一个用户都属于这个组。

注意:如果 Guest 账户被启用,则给 Everyone 这个组指派权限时必须小心。因为当一个没有账户的用户连接计算机时,它被允许自动利用 Guest 账户连接。但是因为 Guest 也是属于 Everyone 组,所以它将具备 Everyone 所拥有的权限。

- Authenticated Users:任何一个利用有效的用户账户连接的用户都属于这个组。建议在设置权限时尽量针对 Authenticated Users 组进行设置,而不要针对 Everyone 组进行设置。
- Interactive:任何在本地登录的用户都属于这个组。
- Network:任何通过网络连接此计算机的用户都属于这个组。
- Creator Owner:文件夹、文件或打印文件等资源的创建者就是该资源的 Creator Owner。如果创建者是属于 Administrators 组内的成员,则其 Creator Owner 为 Administrators 组。
- Anonymous Logon:任何未利用有效的 Windows Server 2008 账户连接的用户都属于这个组。
- Dialup:任何利用拨号方式连接的用户都属于这个组。

3. 账户管理

网络中的用户都要有一个账户,可利用账户登录到域,访问域中的资源。或利用账户登录到某台计算机,访问该计算机内的资源。

Windows Server 2008 有两种类型的账户:域用户账户和本地用户账户。

域用户账户建立在活动目录数据库中,用户可用它登录域并访问域中资源,它会被自动地复制到域中的其他域控制器中。用户登录时,由域控制器负责审核用户的身份。

本地用户账户建立在本地安全数据库中而不是域控制器中。用户可以用它登录账户所在的计算机,并访问该计算机上的资源,而不是网络上的资源。用户登录时,由本地安全数据库来检查用户的身份。

本实训涉及的是域用户账户。

在 Windows Server 2008 安装完毕后,会自动安装一些内置账户,常见的有 Administrator 和 Guest。Administrator 是系统安装时预设的系统管理员,拥有最高的权限。安装后可以改名,但不能删除。Guest 是供临时用户使用的账户,以便没有固定账户的用户临时使用网上的资源。该账户只有很少部分的权限,可以更改此账户的名称,但不能删除。此账户默认是不开放的,若要使用,先要将它开放。

实训 4-1 　 管理域中的组账户

【**实训条件**】

建立一个 Windows Server 2008 的网络,其中有一台域控制器 Win2008s-xx. Nserver-

xx. com、一台成员服务器 Win2003s-xx. Nserver-xx. com、一台工作站 WIN7-xx. nserver-xx. com（xx 为物理主机编号）。

【实训说明】

对域组作基本管理。

【实训任务】

（1）组的添加、删除与更名。

（2）添加组的成员，将组添加到其他域组中。

【实训目的】

熟练并掌握 Windows Server 2008 中域组的管理。

【实训内容】

本实训以 1 号物理主机为例。

1. Windows Server 2008 上添加用户组

（1）选择"开始"→"管理工具"→"Active Directory 用户和计算机"命令。在如图 4-1-1 所示的控制台窗口中右击 Builtin，从弹出的快捷菜单中选择"新建"→"组"命令。在打开如图 4-1-2 所示对话框中输入组名 servernt4，组作用域为"全局"，组类型为"安全组"，单击"确定"按钮，在 Builtin 组织单元中就能看到名为 servernt4 的组。

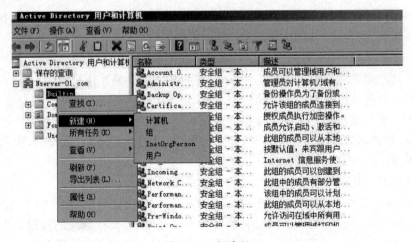

图 4-1-1　新建组

（2）在"Active Directory 用户和计算机"控制台窗口中单击 Builtin 组织单元，在右窗格中右击 servernt4 组名，从弹出的快捷菜单中选择"重命名"或"删除"命令就可以更改组名或删除该组账户。

2. 添加组成员

（1）在"Active Directory 用户和计算机"控制台窗口中单击 Builtin 组织单元，在右窗格中右击 servernt4 组名，从弹出的快捷菜单中选择"属性"命令，在弹出的"servernt4 属性"对话框中选择"成员"选项卡，然后单击"添加"按钮。在"选择用户、联系人、计算机或组"对话

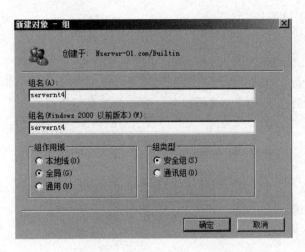

图 4-1-2　新建 servernt4 全局组

框中单击"高级"按钮,然后单击"立即查找"按钮,选择要加入该组的成员,如 abc 用户。单击"确定"按钮,再单击"确定"按钮,abc 用户就加入该组,如图 4-1-3 所示。

(2) 在"servernt4 属性"对话框中选择"隶属于"选项卡,单击"添加"按钮,在随之出现的对话框中选择要加入的组,如 Domain Users 组和 Backup Operators 组,然后单击"确定"按钮,如图 4-1-4 所示。

图 4-1-3　添加组成员

图 4-1-4　加入到其他组

实训 4-2　管理域用户

【实训条件】

建立一个 Windows Server 2008 的网络,其中有一台域控制器 Win2008s-xx. Nserver-xx. com、一台成员服务器 Win2003s-xx. Nserver-xx. com、一台工作站 WIN7-xx. nserver-

管理域用户账户和组

xx.com(xx 为物理主机编号)。

【实训说明】

在 Windows Server 2008 网络中,用户登录到网络中并使用网络资源的前提是拥有用户账号,用户能使用哪些资源又要看用户对这些资源拥有哪些权限。

【实训任务】

(1) 建立域用户账户。

(2) 设置账户属性。

(3) 更改域用户账户。

(4) 设置用户权限。

【实训目的】

熟练并掌握 Windows Server 2008 中域用户账户的管理。

【实训内容】

本实训以 1 号物理主机为例。

(1) 用 Administrator 账户在 Windows Server 2008 上登录,打开"Active Directory 用户和计算机"控制台窗口,在新建的组织单位 sspu 中建立三个用户账号,如表 4-2-1 所示。

表 4-2-1　新建用户账号属性设置

登录名	登 录 时 间	登录到	密码和属性	隶属于(组)
aaa	周一到周五	Win2003s-01 Win7-01	密码永不过期	Users Domain Users
bbb	周一到周五 08:00～20:00	所有计算机	密码永不过期 用户不能更改密码	Domain Users Account Operators
ccc	周一到周日	所有计算机	密码自设置之日起一周内过期 密码不能更改	Domain Users

① 选择"开始"→"管理工具"命令,打开"Active Directory 用户和计算机"控制台窗口。右击 Nserver-01.com,从弹出的快捷菜单中选择"新建"→"组织单位"命令。在"名称"文本框中输入 sspu 组织单位名,选中"防止容器被意外删除"复选框。如图 4-2-1 所示,单击"确定"按钮。

如果要删除组织单位,应在"Active Directory 用户和计算机"控制台窗口的菜单栏中选择"查看"→"高级功能"命令,在"Active Directory 用户和计算机"控制台窗口中右击要删除的组织单位名,从弹出的快捷菜单中选择"删除"命令,在弹出的对话框中单击"是"按钮就能删除指定的组织单位,如图 4-2-2 所示。

② 右击新建的组织单位 sspu,从弹出的快捷菜单中选择"新建"→"用户"命令,弹出如图 4-2-3 所示的"新建对象-用户"对话框,输入用户登录信息。其中"姓"和"名"文本框中至少输入一个,默认是"姓"和"名"的连接。"用户登录名"是登录域所用的名称,在域中必须唯

一。"用户登录名（Windows 2000 以前版本）"中的名称是用来登录 Windows NT 或 Windows 95/98 时用的。

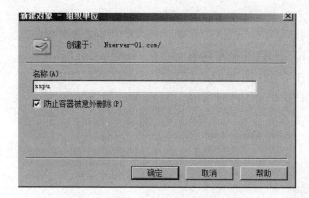

图 4-2-1　新建组织单位

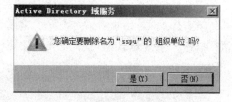

图 4-2-2　删除指定的组织单位

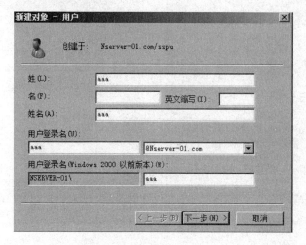

图 4-2-3　新建 aaa 用户

③ 单击"下一步"按钮，在出现的对话框中输入密码，在下面 4 个复选框中可以设置对密码的控制。按表 4-2-1 的要求进行设置，如图 4-2-4 所示。

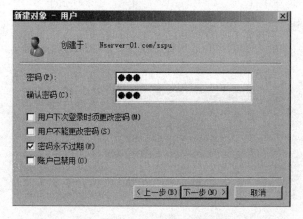

图 4-2-4　aaa 账户密码设置

④ 单击"下一步"按钮,完成用户账户创建。

⑤ 按上述表格要求创建用户 bbb 和 ccc。

(2) 设置域用户账户属性。

要设置账户属性,在"Active Directory 用户和计算机"控制台窗口中找到该账户,右击账户名,从弹出的快捷菜单中选择"属性"命令,打开账户属性对话框,如图 4-2-5 所示。

① 设置用户 aaa 只能从 Win2003s-01 和 Win7-01 计算机登录。

在"aaa 属性"对话框中选择"账户"选项卡,单击"登录到"按钮,出现如图 4-2-6 所示的"登录工作站"对话框。在"计算机名称"文本框中输入可以登录的计算机名,然后单击"添加"按钮。系统默认是可登录所有计算机。

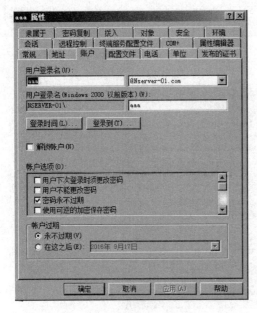

图 4-2-5　设置账户属性

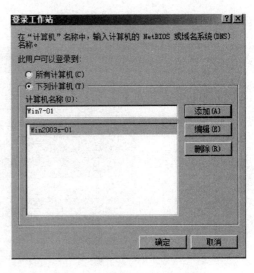

图 4-2-6　设置"登录到"属性

按要求设置用户 bbb 和 ccc 分别从域内所有成员计算机上登录。

② 设置用户 aaa 的登录时间为周一到周五的全天 24 小时。

在"aaa 属性"对话框中选择"账户"选项卡,单击"登录时间"按钮,出现如图 4-2-7 所示

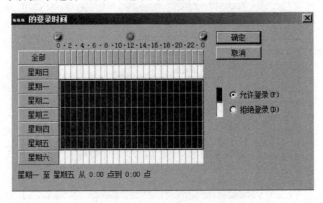

图 4-2-7　设置"登录时间"属性

的"aaa 的登录时间"对话框。图中每一行表示一天 24 小时,每一个方块表示一个小时,填满的方块表示允许登录,空白的方块表示不能登录,单击方块可在两种状态之间转换。图中的设置就表示在星期一到星期五的 24 小时都能登录。

按要求设置用户 bbb 和 ccc 不同的登录时间。

③ 使用用户 aaa 隶属于 Users 组。

在"aaa 属性"对话框中选择"隶属于"选项卡,单击"添加"按钮,在"对象类型"中选择"内置安全主体"选项,单击"立即查找"按钮。在"搜索结果"文本框中找到所要的组,单击"确定"按钮。再单击"确定"按钮,返回到"aaa 属性"对话框。可以看到所添加的组,如图 4-2-8 所示,单击"确定"按钮。

按要求设置用户 bbb 和 ccc 的所属组。

(3) 更改域用户账户。域用户账户建立后,可以更改账户名称、删除账户、停用账户、启用账户、更改密码和解除锁定账户等。

请观察一下用户账户的操作菜单。选择"开始"→"管理工具"→"Active Directory 用户和计算机"命令,右击用户账户,在出现如图 4-2-9 所示的快捷菜单中选择所需项。

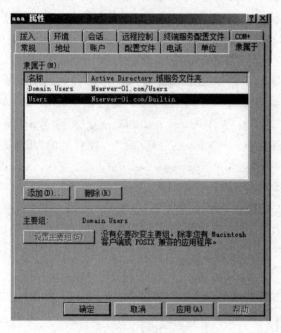

图 4-2-8　设置"隶属于"属性

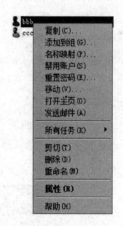

图 4-2-9　对用户账户操作的快捷菜单

菜单中包含了对所选账户的诸多操作,其中"禁用账户"命令可使账户无法登录,被禁用的账户可用"启用账户"命令重新启用。Guest 账户默认是不开放的,可用"启用账户"命令开放它。当用户忘记密码或密码使用到期时,可使用"重置密码"命令重新替用户设置一个新密码。

(4) 新建的用户账户默认建立 Users 组织单元(组)里,可以根据需要移动或添加到其他组织单元中。也可以新建一个组织单元(组)或组织单位,并在该组织单元(组)或组织单位新建或添加用户账户,便于具有相同权限的用户集中管理。只要对该组织单元(组)或组织单位设置组的权限,该组内的所有用户都具有相同的权限。

管理域用户账户和组

（5）比较刚建立的三个用户的区别。

- 用 bbb 用户登录 Windows Server 2008 域控制器时可以享有较高的权限，如创建用户等。但 aaa 和 ccc 却没有，因为这两个用户不能在 Windows Server 2008 域控制器上登录，只能在其他计算机上登录。因为 aaa 属于系统内置的 Users 本地域组，bbb 属于内置的全局组，都只具有有限的使用权限。默认只有 Account Operators、Administrators、Backup Operators、Print Operators、Server Operators 内置的本地域组的用户才能在 Windows Server 2008 域控制器上登录，否则必须添加域控制器安全策略。

- 在 Windows Server 2003 上用 aaa 账户登录到域，在 C 盘创建文件夹 aaa，复制一些文件进去，设法把该文件夹设为共享（共享权限 Everyone 为"完全控制"）。能否修改 IP 地址，看发生的问题并把原因写到实训报告中。

- 在 Windows Server 2003 上用 bbb 账户登录到域，在 C 盘创建文件夹 bbb，复制一些文件进去，设法把该文件夹设为共享（共享权限 Everyone 为"完全控制"）。能否修改 IP 地址，看发生的问题并把原因写到实训报告中。

- 在 Windows Server 2003 上用 ccc 账户登录到域，在 C 盘创建文件夹 ccc，复制一些文件进去，设法把该文件夹设为共享（共享权限 Everyone 为"完全控制"）。能否修改 IP 地址，看发生的问题并把原因写到实训报告中。

- 直接用 ccc 账户登录到 Windows Server 2008 域控制器，看会发生什么情况。

使用所建立的域用户账户可以在其他成员计算机上登录到域，却不能在 Windows Server 2008 域控制器上登录，除非在域控制器上被赋予"本地登录"的权限。在 Windows Server 2008 域控制器上设置"本地登录"时，先用 Administrator 账户登录到 Windows Server 2008 域控制器。选择"开始"→"管理工具"→"组策略管理"命令，在打开的"组策略管理"窗口中展开"林：Nserver-01. com"→"域"→Nserver-01. com 节点，右击 Default Domain Controllers Policy，从弹出的快捷菜单中选择"编辑"命令。在打开的"计算机配置"窗口中展开"策略"→"Windows 设置"→"安全设置"→"本地策略"→"用户权限分配"节点，在右窗格中选择"允许在本地登录"选项，在打开的"允许在本地登录属性"对话框中单击"添加用户或组"按钮，将要把在控制器登录的域用户账户或该账户所属的组加入进去，如图 4-2-10 所示。

图 4-2-10　添加用户或组允许在域控制器上登录

单击"确定"按钮完成后再运行 cmd 命令以使新增的策略生效：

```
gpupdate /force
```

通过事件查看器可以检查刚刚设置的策略是否应用成功。

【设计思考】

每个小组自己设计以下练习,并在实训报告中说明：你所在的组织现在临时雇用了 10 个临时用户来完成一个特定的工作计划,这项计划将会持续大概几个月。用户可能会需要访问一部分网络资源,这类资源包括服务器和打印机,但是他们不能访问正式员工能够访问的资源。你的管理目标是在尽量有效地管理这些账户的同时保护你的组织不受侵害,但是你也应该保证所有用户都具备必需的访问权限。

(1) 在创建用户和用户组的过程中,将要使用哪些工具?

(2) 在创建用户和用户组的过程中,哪些步骤是必需的?

(3) 你将怎样来确保限制用户访问特定的网络资源的同时能够访问其他的资源?

管理域用户账户和组

第5章 管理文件系统与共享资源

【知识背景】

1. 文件系统简介

文件和文件夹是计算机系统组织数据的集合单位。Windows Server 2008 提供了强大的文件管理功能,其 NTFS 文件系统具有高安全性能,用户可以十分方便地在计算机或网络上处理、使用、组织、共享和保护文件及文件夹。

运行 Windows Server 2008 计算机的磁盘分区可以使用三种类型的文件系统:FAT16、FAT32 和 NTFS。

FAT(File Allocation Table)包括 FAT16 和 FAT32 两种,指的是文件分配表。在推出 FAT32 文件系统之前,通常 PC 使用的文件系统是 FAT16,如 MS-DOS、Windows 95 等系统。FAT16 支持的最大分区是 2^{16}(即 65 536)个簇,每簇 64 个扇区,每扇区 512 字节,所以最大支持分区为 2.147GB。FAT16 最大的缺点就是簇的大小与分区有关,这样当外存中存放较多个小文件时会浪费大量的空间。FAT32 是 FAT16 的派生文件系统,支持大到 2TB(2048GB)的磁盘分区。它使用的簇比 FAT16 小,从而有效地节约了磁盘空间。

FAT 文件系统是一种最初用于小型磁盘和简单文件夹结构的简单文件系统。它向后兼容,最大的优点是适用于所有的 Windows 操作系统。另外,FAT 文件系统在容量较小的卷上使用比较好,因为 FAT 启动只使用非常少的开销。FAT 在容量低于 512MB 的卷上工作最好,显然对于使用 Windows Server 2008 的用户来说,FAT 文件系统不能满足系统的要求。

NTFS(New Technology File System)是 Windows Server 2008 推荐使用的高性能文件系统。它支持许多新的文件安全、存储和容错功能,而这些功能也正是 FAT 文件系统所缺少的。

NTFS 是从 Windows NT 开始使用的文件系统,它是一个特别为网络和磁盘配额、文件加密等管理安全特性设计的磁盘格式。在 Windows Server 2008 中可以指派用户或组对位于 NTFS 磁盘分区中的文件和文件夹的使用权限,只有具备权限的用户和组才可以访问这些文件和文件夹,但无法对 FAT16/FAT32 分区内的文件/文件夹指派权限(没有 NTFS 安全权限)。只有 Administrators 组内的成员、文件/文件夹的所有者、具备完全控制权限的用户才有权指派文件/文件夹的权限。

2. 文件与文件夹的权限

若某用户同时属于多个组,而用户和这些组对某资源的使用都被分别指派了不同的权限,那么该用户对该资源的最后权限将是这些权限的累加。只要其中的一个权限为"拒绝",

则用户最后的权限是拒绝访问该资源,所以权限是有累加性的。例如,某用户对文件夹e:\abc 没有任何权限,但对其中的文件 abc.txt 有读取权限。只要文件夹是共享的,而且位于 NTFS 磁盘分区内,授权登录的用户就能读取该文件夹里的文件。NTFS 权限是通过文件/文件夹"属性"对话框中的"安全"选项卡来设置的。

文件/文件夹的所有者,无论对文件/文件夹的权限是什么,他永远具有更改该文件/文件夹权限的能力。所有权可以转移,但必须由其他用户来夺取,夺取所有权的用户必须对该文件夹有"取得所有权""更改"或"完全控制"的权限,或是任何具有 Administrator 权限的用户。取得所有权的操作是通过文件/文件夹"属性"对话框中的"安全"选项卡来设置的。

文件/文件夹从一个文件夹复制到另一个文件夹时继承目的地的权限。文件/文件夹从一个文件夹移动到同一个磁盘分区的另一个文件夹时仍然保持原来的权限。文件/文件夹从一个文件夹移动到另一个磁盘分区的某个文件夹时将继承目的地的权限。文件/文件夹从 NTFS 分区复制或移动到 FAT16/FAT32 分区,原先设置的权限将被删除。移动或复制文件/文件夹所到达目的地的用户将成为该文件/文件夹的所有者。

3. 共享文件夹

共享文件夹必须有一个共享名,它可以和文件夹同名,也可以不同。一个共享文件夹可以有多个共享名。网络用户是通过共享名来访问共享文件夹的。如共享名最后一个字符是 $,则该共享名被隐藏,但只要知道此共享名,还是可以访问的。Windows Server 2008 系统默认 Everyone 为读取权限,也可以重新设置。共享文件夹的权限只限制网络用户的访问,而本地用户的访问不受此限制。共享文件夹如在 NTFS 分区内,还可以对其中的文件设置 NTFS 安全权限,但共享文件夹的权限是 FAT 分区内文件/文件夹安全的唯一屏障。

将共享文件夹复制到其他磁盘分区,则它的副本不再共享。将共享文件夹移动到其他磁盘分区,则该文件夹不再共享。

共享文件夹可以映射为网络驱动器,即利用一个驱动器代号来访问共享文件夹。

共享文件夹可以被分布到 Active Directory,给它定义一个域内的共享名,可以与原来的共享名相同,也可以不同。这样,域内用户在不知道该共享文件夹在哪一台计算机内的情况下,就可以用域内共享名来访问它。

实训 5-1　FAT 与 NTFS 文件系统的设置和转换

【实训条件】

建立一个 Windows Server 2008 的网络,其中有一台域控制器 Win2008s-xx. Nserver-xx. com、一台成员服务器 Win2003s-xx. Nserver-xx. com、一台工作站 WIN7-xx. nserver-xx. com(xx 为物理主机编号)。

【实训说明】

在 Windows Server 2008 网络中,可以通过网络访问共享资源,登录本机查看本地资源。存储在不同文件系统中的资源,其安全性存在很大差异,需要进行适当设置使其符合要求。

【实训任务】

（1）FAT 文件系统的设置。

（2）NTFS 文件系统的设置。

（3）FAT 和 NTFS 之间的转换。

【实训目的】

（1）理解 FTP 文件系统的特点。

（2）理解 NTFP 文件系统的功能。

（3）掌握 FAT 和 NTFS 之间的转换方法。

【实训内容】

本实训以 1 号物理主机为例。

1. FAT 文件系统的设置

（1）用 Administrator 账户登录到 Windows Server 2008 域控制器，在桌面上双击"计算机"图标，在打开的"计算机"窗口的右窗格中右击 E 盘，在弹出的快捷菜单中选择"属性"命令，弹出如图 5-1-1 所示的对话框，显示"文件系统"为 FAT32，单击"确定"按钮。

（2）双击 E 盘，新建共享文件夹 abc，复制一些文件到此文件夹内，设置共享权限 Everyone 为完全控制。

2. NTFS 文件系统的设置

（1）用 Administrator 账户登录到 Windows Server 2008 域控制器，在桌面上双击"计算机"图标，在打开的"计算机"窗口的右窗格中右击 D 盘，在弹出的快捷菜单中选择"属性"命令，弹出如图 5-1-2 所示的对话框，显示"文件系统"为 NTFS，单击"确定"按钮。

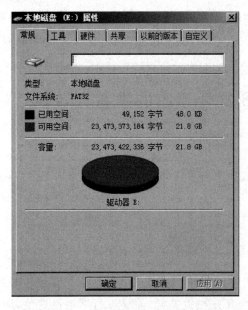

图 5-1-1　磁盘文件系统为 FAT32 格式

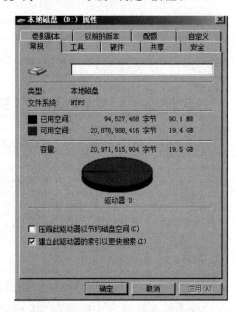

图 5-1-2　磁盘文件系统为 NTFS 格式

（2）双击 D 盘，新建共享文件夹 xyz，复制一些文件到此文件夹内，设置共享权限 Everyone 为完全控制。

3. FAT 和 NTFS 之间的转换

（1）用 Administrator 账户登录到 Windows Server 2008 域控制器，检查 D 盘和 E 盘的文件系统分别为 NTFS 和 FAT 格式，磁盘内分别有 xyz 和 abc 两个共享文件夹。

（2）选择"开始"→"运行"命令，在"运行"对话框中的文本框中输入 cmd 进入"命令提示符"窗口，如图 5-1-3 所示，输入命令 convert e：/fs:ntfs，按 Enter 键。

图 5-1-3　FAT 转换成 NTFS

（3）再一次检查 E 盘的文件系统格式是否已为 NTFS 格式，磁盘内是否还有 abc 共享文件夹。

注意：利用 Convert 命令可以将 FAT 文件系统转换为 NTFS 格式，而且原来的文件夹或文件都存在。但 NTFS 文件系统不能转换为 FAT 格式，它是不可逆的。

自己练习：

（1）设法将自己的 D 盘（或 E 盘）格式化为 FAT32 文件系统格式，再在该磁盘中建立若干个共享文件夹，设置共享权限 Everyone 为完全控制。复制一些文本文件到这些共享文件夹内，利用 Convert 命令将磁盘转换为 NTFS 文件系统格式，检查一下磁盘内有无文件夹存在，是否还处于共享状态。

（2）用一域用户账户（如 abc）从工作站（如 Windows Server 2003）上登录到域，访问 Windows Server 2008 计算机中的共享文件夹，有何现象？

实训 5-2　设置 NTFS 权限访问共享资源

【实训条件】

建立一个 Windows Server 2008 的网络，其中有一台域控制器 Win2008s-xx. Nserver-xx. com、一台成员服务器 Win2003s-xx. Nserver-xx. com、一台工作站 WIN7-xx. nserver-

xx. com(xx 为物理主机编号)。

【实训说明】

为了网络安全性考虑,对通过网络访问共享资源的用户应设置其权限等级。除了 Administrator 账户之外,用其他用户账户通过网络访问共享资源,或者访问本地资源都认为是不安全的,所以在共享权限设置基础上进一步设置 NTFS 安全权限。

【实训任务】

(1) 设置共享权限。

(2) 设置 NTFS 安全权限。

【实训目的】

熟练并掌握 Windows Server 2008 中 NTFS 安全权限的设置。

【实训内容】

本实训以 1 号物理主机为例。

1. 设置共享权限

用 Administrator 账户登录到 Windows Server 2008 域控制器,在桌面上双击"计算机"图标,在打开的"计算机"窗口的右窗格中双击 D 盘,对共享文件夹 xyz 设置共享权限 Everyone 为完全控制;双击 E 盘,对共享文件夹 abc 设置共享权限 Everyone 为完全控制。

2. 设置 NTFS 安全权限

(1) 标准 NTFS 权限设置。

① 在桌面上双击"计算机"图标,在打开的窗口中选择所需的磁盘,在打开的磁盘中右击要设置权限的文件夹,如 abc。在弹出的快捷菜单中选择"属性"命令,打开"abc 属性"对话框,选择"安全"选项卡,如图 5-2-1 所示。

② 默认已经有一些权限设置,这些设置是从父文件夹(或磁盘)继承来的。例如,在图中 Administrators 用户的权限中,灰色阴影对钩的权限就是继承的权限。

③ 如果要给其他用户指派权限,可单击"编辑"按钮,出现如图 5-2-2 所示的"abc 的权限"对话框。

④ 单击"添加"按钮,然后单击"高级"按钮,并单击"立即查找"按钮,从本地计算机上添加拥有对该文件夹访问和控制权限的用户或用户组,如 abc 用户,如图 5-2-3 所示。

⑤ 选择后单击"确定"按钮,拥有对该文件夹访问和控制的用户或组就被添加到"abc 的权限"对话框的"组或用户名"列表框中,如图 5-2-4 所示。由于新添加用户 abc 的权限不是从父项继承的,因此他们所有的权限都可以修改。

⑥ 如果不想继承上一层的权限,如要删除如图 5-2-1 中的 Users 权限,单击"高级"按钮,打开"abc 的高级安全设置"对话框,在"权限"选项卡中选择 Users 用户组,单击"编辑"按钮,取消对"包括可从该对象的父项继承的权限"复选框的勾选。在弹出的"Windows 安全"

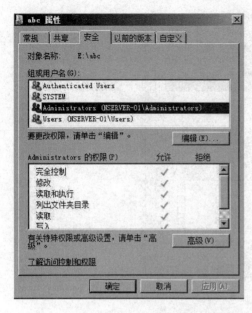

图 5-2-1　"abc 属性"对话框

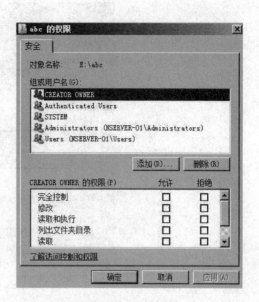

图 5-2-2　"abc 的权限"对话框

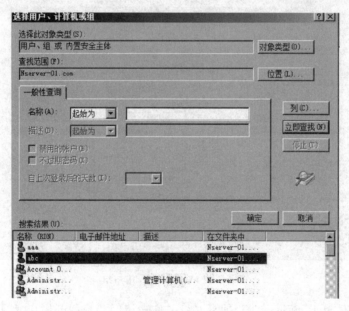

图 5-2-3　"选择用户、计算机或组"对话框

对话框中单击"删除"按钮,如图 5-2-5 所示。然后单击"确定"按钮,就将此用户组删除了。

(2)特殊 NTFS 权限设置。

① 在桌面上双击"计算机"图标,在打开的窗口中选择所需的磁盘,在打开的磁盘中右击要设置权限的文件夹,如 xyz。在弹出的快捷菜单中选择"属性"命令,打开"xyz 属性"对话框,选择"安全"选项卡,如图 5-2-6 所示。

② 如果要给其他用户指派权限,可单击"添加"按钮,然后单击"高级"按钮,并单击"立即查找"按钮,从本地计算机上添加拥有对该文件夹访问和控制权限的用户或用户组,如

管理文件系统与共享资源

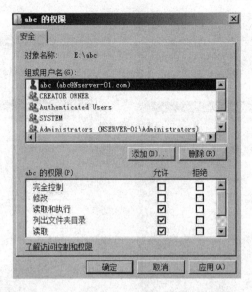

图 5-2-4　添加用户权限

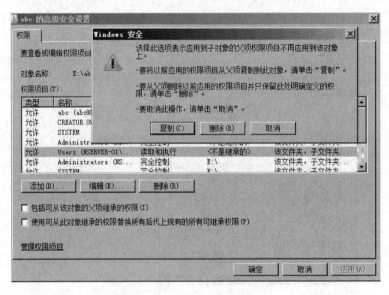

图 5-2-5　删除 Users 用户组

abc 用户。选择后单击"确定"按钮,拥有对该文件夹访问和控制的用户或组就被添加到"组或用户名"列表框中。由于新添加用户 abc 的权限不是从父项继承的,因此他们所有的权限都可以修改。

③ 给 abc 用户指派特殊权限。单击"高级"按钮,弹出"xyz 的高级安全设置"对话框,在"权限"选项卡中选择 abc 用户,单击"编辑"按钮,再单击"编辑"按钮,弹出"xyz 的权限项目"对话框,在这里可以进一步选择所需的权限,如图 5-2-7 所示。

注意:不要轻易使用"拒绝"权限。因为将"拒绝"权限授予该用户,该用户具有的其他任何权限也被阻止了。应该巧妙地构造组织和组织文件夹中的资源,使各种各样的"允许"权限就足以满足需要,从而可避免使用"拒绝"权限。

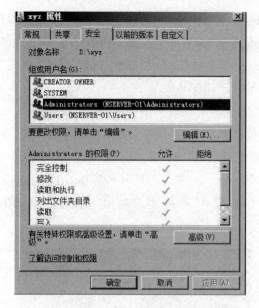

图 5-2-6 "xyz 属性"对话框

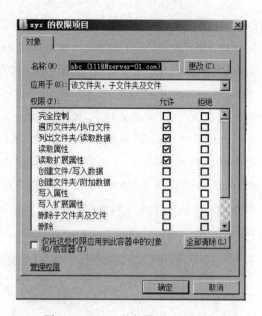

图 5-2-7 "xyz 的权限项目"对话框

实训检测:

① 用 Administrator 账户登录到 Windows Server 2008 域控制器,建立用户 userA 和 userB(选择用户不能更改密码,密码永不过期),隶属于默认组 Domain Users,密码都为 123456,如图 5-2-8 所示。

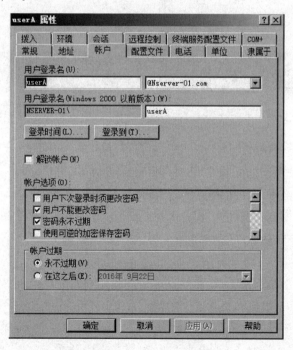

图 5-2-8 "userA 属性"对话框

管理文件系统与共享资源

② 在 C 盘根目录下建立一个共享文件夹 d1,设置对这个共享文件夹的共享权限为 Everyone 完全控制。右击 d1 文件夹,在弹出的快捷菜单中选择"属性"命令,在"d1 属性"对话框中选择"共享"选项卡,单击"高级共享"按钮,选中"共享此文件夹"复选框,单击"权限"按钮,在弹出的"d1 的权限"对话框中选中"完全控制"复选框,如图 5-2-9 所示,单击"确定"按钮。

③ 设置 NTFS 安全权限,使用户 userA 对 d1 仅具有读取权限。右击 d1 文件夹,从弹出的快捷菜单中选择"属性"命令,在"d1 属性"对话框中选择"安全"选项卡,单击"编辑"按钮,在"d1 的权限"对话框中单击"添加"按钮,然后单击"高级"按钮,再单击"立即查找"按钮,选择 userA,单击"确定"按钮,回到"d1 的权限"对话框,勾选所需的权限项目,并将一些原来从父项继承下来的权限删除,如图 5-2-10 所示,单击"确定"按钮回到"d1 属性"对话框后单击"确定"按钮退出。

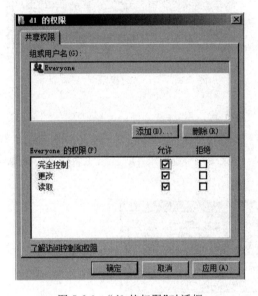
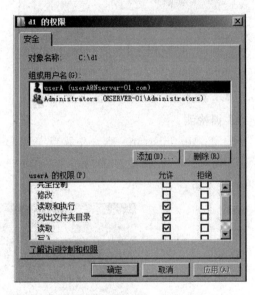

图 5-2-9 "d1 的权限"对话框   图 5-2-10 "d1 的权限"对话框

④ 设置 NTFS 安全权限,使用户 userB 对 d1 具有完全控制权限。右击 d1 文件夹,从弹出的快捷菜单中选择"属性"命令,在"d1 属性"对话框中选择"安全"选项卡,单击"编辑"按钮,在"d1 的权限"对话框中单击"添加"按钮,然后单击"高级"按钮,并单击"立即查找"按钮,选择 userB,单击"确定"按钮,回到"d1 的权限"对话框,勾选所需的权限项目,并将一些原来从父项继承下来的权限删除,如图 5-2-11 所示,单击"确定"按钮回到"d1 属性"对话框后单击"确定"按钮退出。

⑤ 在 Windows Server 2003 计算机上用 userA 登录到域控制器,在桌面上双击"网上邻居"图标,在打开的窗口中依次双击"整个网络"图标,双击 Microsoft Windows Network,双击 Nserver-01 图标,双击 Win2008s-01 图标,然后双击 d1 文件夹,在文件夹 d1 中尝试建立一个文本文件,弹出"无法创建文件"对话框,如图 5-2-12 所示。

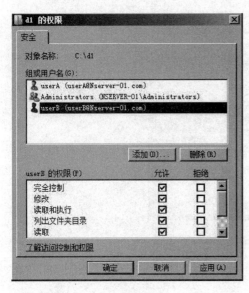

图 5-2-11 "d1 的权限"对话框

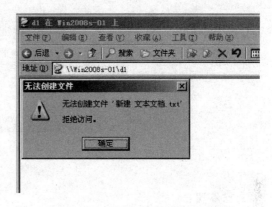

图 5-2-12 "无法创建文件"对话框

⑥ 在 Windows 7 计算机上用 userB 登录到域控制器,更改桌面图标设置,使"网络"等图标能在桌面上显示。双击桌面上的"网络"图标,将默认关闭的"网络发现和文件共享"功能启用。因为只有管理员用户可以启用,因而在弹出的"用户账户控制"对话框中输入域控制器管理员用户名和密码,如图 5-2-13 所示。单击"是"按钮后就可启用"网络发现和文件共享"功能。

图 5-2-13 "用户账户控制"对话框

双击"网络"图标,在打开的窗口中双击 Win2008-01 图标,双击 d1 文件夹,右键新建一个文本文件,输入 This is a text file. 并保存为文件名为 text 的记事本文件,如图 5-2-14 所示。

管理文件系统与共享资源

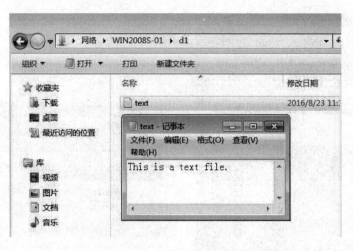

图 5-2-14　新建一个文本文件

自己练习：

在 Windows Server 2008 域控制器中的 C 盘根目录下再新建共享文件夹 f1，并在其中新建两个文本文件（内容任意）text1 和 text2。设置对这个共享文件夹的共享权限为 Everyone 完全控制，并分别修改 f1 中两个文件的安全属性，要求 xyz 用户在域内的一台计算机上登录时，对 f1 文件夹中的 text1 文件具有读取权限，对 text2 文件具有写入权限，且这两个文件都不能被用户 xyz 删除。请将设置的结果写在实训报告中。

第6章 局域网资源管理

【知识背景】

在 NTFS 磁盘分区中的"安全"选项卡中对局域网资源管理可以增加一些特殊功能,如卷影副本的使用、分布式文件系统、磁盘配额管理、打印机配置和管理等。

1. 使用卷影副本

用户可以通过"共享文件夹的卷影副本"功能让系统自动在指定的时间将所有共享文件夹内的文件复制到另外一个存储区内备用。当用户通过网络访问共享文件夹中的文件,不慎将文件删除或者修改文件的内容后,却反悔想要救回该文件或者想要还原文件的原来内容时,可以通过"卷影副本"存储区内的旧文件来达到目的,因为系统之前已经将共享文件夹内的所有文件都复制到"卷影副本"存储区内。

2. 分布式文件系统

分布式文件系统(Dfs)使用户访问和管理在物理上跨网络分布的文件更加容易,用户不再需要指定文件的实际物理位置。分布式文件系统中必须存在 Dfs 根目录,一个域可以主持多个 Dfs 根目录,一台服务器只能主持一个 Dfs 根目录。Dfs 根目录是网络中的一个共享文件夹,被赋予一个 Dfs 根目录名,网络上的用户可以通过此名称来访问 Dfs 根目录下的数据。Dfs 根目录下有"子目录",称为 Dfs 子节点或 Dfs 链接。每个 Dfs 链接映射到其他计算机上的一个共享文件夹。每个 Dfs 链接都有一个链接名称,网络用户利用此名称来访问它所映射的共享文件夹中的数据。如果对 Dfs 链接创建一个副本,将它映射到另一个共享文件夹,那么这两个共享文件夹中的数据通过手动复制或自动复制会保持一致,这是 Dfs 通过数据冗余的方式提供的容错功能。

3. 磁盘配额管理

在 Windows Server 2008 中有一个称为"磁盘配额"的功能,它可以跟踪单个用户使用磁盘空间的情况。当用户使用的磁盘空间超出警告级别时就会在系统里记录该事件,同时也可以限制用户使用磁盘的空间。当使用的空间超出限定的值时系统会阻止使用,发出警告并在系统中记录该事件。

用磁盘配额功能可以设置两个值:磁盘配额限度和磁盘配额警告级别。前者规定了允许用户使用的磁盘空间的最大容量,后者表示当用户使用的磁盘容量超过指定的警告容量时即在系统中记录该事件。例如,某用户的磁盘配额限度是 50MB,警告级别为 45MB,那么该用户可在磁盘上存储不超过 50MB 的文件,但当他使用磁盘的容量超过 45MB 时,系统将会记录该事件。

只有利用 Windows Server 2008、Windows Server 2003、Windows 7 格式化的 NTFS 磁

盘才支持磁盘配额的功能。磁盘配额功能不考虑文件压缩因素，而是按照文件的原始大小来计算占用空间的大小。

默认情况下，系统管理员不受磁盘配额的限制。

4. 打印机的设置和管理

Windows Server 2008 提供了强有力的打印管理功能，不但可以减轻系统管理员的负担，还可以让用户轻松地打印文件。

在打印管理中有几个有关的术语需要解释：

- 打印设备：也就是一般常说的打印机，换句话说，它就是可以放打印纸的物理打印机。
- 打印机：只是一个逻辑打印机，介于应用程序与打印设备之间的软件接口，用户的打印文档就是通过它来发送给打印设备的。

无论是打印设备，还是逻辑打印机，它们都可以被简称为"打印机"。不过为了避免混淆，在本实训指导教程中有些地方会以"打印机"表示"逻辑打印机"，而以"打印设备"表示"物理打印机"。

- 打印服务器：连接物理打印设备的计算机。它负责接收用户端发送来的文档，然后将其发送到打印设备。
- 网络打印设备：直接连接到交换机上的物理打印设备，用户可以通过 IP 地址连接并使用该打印设备。
- 打印驱动程序：不同的打印设备有不同的打印驱动程序，负责将要打印的文档转换成打印机能够识别的格式。

在 Windows Server 2008 网络中，设置打印环境需要分两步：首先在服务器端添加本地打印机，并将此打印机设置为共享，然后将客户端连接到该打印机，这样才可以通过该打印机打印文档。如果客户端上的操作系统与打印服务器上的操作系统不同，则还需要在打印服务器上安装其他操作系统所需的打印驱动程序，以便当用户连接该打印机时，打印服务器可以将该驱动程序下载到客户端。

针对不同的打印机用户可设置不同的打印权限，这样不仅控制哪些用户可以打印，而且控制用户可以执行哪些打印任务。有三种不同等级的打印机权限："打印""管理文档"和"管理打印机"。默认情况下，服务器管理员、域控制器上的打印操作员以及服务器操作员拥有"管理打印机"权限；Everyone 拥有"打印"权限；而文件的所有者拥有"管理文档"权限。表 6-0-1 列出了不同等级的打印权限所拥有的具体能力。

表 6-0-1　打印机权限能力

打印机权限能力	打印	管理文档	管理打印机
连接打印机与打印文档	√		√
暂停、继续、重新开始与取消打印用户自己的文档	√		√
暂停、继续、重新开始与取消打印所有的文档		√	√
更改所有文档的打印顺序、时间等设置		√	√
共享打印机			√
更改打印机属性			√
删除打印机			√
更改打印机的权限			√

要限制对打印机的访问,必须更改用于特定组或用户的打印机权限设置。打印机的所有者或被赋予了"管理打印机"权限的用户才能更改打印机的权限。

默认情况下,建立打印机的用户就是该打印机的所有者,不管他的权限如何,他永远有更改此打印机权限的能力。Windows Server 2008 允许所有权转移到其他用户,只是必须由其他的用户自行夺取。要夺取所有权的用户必须对该打印机拥有"取得所有权"可"更改使用权限"或"管理打印机"的权限,或者是具备 Administrator 权限的用户。

5. NetMeeting 的应用

在 Windows Server 2008 中默认不带 NetMeeting 组件功能。要实现通过 NetMeeting,必须安装 NetMeeting For Windows Server 2008 组件安装包,或者利用 Windows Server 2003 中的 NetMeeting 文件夹复制到 Windows Server 2008 的相应文件夹位置中,运行相应的配置程序,用于启用 NetMeeting 网络通信功能。但一些功能已受到限制,如音频和视频设备的使用,这就意味着强大的网络视频会议功能无法实现。本实训只用 NetMeeting 进行"聊天""白板""文件传送""远程桌面共享"等操作。

实际上现在国内外能够替代 NetMeeting 的软件工具很多,如 Microsoft Office Live Meeting 网络会议系统。通过 Office Live Meeting 的 2007 版中集成的音频、视频和媒体实现更有效的多媒体会议,使与会者始终饶有兴趣地参与。Office Live Meeting 的 2007 版提供了更为专注的体验,将多个通信渠道汇集在一起,其中包括实时和录制视频、聊天、幻灯片和应用程序共享、VoIP 和 PSTN 音频以及观众反馈工具。会议组织者可以使与会者在会议期间一直参与和专心于会议。演示者可以实时接收来自与会者的反馈,使他们可以相应调整其进度和内容,从而满足观众的需要。

实训 6-1 　使用卷影副本

【实训条件】

建立一个 Windows Server 2008 的网络,其中有一台域控制器 Win2008s-xx. Nserver-xx. com、一台成员服务器 Win2003s-xx. Nserver-xx. com、一台工作站 WIN7-xx. nserver-xx. com(xx 为物理主机编号)。

【实训说明】

当用户通过网络访问共享文件夹中的文件,将文件删除或者修改文件的内容后,却反悔想要救回该文件时,可以通过"卷影副本"存储区内的旧文件来还原。

【实训任务】

(1) 启用"共享文件夹的卷影副本"功能。
(2) 客户端工作站访问"卷影副本"内的文件。

【实训目的】

熟悉并掌握 Windows Server 2008 中的"共享文件夹的卷影副本"功能。

【实训内容】

本实训以 1 号物理主机为例。

1. Windows Server 2008 域控制器中的"共享文件夹的卷影副本"设置

（1）用 Administrator 域管理员用户登录到 Windows Server 2008 域控制器，在 C 盘新建共享文件夹 Share（共享权限为 Everyone"完全控制"），在该共享文件夹中新建两个文本文件 a1 和 a2，并在该共享文件夹所在的 C 盘启用"共享文件夹的卷影副本"功能。

（2）右击 C 盘，从弹出的快捷菜单中选择"属性"命令，在弹出的属性对话框中选择"卷影副本"选项卡。在"选择一个卷"列表框中选择要启用"卷影副本"的驱动器（例如 C:\），单击"启用"按钮。弹出如图 6-1-1 所示的对话框，单击"是"按钮，系统会自动为该磁盘（例如 C:\）创建第一个"卷影副本"，也就是将该磁盘内所有共享文件夹中的文件都复制到"卷影副本"存储区内，而且系统默认以后会在周一到周五的上午 7:00 与下午 12:00 两个时间点分别自动添加一个"卷影副本"，也就是在这两个时间到达时会将所有共享文件夹内的文件复制到"卷影副本"存储区内备用，如图 6-1-2 所示。

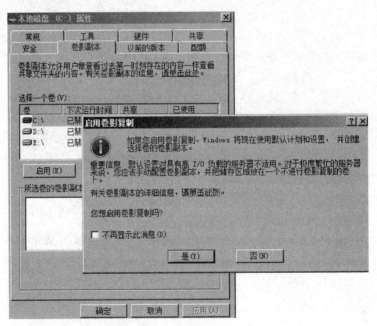

图 6-1-1 启用卷影副本

（3）在图 6-1-2 中单击"立即创建"按钮，可以自行创建新的"卷影副本"。用户在还原文件时可以选择在不同时间点所创建的"卷影副本"内的旧文件来还原。

（4）系统会以共享文件夹所在磁盘的磁盘空间决定"卷影副本"存储区的容量大小，默认配置为该磁盘空间的 10% 作为"卷影副本"的存储区，而且该存储区最小需要 100MB。如果要更改其容量，单击图 6-1-2 中的"设置"按钮，打开如图 6-1-3 所示的"设置"对话框。在"最大值"处更改设置，还可以单击"计划"按钮来更改自动创建"卷影副本"的时间点。在启用"卷影副本"功能前，用户还可以通过图中的"位于此卷"来更改存储"卷影副本"的磁盘。

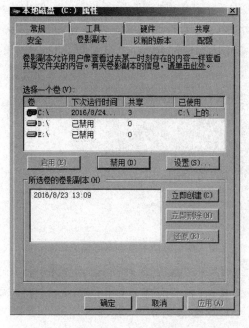

图 6-1-2 "本地磁盘(C :)属性"对话框   图 6-1-3 "设置"对话框

2. 客户端工作站访问"卷影副本"内的文件

（1）用 Administrator 域管理员用户从 Windows Server 2003 计算机登录到域。在桌面上双击"网上邻居"图标，在打开的窗口中依次双击"整个网络"、Microsoft Windows Network、Nserver-01 图标、Win2008s-01 图标，然后双击 Share 共享文件夹，右击 a1 文件，在弹出的快捷菜单中选择"删除"命令，将 a1 文件删除。

（2）右击 Share 共享文件夹，在弹出的快捷菜单中选择"属性"命令，打开"Share 属性"对话框，选择"以前的版本"选项卡，如图 6-1-4 所示。

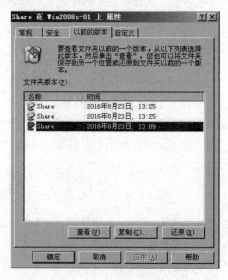

图 6-1-4 "Share 属性"对话框

局域网资源管理

（3）选中"Share 2016 年 8 月 23 日，13：09"版本，通过单击"查看"按钮可查看该时间点内的文件夹内容。通过单击"复制到"按钮可以将该时间点的 Share 文件夹复制到其他位置。通过单击"还原"按钮还原误删除的 a1 文件。单击"还原"按钮，弹出如图 6-1-5 所示的对话框，单击"是"按钮。

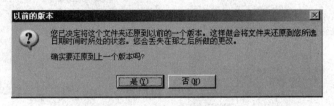

图 6-1-5 确认对话框

（4）打开 Share 共享文件夹，检查 a1 是否被恢复。

自己练习：

在位于 Windows Server 2008 域控制器中 NTFS 磁盘分区的 D 盘新建一个名为 Myfiles 的共享文件夹，里面建立一个 Readme.txt 文件（内容自定）。对 D 盘启用"共享文件夹的卷影副本"功能，使从另一台 Windows 7 工作站登录的用户（建立一个域用户账户 abc，隶属于 Administrators 组）连接位于 Windows Server 2008 域控制器计算机的共享文件夹。如修改或删除 Readme.txt 文件后，工作站计算机能够通过存储在 Windows Server 2008 域控制器计算机中"卷影副本"内的旧文件来还原文件的原来内容。

实训 6-2 组建和使用分布式文件系统

【实训条件】

建立一个 Windows Server 2008 的网络，其中有一台域控制器 Win2008s-xx.Nserver-xx.com、一台成员服务器 Win2003s-xx.Nserver-xx.com、一台工作站 WIN7-xx.nserver-xx.com（xx 为物理主机编号）。

【实训说明】

（1）对文件的管理主要是对文件访问权的控制。

（2）用分布式文件系统来管理域内的共享资源。

（3）为 DFS 文件复制服务，需要对域内的成员服务器 Windows Server 2003 系统进行升级，使之成为 Windows Server 2003 R2 with SP2 计算机。

【实训任务】

（1）在计算机上创建共享文件夹。

（2）分布式文件系统管理。

（3）升级域内 Windows Server 2003 系统。

【实训目的】

(1) 掌握共享文件夹的设置。

(2) 掌握将共享文件夹发布到 Active Directory。

(3) 管理分布式文件系统。

【实训内容】

本实训以 1 号物理主机为例。

1. 将 Windows Server 2003 升级为 Windows Server 2003 R2 with SP2

(1) 要应用 DFS 复制策略，首先要对 Windows Server 2003 计算机进行升级安装。在 Windows Server 2003 上用 Administrator 账户登录到 Win2003s-01，插入 Windows Server 2003 R2 with SP2 CD2 光盘，运行光盘中的 R2AUTO.EXE，其中安装序列号为 QV9XT-CV22K-D8MGR-4MD86-8MYR6。升级安装结束后重启计算机，仍然用 Administrator 账户登录到 Win2003s-01。选择"开始"→"设置"→"控制面板"命令，在打开的"控制面板"窗口中选择"添加或删除程序"选项，打开"添加或删除程序"对话框，在该对话框中单击"添加/删除 Windows 组件"按钮，在打开的"Windows 组件向导"对话框中选中"Active Directory 服务"、Microsoft.NET Framework 2.0 和"分布式文件系统"复选框，如图 6-2-1 所示。

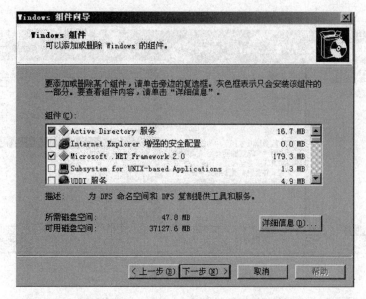

图 6-2-1 "Windows 组件向导"对话框

(2) 单击"下一步"按钮，系统开始安装新增的三个 Windows 组件，单击"关闭"按钮结束安装。

(3) 选择"开始"→"程序"→"管理工具"→"组件服务"命令，在打开的"组件服务"窗口的左窗格中选择"服务"选项，在右窗格中双击 DFS Replication 选项，在弹出的"DFS Replication 的属性（本地计算机）"对话框中单击"启动"按钮，如图 6-2-2 所示。

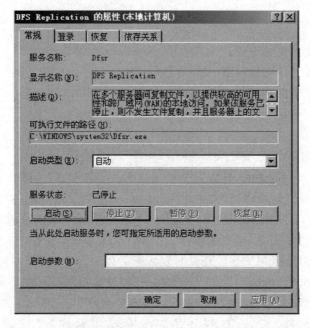

图 6-2-2 "DFS Replication 的属性(本地计算机)"对话框

（4）单击"确定"按钮，回到"组件服务"窗口，如图 6-2-3 所示，显示 DFS Replication 已启动。

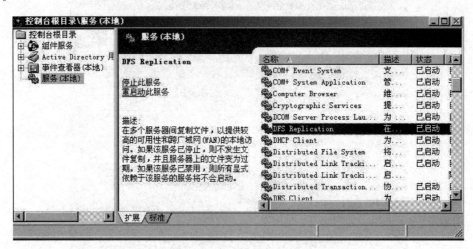

图 6-2-3 "组件服务"窗口

（5）注销登录，重新用域管理员用户 Administrator 从 Windows Server 2003 R2 登录到 Windows Server 2008 域控制器。

注意：如果原来的系统已经是 Windows Server 2003 R2 with SP2 版本，只要在系统中添加以上三个 Windows 组件即可。

2. 在 Windows Server 2008 上建立共享文件夹

在 Windows Server 2008 域控制器上创建如表 6-2-1 所示目录和共享。

表 6-2-1　Windows Server 2008 上的共享文件夹

文件夹	共享名	访 问 控 制			
		账户或组	权限	账户或组	权限
D:\Picture	Picture	Administrators	完全控制	ccc	读取
C:\Report	Report	Domain Users	完全控制	aaa、bbb、ccc	更改
C:\Database	Database	Domain Users	完全控制	bbb	读取
D:\Utility	Utility	Administrators	完全控制	aaa	更改

说明: 在 Windows Server 2008 域控制器上通过两种方法来建立共享文件夹,用 Administrator 账户在 Windows Server 2008 域控制器上登录。

(1) 通过设置共享文件夹向导建立文件夹,设置共享权限。

① 选择"开始"→"管理工具"→"共享和存储管理"命令,在"共享和存储管理"窗口中右击左窗格中的"共享和存储管理(本地)"。在弹出的快捷菜单中选择"设置共享"命令,打开"设置共享文件夹向导"对话框。在该对话框的"设置共享文件夹位置"页面中单击"浏览"按钮,选择 d$,在文本框中输入 Picture,单击"下一步"按钮,弹出如图 6-2-4 所示的对话框,提示指定的文件夹不存在,是否要创建? 单击"是"按钮。

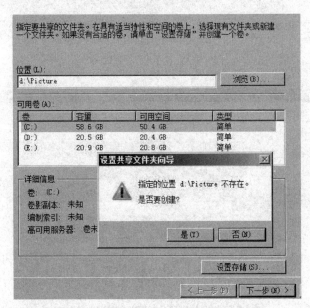

图 6-2-4　创建共享文件夹

② 进入向导的"NTFS 权限"页面,如图 6-2-5 所示。默认不作选择,单击"下一步"按钮。

③ 进入向导的"共享协议"页面,选中 SMB 复选框,如图 6-2-6 所示,单击"下一步"按钮。

④ 进入向导的"SMB 设置"页面,如图 6-2-7 所示,单击"下一步"按钮。

⑤ 进入向导的"SMB 权限"页面,如图 6-2-8 所示,单击"用户和组具有自定义共享权限"单选按钮。

单击"权限"按钮,在"Picture 的权限"对话框中按表 6-2-1 中的要求设置共享权限,如

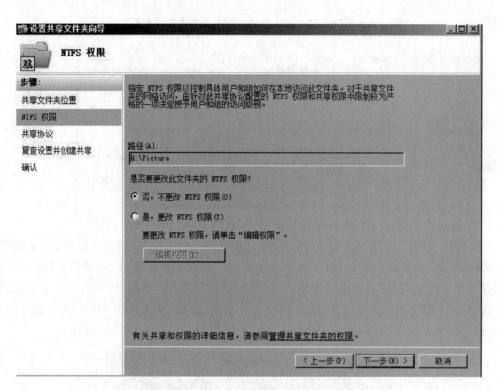

图 6-2-5　NTFS 权限设置

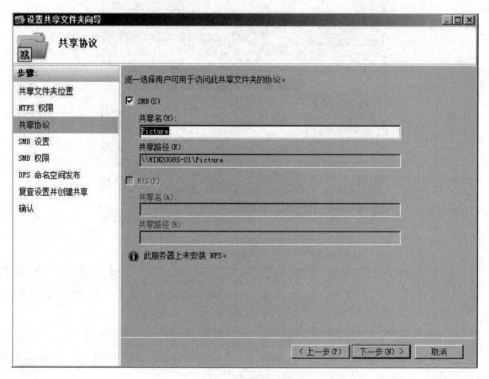

图 6-2-6　共享协议设置

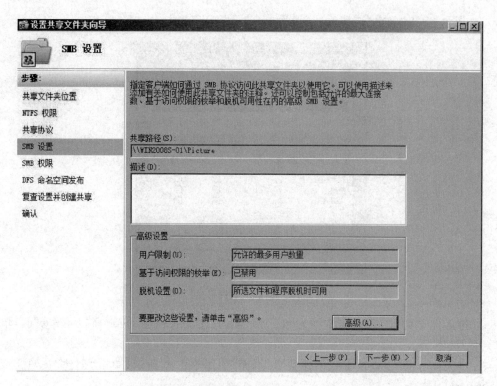

图 6-2-7　SMB 设置

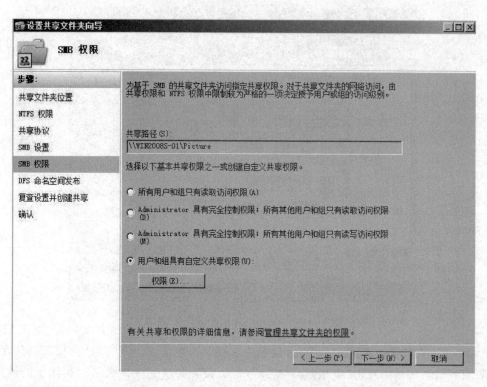

图 6-2-8　SMB 权限设置

图 6-2-9 所示,单击"确定"按钮返回,然后单击"下一步"按钮。

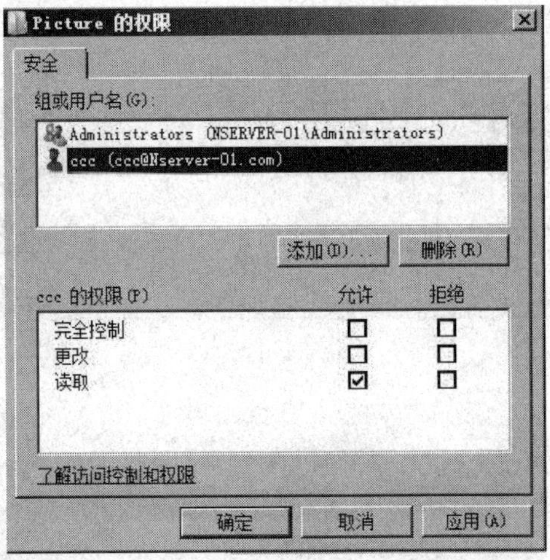

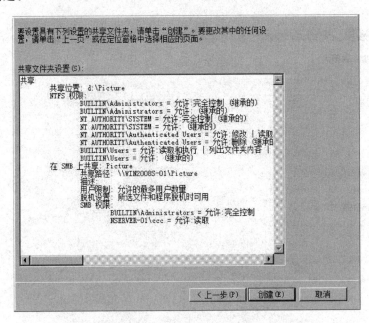

图 6-2-9 "Picture 的权限"对话框

⑥ 进入向导的"DFS 命名空间发布"页面,因为还没有创建 DFS,所以不作更改,单击"下一步"按钮。

⑦ 进入向导的"复查设置并创建共享"页面,如图 6-2-10 所示,单击"创建"按钮完成共享文件夹的创建。

图 6-2-10 "复查设置并创建共享"页面

(2) 通过资源管理器建立文件夹,设置共享权限。在桌面上双击"计算机"图标,在"计算机"窗口的右窗格中双击"本地磁盘(C:)",右击需要共享的文件夹名。在弹出的快捷菜单中选择"属性"命令,在弹出的属性对话框中选择"共享"选项卡。单击"高级共享"按钮,选中"共享此文件夹"复选框,单击"权限"按钮,打开该文件夹的"权限"对话框,按表 6-2-1 的要求设置共享权限,如图 6-2-11 所示。

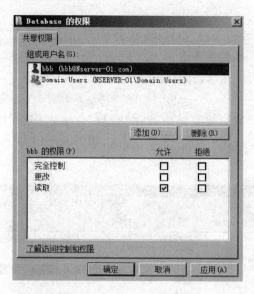

图 6-2-11 "Database 的权限"对话框

(3) 用户按表 6-2-1 要求完成 Report、Utility 两个文件夹的设置。

(4) 选择"开始"→"管理工具"→"计算机管理"命令,在弹出的"计算机管理"窗口左窗格中展开"共享文件夹",选择"共享"选项。如图 6-2-12 所示,可以查看共享文件夹的状态。

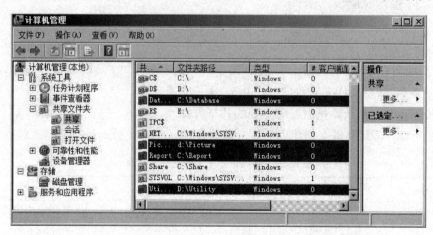

图 6-2-12 "计算机管理"窗口

3. 在 Windows Server 2003 的计算机中管理本地的共享资源

在 Windows Server 2003 的计算机上创建以下目录和共享,如表 6-2-2 所示。

表 6-2-2 Windows Server 2003 上的共享文件夹

文 件 夹	共 享 名	访 问 控 制
C:\Report	Report	Domain Admins 为完全控制;bbb 为更改
E:\Database	Database	Domain Admins 为完全控制;bbb 为更改

（1）在 Windows Server 2003 上用 Administrator 账户登录到 Windows Server 2008 域控制器。

（2）在桌面上双击"我的电脑"图标，按照表 6-2-2 的要求在 C 盘和 E 盘新建两个共享文件夹并复制一些文件到文件夹中。

（3）对两个文件夹设置共享访问权限。

（4）用域管理员账户 Administrator 从 Windows Server 2003 登录到域，在桌面上右击"我的电脑"图标，在弹出的快捷菜单中选择"管理"命令，打开"计算机管理"窗口。在该窗口左窗格的"共享文件夹"中选择"共享"选项，如图 6-2-13 所示，可以查看共享文件夹的状态。

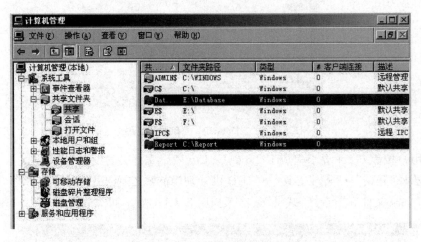

图 6-2-13　"计算机管理"窗口

（5）用域用户账户 aaa、bbb、ccc 从 Windows Server 2003 登录到域，能否在"计算机管理"窗口中看到"共享文件夹"中打开的"共享"图标？为什么？

4. 在 Windows 7 计算机上管理本地的共享资源

在 Windows 7 计算机上创建以下目录和共享，如表 6-2-3 所示。

表 6-2-3　Windows 7 上的共享文件夹

文 件 夹	共 享 名	访 问 控 制
C:\Utility	Utility	Domain Admins 为完全控制；ccc 为更改
C:\Picture	Picture	Domain Admins 为完全控制；ccc 为更改

（1）在 Windows 7 上用 Administrator 账户登录到 Windows Server 2008 域控制器。

（2）在桌面上右击鼠标，从弹出的快捷菜单中选择"个性化"命令，更改桌面图标，使"计算机""网络"等图标在桌面上显示。然后双击"计算机"图标，打开"计算机管理"窗口，按照表 6-2-3 的要求在 C 盘新建两个共享文件夹并复制一些文件到文件夹中。

（3）对两个文件夹设置共享访问权限。

（4）用域管理员账户 Administrator 从 Windows 7 登录到域。在桌面上右击"计算机"图标，在弹出的快捷菜单中选择"管理"命令，在打开的"计算机管理"窗口左窗格的"共享文件夹"中单击"共享"选项，如图 6-2-14 所示，可以查看共享文件夹的状态。

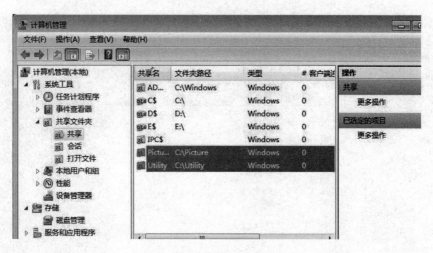

图 6-2-14　"计算机管理"窗口

（5）用域用户账户 aaa、bbb、ccc 从 Windows 7 登录到域，能否在"计算机管理"窗口中看到"共享文件夹"中打开的"共享"图标？为什么？

5. 使用分布式文件系统（DFS）管理域内的共享资源

建立如图 6-2-15 所示的分布式文件系统。

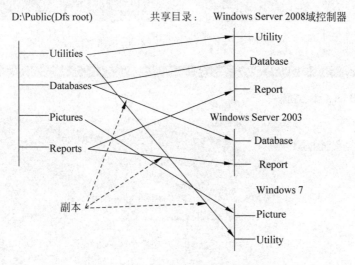

图 6-2-15　分布式文件系统结构

（1）在 Windows Server 2008 上组建一个分布式文件系统。

① 用 Administrator 账户从 Windows Server 2008 域控制器上登录。

② 选择"开始"→"管理工具"→"服务器管理器"命令。在打开的"服务器管理器"窗口中展开"角色"，右击"文件服务"，从弹出的快捷菜单中选择"添加角色服务"命令。在弹出的"添加角色服务"对话框的"选择角色服务"页面上选中"分布式文件系统"和"文件服务器资源管理器"复选框，如图 6-2-16 所示。

③ 单击"下一步"按钮，在"创建 DFS 命名空间"页面中单击"以后使用服务器管理器中的'DFS 管理'管理单元创建命名空间"单选按钮，如图 6-2-17 所示。

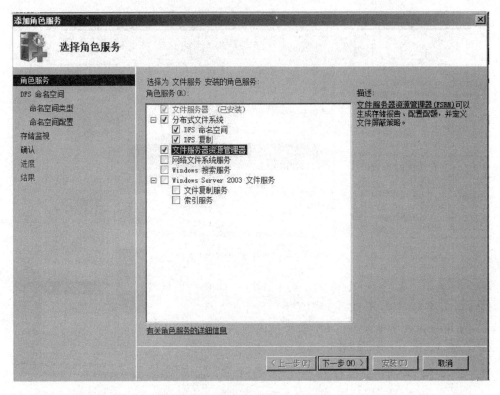

图 6-2-16 "选择角色服务"页面

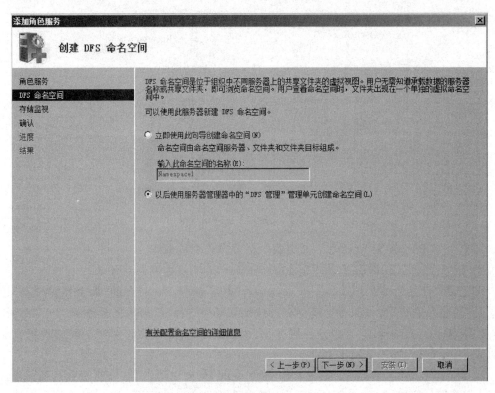

图 6-2-17 "创建 DFS 命名空间"页面

④ 单击"下一步"按钮,在"配置存储使用情况监视"页面中可监控此计算机上每个卷所使用的空间量,并在卷达到指定使用阈值时生成存储报告。默认不作选择,如图 6-2-18 所示。

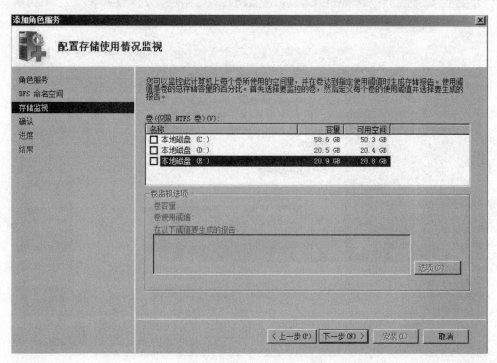

图 6-2-18 "配置存储使用情况监视"页面

⑤ 单击"下一步"按钮,在"确认安装选择"页面中可以查看即将安装的角色服务和功能,如图 6-2-19 所示。

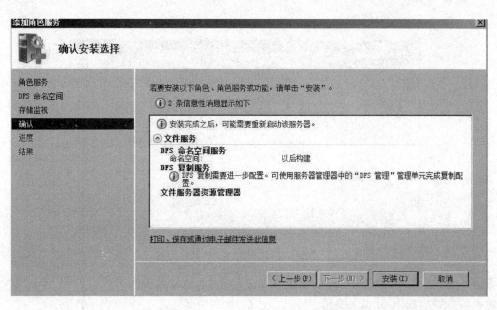

图 6-2-19 "确认安装选择"页面

⑥ 单击"安装"按钮开始安装。安装完成后显示"安装结果"页面,如图 6-2-20 所示,单击"关闭"按钮退出。

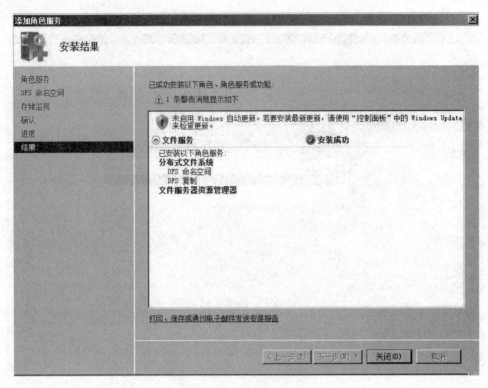

图 6-2-20 "安装结果"页面

(2) 在 Windows Server 2008 上创建一个域的 Dfs 命名空间。

① 选择"开始"→"管理工具"→DFS Management 命令,打开"DFS 管理"窗口,如图 6-2-21 所示。

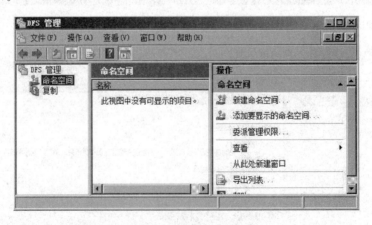

图 6-2-21 "DFS 管理"窗口

② 右击"命名空间",从弹出的快捷菜单中选择"新建命名空间"命令,打开"新建命名空间向导"对话框,如图 6-2-22 所示。

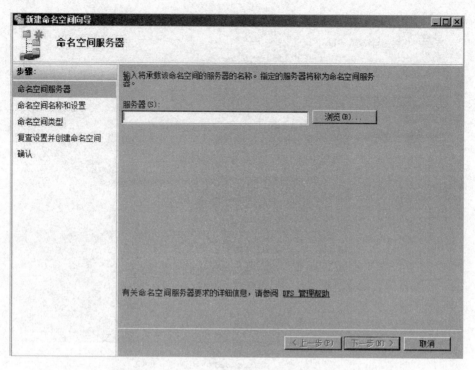

图 6-2-22　"新建命名空间向导"窗口

③ 单击"浏览"按钮,打开"选择计算机"对话框,单击"高级"按钮,然后单击"立即查找"按钮,选择 WIN2008S-01,如图 6-2-23 所示,单击"确定"按钮返回。

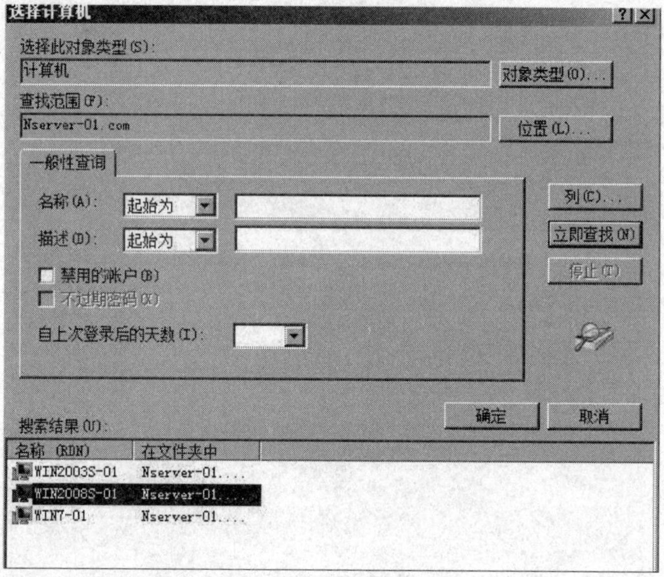

图 6-2-23　选择 WIN2008S-01

④ 单击"下一步"按钮,打开"命名空间名称和设置"页面。在"名称"文本框中输入 Public,如图 6-2-24 所示。

第
6
章

局域网资源管理

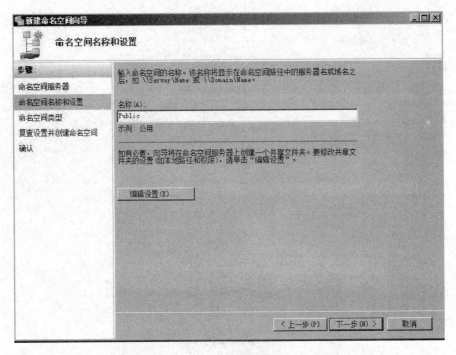

图 6-2-24 "命名空间名称和设置"页面

⑤ 单击"编辑设置"按钮,打开"编辑设置"对话框,在"共享文件夹的本地路径"文本框中输入 D:\DFSRoots\Public,单击"Administrator 具有完全访问权限;其他用户具有只读权限"单选按钮,如图 6-2-25 所示。

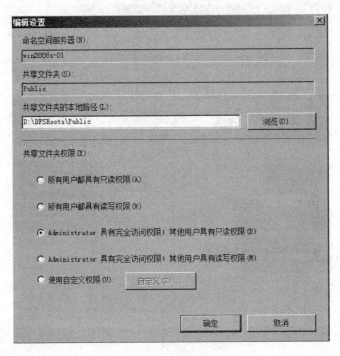

图 6-2-25 "编辑设置"对话框

⑥ 单击"确定"按钮,返回"命名空间名称和设置"页面后单击"下一步"按钮,打开"命名空间类型"页面。单击"基于域的命名空间"单选按钮,如图 6-2-26 所示。

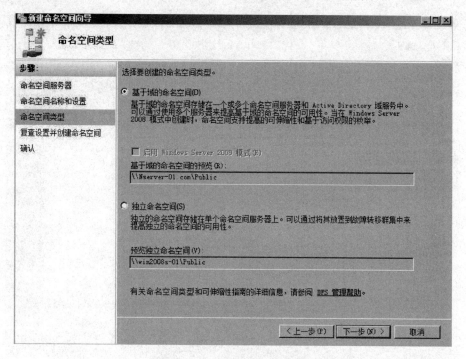

图 6-2-26 "命名空间类型"页面

⑦ 单击"下一步"按钮,显示"复查设置并创建命名空间"页面,如图 6-2-27 所示。

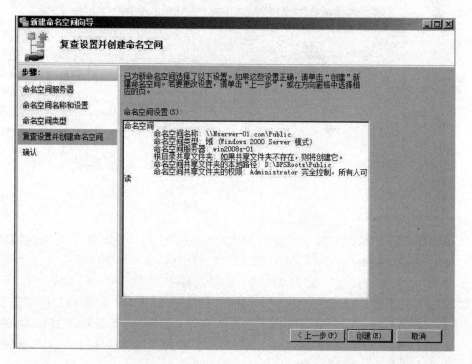

图 6-2-27 "复查设置并创建命名空间"页面

⑧ 单击"创建"按钮,在"确认"页面显示已成功创建命名空间,如图 6-2-28 所示。单击"关闭"按钮,返回到"DFS 管理"窗口,如图 6-2-29 所示。

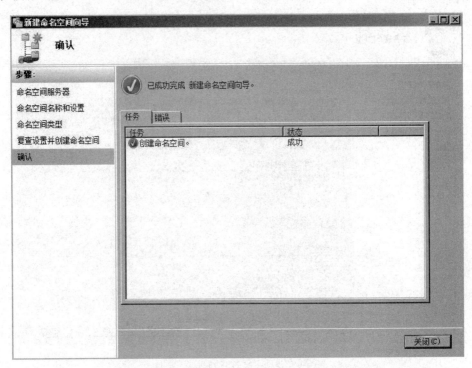

图 6-2-28 "确认"页面

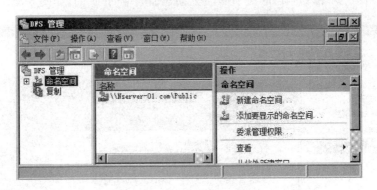

图 6-2-29 "DFS 管理"窗口

(3) 在命名空间中创建文件夹。

① 在"DFS 管理"窗口中展开"命名空间"节点,右击已创建的命名空间,在弹出的快捷菜单中选择"新建文件夹"命令,显示"新建文件夹"对话框,如图 6-2-30 所示。

② 单击"添加"按钮,显示"添加文件夹目标"对话框,如图 6-2-31 所示。

③ 单击"浏览"按钮,打开"浏览共享文件夹"对话框,单击"浏览"按钮,打开"选择计算机"对话框。单击"高级"按钮,再单击"立即查找"按钮,找到所需的计算机名,本例为Win2008s-01。单击"确定"按钮,返回到"浏览共享文件夹"对话框,从"共享文件夹"列表框中选择 Utility 文件夹,如图 6-2-32 所示。

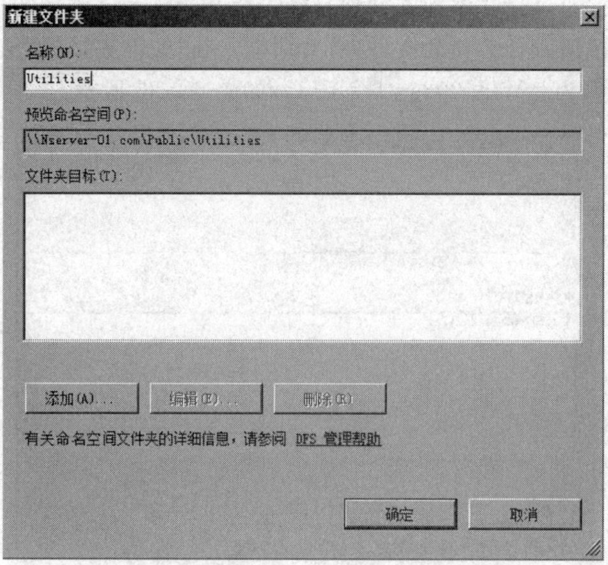

图 6-2-30 "新建文件夹"对话框

图 6-2-31 "添加文件夹目标"对话框

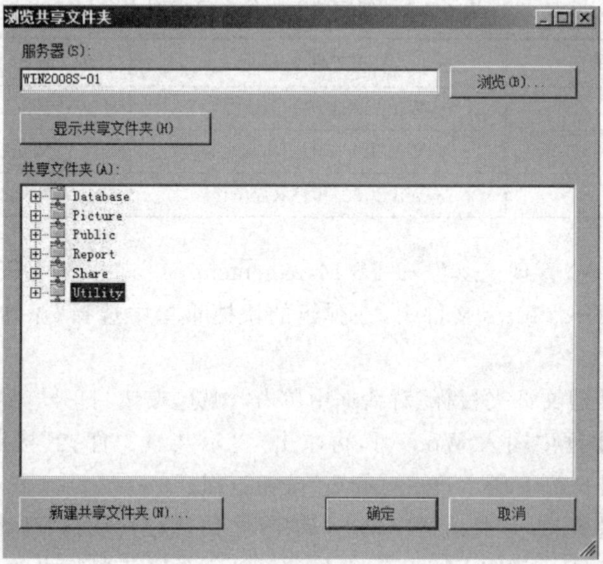

图 6-2-32 选择 Utility 文件夹

④ 单击"确定"按钮,回到"添加文件夹目标"对话框,显示已添加的目标路径。

⑤ 单击"确定"按钮,返回"新建文件夹"对话框。在"文件夹目标"文本框中将显示已添加的文件夹路径,本例为\\Win2008s-01\Utility,如图 6-2-33 所示。

图 6-2-33 "新建文件夹"对话框

⑥ 单击"确定"按钮,添加文件夹目标完成。

参照上述步骤在 Public 命名空间下新建 Databases、Pictures、Reports 三个文件夹,结合表 6-2-1～表 6-2-3 和图 6-2-15 所示的要求进行文件夹目标设置。

(4) 创建 DFS 链接文件夹目标副本。

按照表 6-2-4 中的要求建立文件夹目标副本。

表 6-2-4 创建共享文件夹目标副本

DFS 文件夹名称	共享文件夹目标	副本共享文件夹目标
Utilities	\\Win2008s-01\Utility	\\Win7-01\Utility
Databases	\\Win2008s-01\Database	\\Win2003s-01\Database
Reports	\\Win2008s-01\Report	\\Win2003s-01\Report

① 选择"开始"→"管理工具"→DFS Management 命令,打开"DFS 管理"窗口。右击"DFS 管理"窗口中的 Utilities 文件夹,在弹出的快捷菜单中选择"添加文件夹目标"命令,如图 6-2-34 所示。

② 在打开的"新建文件夹目标"对话框中单击"浏览"按钮,打开"浏览共享文件夹"对话框。在"服务器"文本框中输入 Win7-01,再单击"显示共享文件夹"按钮,在选项组中选择 Utility 文件夹,如图 6-2-35 所示,单击"确定"按钮返回。

③ 在"新建文件夹目标"对话框中单击"确定"按钮,弹出"复制"对话框,单击"是"按钮,系统弹出"错误"对话框。说明 Windows 7 操作系统不是服务器版本的计算机,无法应用复制策略,如图 6-2-36 所示。

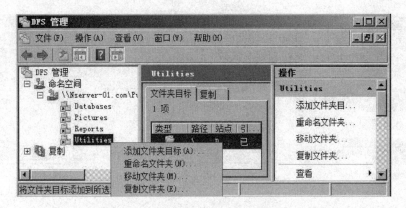

图 6-2-34　选择"添加文件夹目标"命令

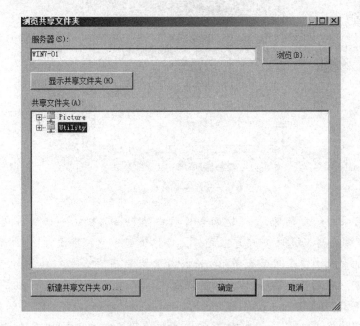

图 6-2-35　"浏览共享文件夹"对话框

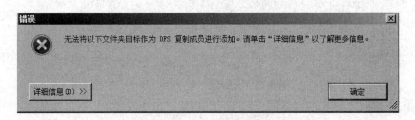

图 6-2-36　"错误"对话框

④ 单击"确定"按钮,返回到"DFS 管理"窗口,切换至"文件夹目标"选项卡,如图 6-2-37 所示。

切换至"复制"选项卡,提示未配置复制策略,如图 6-2-38 所示。

注意: 副本是将 DFS 文件夹映射到另一个共享目录,当一个目录发生故障时,DFS 就

第 6 章

局域网资源管理

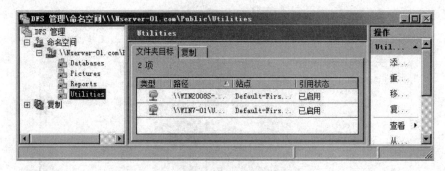

图 6-2-37 "文件夹目标"选项卡

图 6-2-38 "复制"选项卡

可以从另一个目录中读取数据,当然这两个目录中的数据必须是一样的。数据的复制策略有两种:手动复制和自动复制。只有当文件夹目标位置和另一个文件夹目标位置都在服务器版本的计算机中时才能采用复制策略,如本例中的 Win2008s-01 和 Win2003s-01 计算机中共享文件夹可以采用复制策略,Win7-01 计算机则不能。

⑤ 选择"开始"→"管理工具"→DFS Management 命令,打开"DFS 管理"窗口,右击"DFS 管理"窗口中的 Reports 文件夹,在弹出的快捷菜单中选择"添加文件夹目标"命令。

⑥ 在"新建文件夹目标"对话框中单击"浏览"按钮,在"浏览共享文件夹"对话框中的"服务器"文本框中输入 Win2003-01,单击"显示共享文件夹"按钮,在选项组中选择 Report 文件夹,单击"确定"按钮。

⑦ 在"新建文件夹目标"对话框中单击"确定"按钮,弹出"复制"对话框,单击"是"按钮,弹出"复制文件夹向导"窗口,如图 6-2-39 所示。

⑧ 单击"下一步"按钮,在"复制合格"页面中显示两个文件夹目标,如图 6-2-40 所示。

⑨ 单击"下一步"按钮,在"主要成员"页面中选择复制策略主服务器 Win2008s-01,如图 6-2-41 所示。

⑩ 单击"下一步"按钮,在"拓扑选择"页面中单击"交错"单选按钮。

⑪ 单击"下一步"按钮,在"复制组计划和带宽"页面中使用默认选项。

⑫ 单击"下一步"按钮,显示"复查设置并创建复制组"页面里的内容,如图 6-2-42 所示。

⑬ 单击"创建"按钮,完成文件夹目标创建。

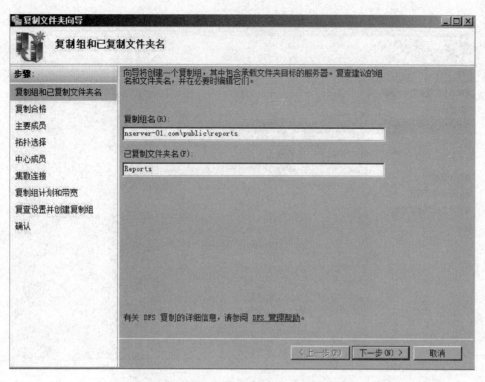

图 6-2-39 "复制组和已复制文件夹名"页面

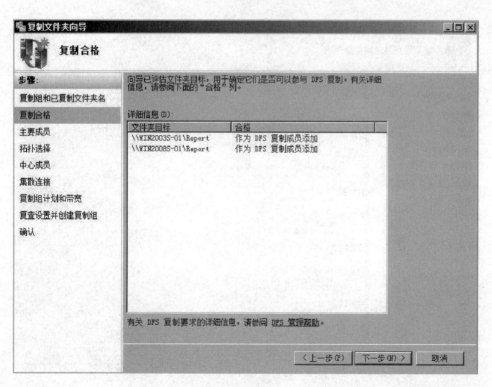

图 6-2-40 "复制合格"页面

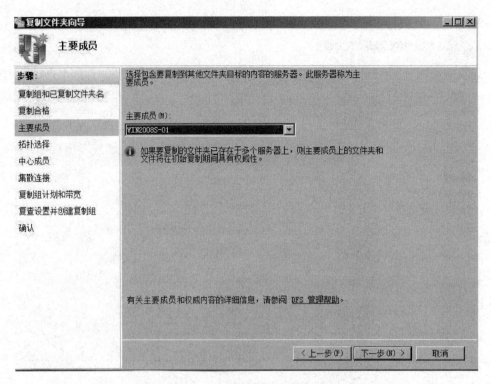

图 6-2-41 "主要成员"页面

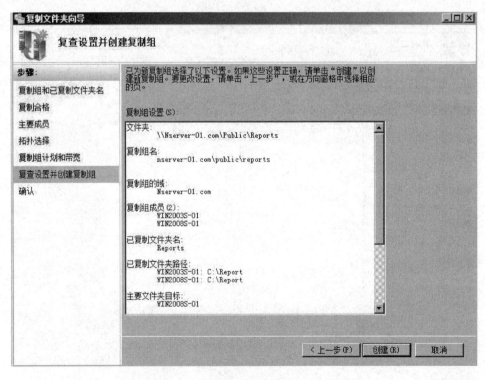

图 6-2-42 "复查设置并创建复制组"页面

⑭ 单击"关闭"按钮退出，返回"DFS 管理"窗口，切换至"文件夹目标"选项卡，看到如图 6-2-43 所示的信息。

图 6-2-43 "文件夹目标"选项卡

切换至"复制"选项卡，显示复制策略已应用，如图 6-2-44 所示。

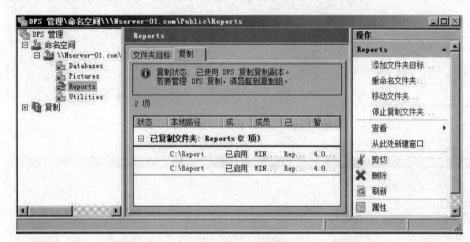

图 6-2-44 "复制"选项卡

(5) 创建 DFS 复制组。

① 在 Windows Server 2008 域控制器上选择"开始"→"管理工具"→DFS Management 命令。打开"DFS 管理"窗口，右击"复制"，在弹出的快捷菜单中选择"新建复制组"命令。

② 在弹出的"新建复制组向导"窗口中默认选择复制组类型为"多用途复制组"单选按钮，单击"下一步"按钮。

③ 在"名称和域"页面中输入复制组名称 abc，域 Nserver-01.com，如图 6-2-45 所示。

④ 单击"下一步"按钮，在"复制组成员"页面中单击"添加"按钮，在"选择计算机"对话框中单击"高级"按钮，然后单击"立即查找"按钮，选择域内两台服务器计算机作为复制组成员加入，如图 6-2-46 所示。

⑤ 单击"下一步"按钮，在"拓扑单击"页面中单击"交错"单选按钮，如图 6-2-47 所示。

⑥ 单击"下一步"按钮，在"复制组计划和带宽"页面中使用默认选项，如图 6-2-48 所示。

⑦ 单击"下一步"按钮，在"主要成员"页面中的"主要成员"下拉列表中选择主服务器，本例为 WIN2008S-01，如图 6-2-49 所示。

⑧ 单击"下一步"按钮，在"要复制的文件夹"页面中单击"添加"按钮，在"添加要复制的

132

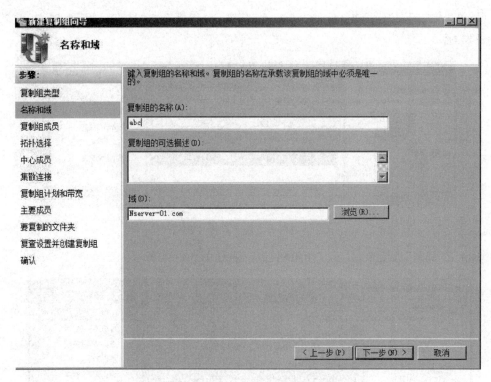

图 6-2-45 "名称和域"页面

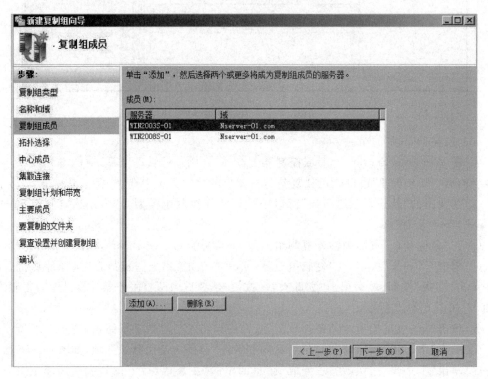

图 6-2-46 "复制组成员"页面

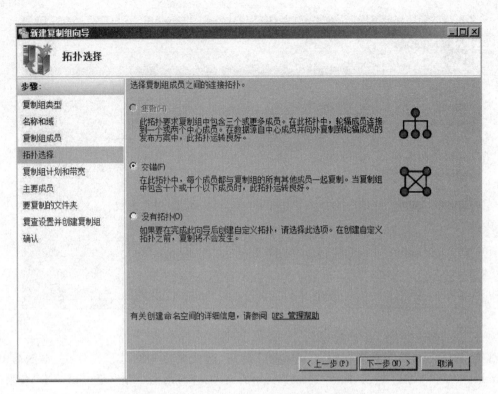

图 6-2-47 "拓扑选择"页面

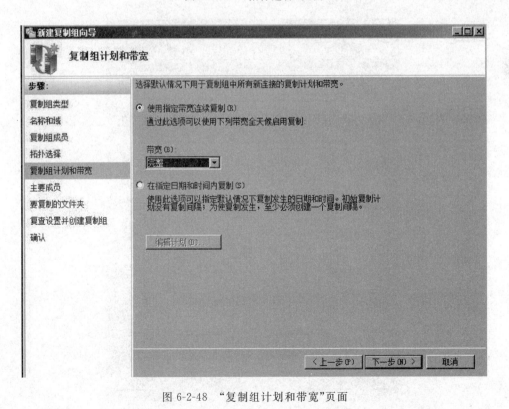

图 6-2-48 "复制组计划和带宽"页面

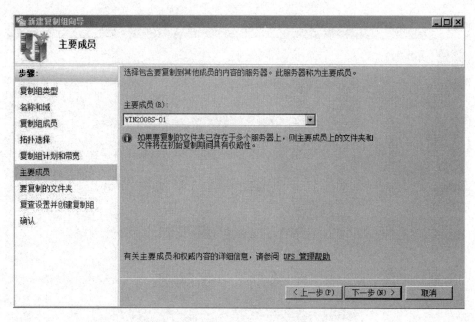

图 6-2-49 "主要成员"页面

文件夹"对话框中的文本框右侧单击"浏览"按钮,选择要复制的共享文件夹,本例为 C:\
Database,单击"确定"按钮,回到"添加要复制的义件夹"对话框。在这里可以单击"权限"按
钮,更改已设置过的共享权限,如图 6-2-50 所示。

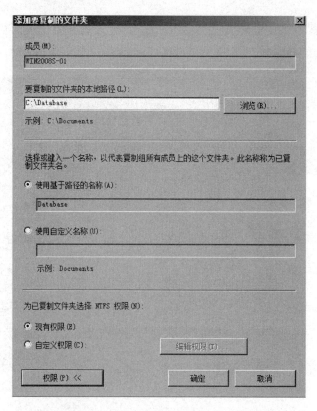

图 6-2-50 "添加要复制的文件夹"对话框

⑨ 单击"确定"按钮，返回"要复制的文件夹"页面。单击"下一步"按钮，在"其他成员上 Database 的本地路径"页面中看到成员 WIN2003S-01 的"本地路径"是禁用的。单击"编辑"按钮，在"编辑"对话框中的"成员身份状态"下单击"已启用"单选按钮，在"文件夹的本地路径"文本框右侧单击"浏览"按钮，选择要复制的共享文件夹，本例为 E:\Database，单击"确定"按钮，回到"其他成员上 Database 的本地路径"页面，看到在成员服务器 WIN2003S-01 中已开启了文件可以复制的目录，如图 6-2-51 所示。

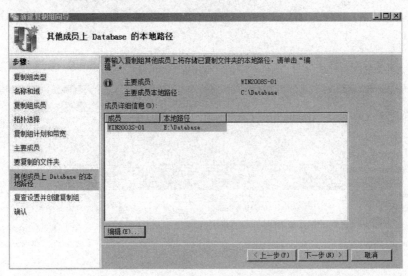

图 6-2-51 "其他成员上 Database 的本地路径"页面

⑩ 单击"下一步"按钮，在"复查设置并创建复制组"页面中显示刚设置的信息，如图 6-2-52 所示。

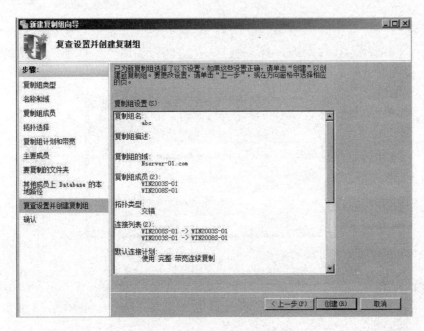

图 6-2-52 "复查设置并创建复制组"页面

⑪ 单击"创建"按钮,完成复制组的创建。

⑫ 单击"关闭"按钮,弹出如图 6-2-53 所示的"复制延迟"对话框,单击"确定"按钮退出。

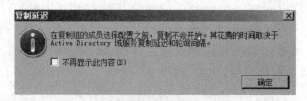

图 6-2-53 "复制延迟"对话框

⑬ 在"DFS 管理"窗口中可以看到刚建立的 abc 复制组,如图 6-2-54 所示。

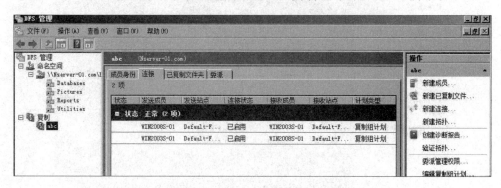

图 6-2-54 "DFS 管理"窗口

(6) 在 Windows Server 2008 计算机的共享文件夹里新建一些文件夹和文件,使 Windows Server 2003 R2 计算机登录到域后能通过 DFS 链接名访问。

① Windows Server 2003 R2 用域管理员用户 Administrator 登录到 Windows Server 2008 域控制器上。

② 选择"开始"→"运行"命令,在"运行"对话框中的文本框中输入\\Win2008s-01\ Public,出现 Public 窗口,显示创建的 4 个 DFS 文件夹,如图 6-2-55 所示。打开每个文件夹,查看文件夹或文件是否存在,如图 6-2-56 所示。

图 6-2-55 Public 中的 DFS 文件夹

③ 在打开的主服务器 Win2008s-01 的 DFS 文件夹 Databases 和 Reports 中添加或删除子文件夹或者文件后,在成员服务器 Win2003s-01 的 Databases 和 Reports 共享文件夹中是否同步更新?

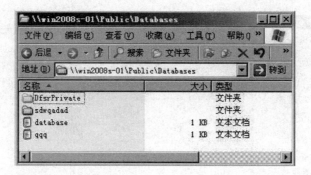

图 6-2-56　Databases 里的文件夹和文件

（7）创建 DFS 命名空间服务器副本。

与创建 DFS 文件夹链接一样，通过创建另一个新的 DFS 命名空间服务器副本的方法，将 DFS 命名空间复制到其他的服务器内，具备了 DFS 映射关系（DFS 命名空间）的容错功能。请注意：复制策略也只能在同一个域的两台服务器上设置。

① 在 Windows Server 2008 域控制器的"DFS 管理"窗口上右击已创建的 DFS 命名空间名（\\Nserver-01.com\Public），在弹出的快捷菜单中选择"添加命名空间服务器"命令。在"添加命名空间服务器"对话框中单击"浏览"按钮，然后单击"高级"按钮，接着单击"立即查找"按钮，选择 WIN2003S-01 计算机，单击"确定"按钮，返回"添加命名空间服务器"对话框。单击"编辑设置"按钮，选择"共享文件夹权限"为"Administrator 具有完全访问权限；其他用户具有只读权限"，"共享文件夹的本地路径"可以更改。这里按默认选择，单击"确定"按钮，如图 6-2-57 所示。

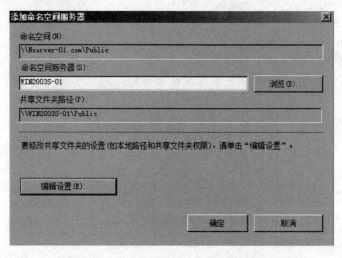

图 6-2-57　"添加命名空间服务器"对话框

② 单击"确定"按钮返回"DFS 管理"窗口，在中间窗格的"命名空间服务器"选项卡中显示"路径"为刚添加的\\WIN2003S-01\Public，右击\\WIN2003S-01\Public，在弹出的快捷菜单中选择"在资源管理器中打开"命令，将\\WIN2008S-01\Public 整个结构复制过来，如图 6-2-58 所示。

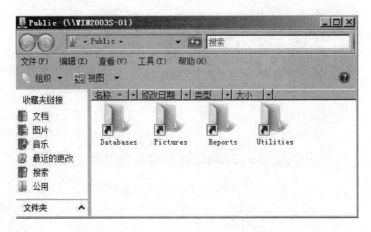

图 6-2-58 \\WIN2003S-01\Public

自己练习：

① 在域中的 Windows Server 2008 域控制器 C 盘中创建共享文件夹 aaa、bbb，在另一台 Windows Server 2003 R2 成员服务器中创建共享文件夹 ddd。现在要求在域控制器上创建一个名为 Public 的 DFS 命名空间以及在另一台成员服务器中添加 DFS 命名空间的副本 Publica。在 DFS 命名空间 Public 下新建两个文件夹 a 和 b，所对应的目标文件夹分别是域控制器上的 C:\aaa 和成员服务器上的 C:\ddd。设置将域控制器上 DFS 命名空间 Public 下的文件夹 b 添加一个文件夹目标，该文件夹存储在域控制器中的 C:\bbb 中，并将 DFS 命名空间复制策略中的 Windows Server 2003 R2 计算机设置为主服务器。

② 假设一个组织在各地有 4 个分部，而且用一个共同的域名名称空间链接起来。每个部门都是独立的，同时在服务器上维护着本部门的重要数据文件。公司总部需要经常访问这些数据，但访问多个服务器非常复杂。

a. 应该怎样建立 DFS 来支持这种数据访问？

b. 怎样建立必要的 DFS 命名空间和文件夹目标链接？

实训 6-3 管理磁盘配额

【实训条件】

建立一个 Windows Server 2008 的网络，其中有一台域控制器 Win2008s-xx. Nserver-xx. com、一台成员服务器 Win2003s-xx. Nserver-xx. com、一台工作站 WIN7-xx. nserver-xx. com（xx 为物理主机编号）。

【实训说明】

（1）创建磁盘配额项，进行磁盘配额管理，可以更合理地使用服务器的磁盘空间，节省资源，提高效率。

（2）在 Windows Server 2008 域控制器上创建磁盘配额。

【实训任务】

（1）启用磁盘配额。

（2）限制磁盘配额。

【实训目的】

掌握磁盘配额管理方法。

【实训内容】

本实训以 1 号物理主机为例。

（1）用 Administrator 用户在 Windows Server 2008 域控制器上登录，新建域用户账户 Mary，如图 6-3-1 所示，单击"完成"按钮。

（2）在 C 盘中建立文件夹 Share 并共享该文件夹。打开该文件夹的属性对话框。选择 "共享"选项卡，单击"高级共享"按钮，选中"共享此文件夹"复选框，在"将同时共享的用户数量限制为"文本框中输入 1。单击"权限"按钮，添加 Mary 用户。设置其共享权限为完全控制，并删除默认的 Everyone，如图 6-3-2 所示，单击"确定"按钮。

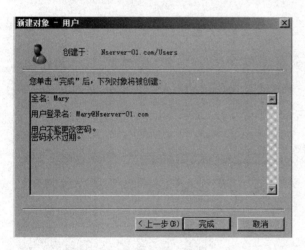

图 6-3-1 "新建对象-用户"对话框

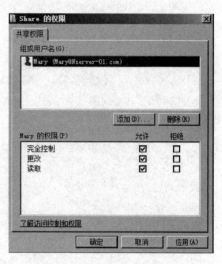

图 6-3-2 "Share 的权限"对话框

（3）在桌面上双击"计算机"图标，然后右击 C 盘，在弹出的快捷菜单中选择"属性"命令。在打开的对话框中选择"配额"选项卡，选中"启用配额管理"和"拒绝将磁盘空间给超过配额限制的用户"复选框，如图 6-3-3 所示。为了保护用户数据，默认情况下这两项不选中，用户数据即使超过限制也能存放。

说明：若在图 6-3-3 所示的对话框中设置磁盘空间限制，则对新建用户有效，而不限制管理员使用磁盘。要对以前已建立的用户有效，则要单击"配额项"按钮。

（4）对刚建立的用户 Mary 限制磁盘配额。单击"配额项"按钮，在出现的对话框中选择 "配额"→"新建配额项"命令，如图 6-3-4 所示，将用户 Mary 添加到列表中，单击"确定"按钮。

局域网资源管理

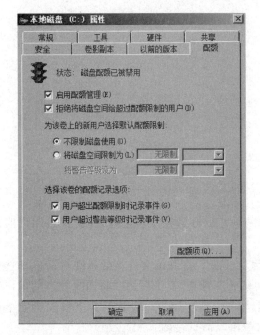

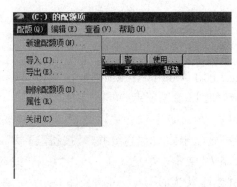

图 6-3-3 "本地磁盘(C:)属性"对话框　　　　图 6-3-4 "(C:)的配额项"对话框

（5）在"添加新配额项"对话框中将磁盘空间限制为 2MB，警告等级设置为 1900KB，最后单击"确定"按钮，如图 6-3-5 所示。

（6）返回到"(C:)的配额项"对话框后单击"关闭"按钮回到"本地磁盘（C:）属性"对话框，单击"确定"按钮，系统弹出如图 6-3-6 所示的"磁盘配额"对话框，单击"确定"按钮，C 盘启用磁盘配额管理。

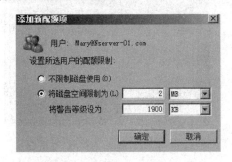

图 6-3-5 "添加新配额项"对话框　　　　图 6-3-6 "磁盘配额"对话框

实训检测：

用 Mary 用户从 Windows 7 上登录到域，向 Windows Server 2008 域控制器上的 Share 文件夹复制超过 2MB 的文件，将观察到的结果写到实训报告中。例如，将某个文件夹或文件复制到 Share 文件夹中，将出现如图 6-3-7 所示的出错对话框信息。

说明：通过设置，用户 Mary 在向 Windows Server 2008 域控制器上的 C 盘保存数据时，数据大小不能超过 2MB，从而限制了用户 Mary 使用服务器磁盘资源。

（7）也可以先不在 C 盘启用磁盘配额管理，通过 Windows Server 2008 计算机上的"文件服务器资源管理器"窗口创建配额来限制允许磁盘（卷）或文件夹使用的空间。

图 6-3-7　"复制项目"对话框

① 选择"开始"→"管理工具"→"文件服务器资源管理器"命令,打开"文件服务器资源管理器"窗口,在控制台树中展开"配额管理"→"配额"节点,如图 6-3-8 所示。

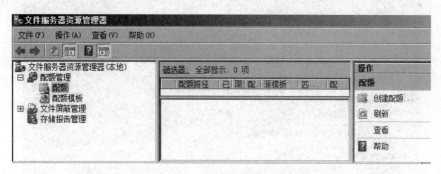

图 6-3-8　"文件服务器资源管理器"窗口

② 右击"配额",在弹出的快捷菜单中选择"创建配额"命令,打开"创建配额"对话框。在"配额路径"文本框中选择或输入将应用该配额的文件夹路径。在本例中选择共享文件夹 E:\peir(设置该文件夹的共享权限为 Mary 用户完全控制),单击"在路径上创建配额"单选按钮,并在"配额属性"选项区域中单击"定义自定义配额属性"单选按钮,如图 6-3-9 所示。

③ 单击"自定义属性"按钮,显示"配额属性"对话框。在"从配额模板复制属性(可选)"下拉列表中选择一个接近的模板,单击"复制"按钮,在"限制"文本框中进行修改,输入合适的大小,如本例为 2MB,如图 6-3-10 所示。

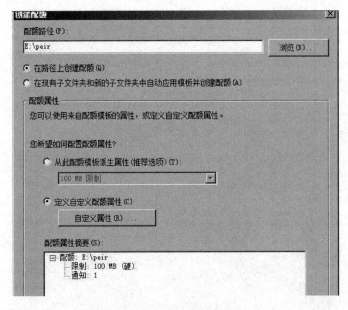

图 6-3-9 "创建配额"对话框

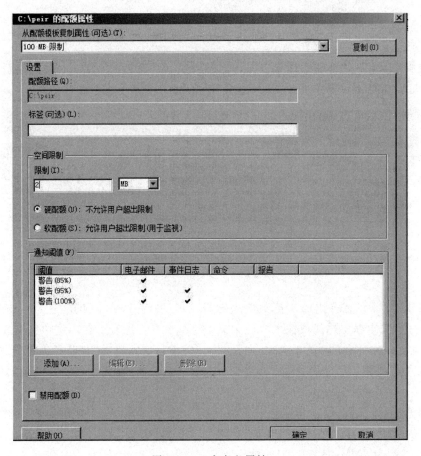

图 6-3-10 自定义属性

④ 在"配额属性"对话框中单击"确定"按钮返回到"创建配额"对话框,单击"创建"按钮,弹出"将自定义属性另存为模板"对话框,输入模板名,如 222,如图 6-3-11 所示。

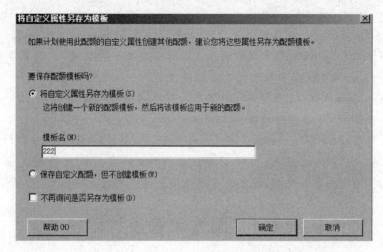

图 6-3-11 "将自定义属性另存为模板"对话框

⑤ 单击"确定"按钮,完成配额的创建,如图 6-3-12 所示。

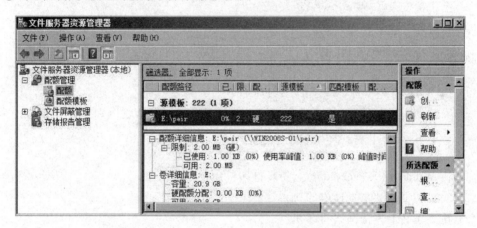

图 6-3-12 完成配额的创建

实训检测:

用 Mary 用户从 Windows Server 2003 上登录到域,向 Windows Server 2008 域控制器上的 peir 文件夹复制超过 2MB 的文件,将观察到的结果写到实训报告中。例如,将某个文件夹或文件复制到 peir 文件夹中,将出现如图 6-3-13 所示的出错对话框信息。

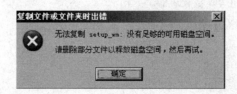

图 6-3-13 复制出错对话框信息

自己练习：

(1) 在 Windows Server 2008 域控制器上新建用户账户 UserA 和 UserB。这两个用户除了属于 Domain Users 组外，其中 UserA 用户又属于 Domain Admins 组。设置 UserA 只能在 Windows Server 2003 计算机上登录，UserB 只能在 Windows 7 计算机上登录。

(2) 在 Windows Server 2008 域控制器上的 C 盘建立一个名为 ttt 的共享文件夹，设置只对 UserA 和 UserB 具有完全控制的共享权限(Everyone 用户应删除)。

(3) 对 Windows Server 2008 域控制器上的 C 盘设置磁盘配额，UserA 和 UserB 使用的磁盘空间为 1.5MB，警告等级设置为 1000KB。

(4) 分别用 UserA 和 UserB 从 Windows Server 2003 和 Windows 7 计算机登录到 Windows Server 2008 域控制器，尝试将超过 1.5MB 的文件或文件夹复制到 Windows Server 2008 上的 ttt 共享文件夹，观察其实训结果并写出实训报告。

实训 6-4　配置和管理打印机

【实训条件】

(1) 已正确安装了 Windows Server 2008。

(2) 有打印机驱动程序。

【实训说明】

(1) 将 Windows Server 2008 作为打印服务器。

(2) 安装打印机驱动程序，在没有打印机的情况下指定打印输出到文件。

【实训任务】

(1) 在 Windows Server 2008 上安装打印机角色。

(2) 安装和设置共享本地打印机。

(3) 在工作站上连接网络打印机。

(4) 设置打印机权限。

(5) 管理打印机及打印文件。

【实训目的】

(1) 学会在 Windows Server 2008 网络中为打印服务器安装打印机并设置打印共享。

(2) 将共享打印机发布到 Active Directory。

(3) 在客户端连接共享打印机。

(4) 设置打印优先级及打印机的打印时间以满足实际应用的需要。

(5) 设置打印机的使用权限。

【实训内容】

本实训以 1 号物理主机为例。

1. 在 Windows Server 2008 上安装打印机角色

（1）用 Administrator 用户登录到 Windows Server 2008 域控制器，在"服务器管理器"控制台窗口中右击"角色"，从弹出的快捷菜单中选择"添加角色"命令，进入到"添加角色向导"对话框中。

（2）在"选择服务器角色"页面中选择"打印服务"选项，如图 6-4-1 所示。

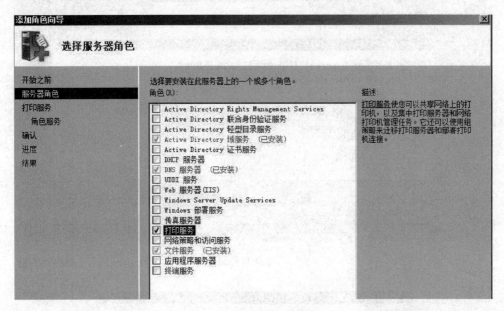

图 6-4-1　"选择服务器角色"页面

（3）单击"下一步"按钮，再一次单击"下一步"按钮，在"选择角色服务"页面中的"角色服务"列表框中选中"打印服务器""LPD 服务""Internet 打印"复选框。在选择"Internet 打印"选项时将会弹出安装 Web 服务器角色的对话框，单击"添加必需的角色服务"按钮，如图 6-4-2 所示，然后单击"下一步"按钮。

（4）再次单击"下一步"按钮，进入 Web 服务器的安装页面，本例采用默认设置，直接单击"下一步"按钮。

（5）在"确认安装选择"页面中单击"安装"按钮进行"打印服务器""LPD 服务""Internet 打印"和"Web 服务器"的安装。

2. 安装本地打印机

（1）确保打印设备已连接到 Windows Server 2008 计算机上，然后用 Administrator 用户登录到 Windows Server 2008 域控制器上，依次选择"开始"→"管理工具"→"打印管理"命令进入到"打印管理"控制台窗口。

（2）在"打印管理"控制台窗口中展开"打印服务器"→Win2008s-01（本地）节点，右击"打印机"，在弹出的快捷菜单中选择"添加打印机"命令。在打开的"网络打印机安装向导"对话框中单击"使用现有的端口添加新打印机"单选按钮，如图 6-4-3 所示。在右边下拉列表中根据实际的连接端口进行选择，本例选择 LPT1:（打印机端口）选项，单击"下一步"按钮。

（3）在"打印机驱动程序"页面中选择"安装新驱动程序"选项，然后单击"下一步"按钮。

（4）在"打印机安装"页面中，需要根据计算机具体连接的打印设备情况选择打印机设

局域网资源管理

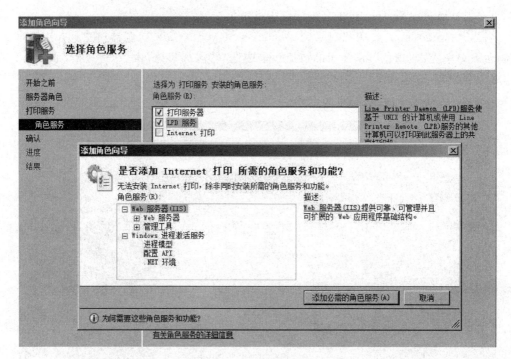

图 6-4-2 "选择角色服务"页面

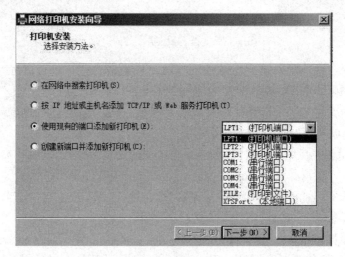

图 6-4-3 添加打印机

备生产厂商的打印机型号,如本例中的 EPSON EPL-N2000 打印机,选择完毕后单击"下一步"按钮,如图 6-4-4 所示。

(5)在"打印机名称和共享设置"页面中可以更改打印机名,并选中"共享此打印机"复选框,设置共享名称,然后单击"下一步"按钮,如图 6-4-5 所示。

(6)在"打印机安装向导"对话框中确认前面步骤的设置无误后单击"下一步"按钮,系统进行打印机驱动程序的安装,安装完毕后单击"完成"按钮。

(7)打开"打印管理"窗口的"打印机"选项就能看到新建的打印机,如图 6-4-6 所示。

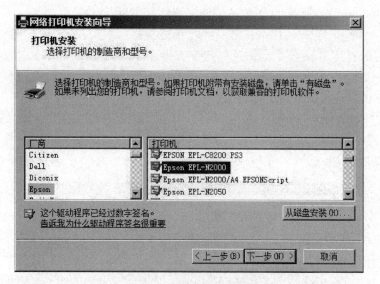

图 6-4-4　选择打印机

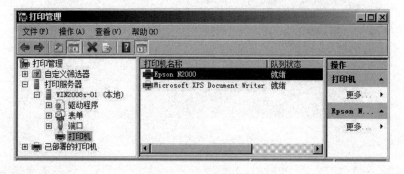

图 6-4-5　共享打印机

图 6-4-6　"打印管理"窗口

局域网资源管理

3. 在 Windows Server 2003 工作站上使用网络打印机

Windows Server 2003 的用户在第一次连接更新打印机时,他们的计算机会自动下载打印服务器内的打印驱动程序。如果打印服务器上的驱动程序更新了,Windows Server 2003 的计算机也会自动检测到并自动下载更新的驱动程序。

有三种方法来连接网络共享打印机。

(1)通过"添加打印机向导"。在"添加打印机向导"对话框中单击"下一步"按钮,在弹出的"本地或网络打印机"页面中单击"网络打印机或连接到其他计算机的打印机"单选按钮,如图 6-4-7 所示,单击"下一步"按钮。

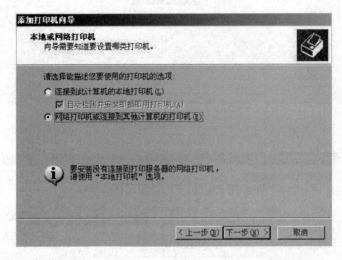

图 6-4-7 添加网络打印机

① 在"指定打印机"页面中默认选择"在目录中查找一个打印机"单选按钮,如图 6-4-8 所示。

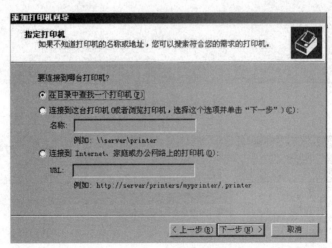

图 6-4-8 指定打印机

② 单击"下一步"按钮,在"查找打印机"对话框中的"范围"下拉列表中选择 Nserver-01。在"打印机"选项卡的"位置"文本框中输入"15♯418 实训室",单击"开始查找"按钮,如

图 6-4-9 所示。

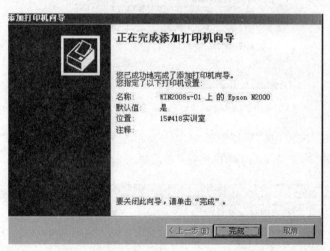

图 6-4-9　"查找 打印机"对话框

③ 双击"搜索结果"选项组中的 Epson N2000 打印机,在"添加打印机向导"对话框中显示安装信息,如图 6-4-10 所示,单击"完成"按钮,打印机安装完毕。

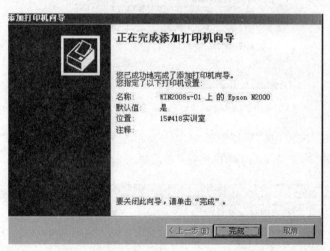

图 6-4-10　"添加打印机向导"对话框

(2)通过"网上邻居"也可以添加网络打印机。

(3)通过 IE 浏览器,在 URL 地址栏中输入共享打印机的 URL 地址,有以下两种方式表示:

① http://打印服务器名称/打印机共享名,如 http://Win2008s-01. Nserver-01. com/Epson N2000。

② http://打印服务器名称/printers,如 http://Win2008s-01. Nserver-01. com/printers。

注意:在连接时用户必须输入具有访问打印机权限的用户账户和密码才能连接网络打印机。

用任何一种方式连接完成后,共享打印机的图标将出现在 Windows Server 2003 的"打印机和传真"窗口中。

4. 在 Windows 7 工作站上使用网络打印机

Windows 7 的用户在第一次连接更新打印机时,他们的计算机会自动下载打印服务器内的打印驱动程序。如果打印服务器上的驱动程序更新了,Windows 7 的计算机也会自动检测到并下载更新的驱动程序。

与前述的 Windows Server 2003 计算机上连接打印服务器的设置一样,可任选一种方法连接网络上的共享打印机。现利用 IE 浏览器方式连接网络打印机。

(1) 用 Administrator 域管理员账户从 Windows 7 计算机登录到 Windows Server 2008 域控制器,选择"开始"→"所有程序"→Internet Explorer 命令,启动 IE 浏览器。

(2) 在地址栏中输入 http://Win2008s-01/Epson N2000,按 Enter 键后出现如图 6-4-11 所示的"Windows 安全"对话框,输入一组具有权限访问该打印机的用户账户和密码。

图 6-4-11 "Windows 安全"对话框

(3) 单击"确定"按钮,在 IE 浏览器中单击窗口左侧"打印操作"下的"连接"按钮,弹出如图 6-4-12 所示的"添加 Web 打印机连接"对话框。

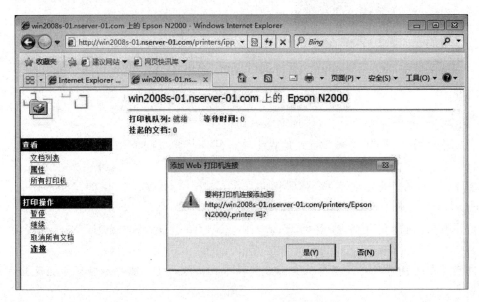

图 6-4-12 "添加 Web 打印机连接"对话框

（4）单击"是"按钮，它就会自动为用户的计算机安装该打印机，如图 6-4-13 所示。

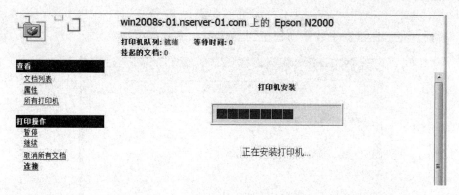

图 6-4-13　正在进行打印机安装

（5）弹出如图 6-4-14 所示的窗口页面，表明安装已完成。

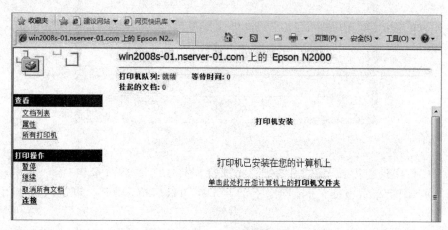

图 6-4-14　打印机安装成功页面

（6）单击"单击此处打开您计算机上的打印机文件夹"链接，打开"打印机和传真"窗口，显示已安装的打印机图标，如图 6-4-15 所示。

图 6-4-15　"打印机和传真"窗口

（7）右击打印机图标，从弹出的快捷菜单中选择"打印机属性"命令。在打开的属性对话框中选择"共享"选项卡，显示"这类打印机不支持共享"信息，如图 6-4-16 所示，表明此打印机是网络打印机，还没有安装驱动程序到 Windows 7 计算机。

图 6-4-16　打印机属性对话框

（8）在"打印机和传真"窗口中单击"添加打印机"按钮，然后单击"添加网络、无线或 Bluetooth 打印机"单选按钮，选择网络上的共享打印机后单击"下一步"按钮，如图 6-4-17 所示。

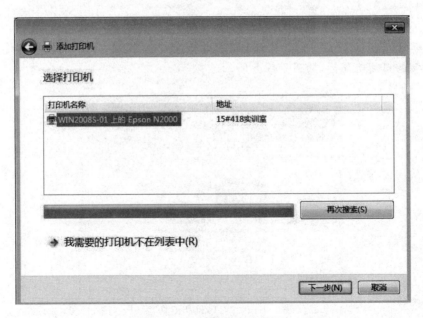

图 6-4-17　选择打印机页面

（9）显示正在下载驱动程序到本地的进度信息，完成后弹出如图 6-4-18 所示的对话框，表明在 Windows 7 计算机中已安装了网络打印机的驱动程序。

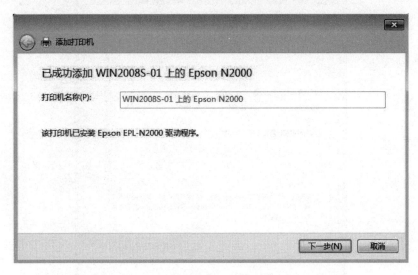

图 6-4-18　成功添加打印机页面

（10）单击"下一步"按钮，选择是否打印测试页，然后单击"完成"按钮。

（11）返回"打印机和传真"窗口，看到新增一台已安装在本地的网络打印机图标，如图 6-4-19 所示。

图 6-4-19　新增一台打印机图标

（12）右击打印机图标，从弹出的快捷菜单中选择"打印机属性"命令。在打开的属性对话框中选择"共享"选项卡，如图 6-4-20 所示，表明此打印机作为本地打印机可以进行管理和设置共享了。

5. 管理打印机权限

在 Windows Server 2008 域控制器上，在"打印管理"窗口中右击 Epson N2000 打印机图标，从弹出的快捷菜单中选择"属性"命令。在打开的"Epson N2000 属性"对话框中选择

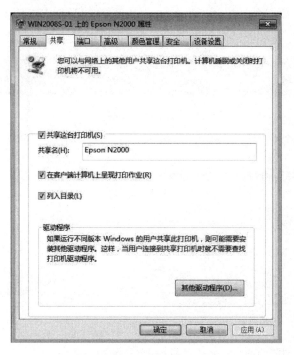

图 6-4-20 "WIN2008S-01 上的 Epson N2000 属性"对话框

"安全"选项卡,如图 6-4-21 所示。在"组或用户名"列表框中列出了与该打印机有关的组和用户,这是系统默认值。通过"添加""删除"按钮可以增删列表中的用户或组,在"Everyone的权限"列表框中可用复选框控制列表中用户或组对该打印机的权限。

图 6-4-21 "Epson N2000 属性"对话框

6. 管理打印机及打印文件

在 Windows Server 2008 域控制器上,在"打印管理"窗口中右击 Epson N2000 打印机图标,通过快捷菜单中的操作可以管理该打印机和查看打印机队列,如图 6-4-22 所示。

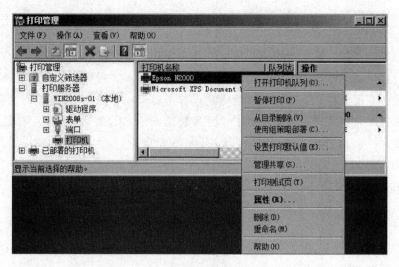

图 6-4-22 "打印管理"窗口

7. 设置打印机属性

安装好打印机后，可以根据需要来设置打印机。在 Windows Server 2008 域控制器上，在"打印管理"窗口中右击 Epson N2000 打印机图标，在弹出的快捷菜单中选择"属性"命令。打开"Epson N2000 属性"对话框，选择"高级"选项卡，如图 6-4-23 所示。

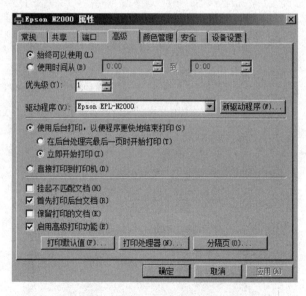

图 6-4-23 "Epson N2000 属性"对话框

其中：

- 始终可以使用：表示一天 24 小时都可以使用。
- 使用时间从：用于设置打印机可以使用的时间。
- 优先级：1 为最低优先级，99 为最高优先级。
- 使用后台打印，以便程序更快地结束打印：表示先将收到的打印文件保存在磁盘中，然后送打印设备。送打印设备的操作是由后台完成的。

- 在后台处理完最后一页时开始打印：指打印设备将等到文档的最后一页被转换成后台文档后才开始打印。
- 立即开始打印：指文档的第一页被转换成后台文档后就开始打印。
- 直接打印到打印机：即把文档直接送打印设备而不进行后台文档的转换。
- 挂起不匹配文档：当打印的文档格式设置与打印机不符时，该文档不会被打印。
- 首先打印后台文档：表示先打印已经完整送到后台的文档，而信息未完整收齐的文档则会晚一点打印。如无此选择，打印的先后取决于其优先级和送到打印机的顺序。
- 保留打印的文档：用于决定是否在文件送到打印设备后就将后台文件从磁盘中删除。
- 启用高级打印功能：表示会采用 EMP 的格式来转换打印的文件，并支持一些其他的高级打印功能（视打印设备而定）。EMP 格式文件是增强型图元文件，通常可以在任何打印机上打印。

实训检测：

在 Windows Server 2003（用 Administrator 域管理员用户登录到域）上添加一台打印机 P1，在 Windows 7（用 Administrator 域管理员用户登录到域）上添加一台打印机 P2，连接到同一台打印设备（Epson N2000），并为它们设置不同的打印时间和打印优先级。

① 前面实训中已经在 Windows Server 2008 域控制器上安装了共享打印机，共享名为 Epson N2000。

② 在 Windows Server 2003 计算机上用"网上邻居"添加一台打印机 P1，连接到共享打印机 Epson N2000 上。

③ 在 Windows 7 计算机上用"添加打印机向导"添加一台打印机 P2，连接到共享打印机 Epson N2000 上。

④ 设置 P1 的打印时间为 18:00～0:00，打印优先级为 20，如图 6-4-24 所示；P2 的打印时间为 8:00～18:00，打印优先级为 50，如图 6-4-25 所示。

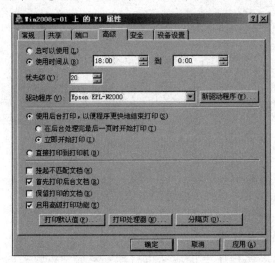

图 6-4-24 "P1 属性"设置

图 6-4-25 "P2 属性"设置

⑤ 打印到文件设置。

a. 在 Windows Server 2003 计算机上的磁盘中新建一个文本文件 ylj. txt，并设置用 Epson N2000 打印机打印到文件，如图 6-4-26 所示。

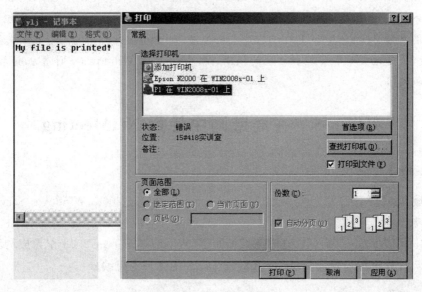

图 6-4-26 "打印"对话框

b. 单击"打印"按钮,弹出"打印到文件"对话框,输入文件名后单击"确定"按钮,如图 6-4-27 所示。

图 6-4-27 "打印到文件"对话框

c. 在 Windows Server 2003 计算机上的磁盘中就有一个名为 print 的打印机文件,如图 6-4-28 所示。

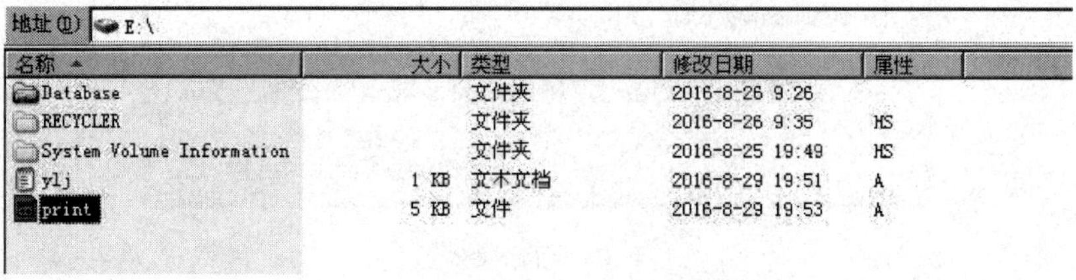

图 6-4-28 显示 print 打印机文件

自己练习:

在 Windows Server 2008 域控制器上添加一台本地打印机 EPSON EPL-4000,设为默认打印机并设置为共享,共享名为 EpsonEPL4000。在 Windows Server 2008 域控制器上新建两个域用户账户 UserA 和 UserB,若 UserA 从 Windows Server 2003 计算机登录到域时,具有打印、管理文档和管理打印机的权限;若 UserB 从 Windows 7 计算机登录到域时,只具有打印权限。

实训 6-5 在局域网中使用 NetMeeting

【实训条件】

(1)域内三台计算机已分别安装了 Windows Server 2008、Windows Server 2003、Windows 7。

(2)其中 Windows Server 2008 为域控制器,Windows Server 2003 作为成员服务器和 Windows 7 计算机加入到域 Nserver-XX. com(XX 为物理主机编号)。

【实训说明】

(1)本实训在域结构的网络中进行。

（2）三台计算机中的网卡、声卡、显卡等设备驱动程序都已正确安装，以满足 NetMeeting 实训时对音频和视频的要求。

【实训任务】

（1）分别在 Windows Server 2008、Windows Server 2003、Windows 7 计算机中安装 NetMeeting 组件并进行设置。

（2）域内的计算机通过 NetMeeting 服务进行交流。

【实训目的】

掌握 NetMeeting 的安装和设置方法并熟练使用 NetMeeting。

【实训内容】

本实训以 1 号物理主机为例。

1. 安装 NetMeeting

分别在 Windows Server 2008、Windows Server 2003 和 Windows 7 三台计算机上安装 NetMeeting。

（1）Windows Server 2008 默认没有 NetMeeting 组件，解决方法如下：

① 将 Windows Server 2003 系统的系统文件夹 Program Files 下的 Netmeeting 文件夹复制到 Windows Server 2008 的 Program Files 文件夹下，然后运行 Netmeeting 配置向导（双击 Netmeeting 文件夹下类似地球的图标）。

② 找到 Windows Server 2003 系统中 C:/windows/inf 目录下的 msnetmtg.inf 和 msnetmtg.PNF（具体位置要视自己把操作系统安装在哪个分区而定），将这个文件复制到 Windows Server 2008 系统的 Windows/INF 目录下（如果提示该文件已经存在，则将其覆盖）。右击 msnetmtg.inf，从弹出的快捷菜单中选择"安装"命令，此时会提示指定一个名为 CB32.EXE（有的显示为 CB32.ex_），这时将 Windows Server 2003 系统盘或镜像装载到光驱，然后单击"浏览"按钮，定位到系统盘的 I386 文件夹下，然后选择 cb32.exe 文件打开。

③ 指定 msh263.drv 文件的位置。单击"浏览"按钮，找到 Windows Server 2003 系统安装目录 C:/Windows/system32 文件夹下的 msh263.drv 文件打开（Windows 文件夹下的文件太多，不好找，此时建议利用系统搜索功能进行搜索，然后将此文件复制到某一分区根目录下）。

④ 运行 Netmeeting 配置向导（同第①步），然后单击"完成"按钮。如果配置中途（比如到音频配置时）出现无响应，可以先重启计算机，然后再运行 Netmeeting 配置向导。

（2）选择"开始"→"运行"命令，在"运行"对话框中的文本框中输入 conf，按 Enter 键进入 NetMeeting 对话框，在该对话框中显示了 NetMeeting 的功能特点，如图 6-5-1 所示，单击"下一步"按钮。

（3）在接下来的对话框中输入使用 NetMeeting 所需的个人信息，如图 6-5-2 所示，然后单击"下一步"按钮。可以在同一个域中的另两台计算机上安装 NetMeeting 时输入各自的用户个人信息。

159

第 6 章

局域网资源管理

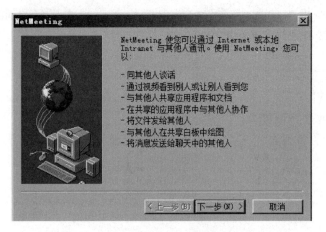

图 6-5-1　NetMeeting 对话框之一

图 6-5-2　NetMeeting 对话框之二

（4）在如图 6-5-3 所示的对话框中根据不同需要进行选择。"当 NetMeeting 启动时登录到目录服务器"是支持 MSN Messenger Service 的 NetMeeting 功能，是在线通知的即时消息程序，在 MSN Messenger Service 联系人列表中的联系人将出现在 NetMeeting 中的 Microsoft Internet Directory 中，有了 Microsoft Internet Directory 就可以查看自己的联系人是否在线，以便立即使用 MSN Messenger Service 或 NetMeeting 与他们通信。也可以直接从 MSN Messenger Service 向自己的 Hotmail 联系人发出 NetMeeting 呼叫。要建立自定义的 Microsoft Internet Directory，需要创建自己的 Hotmail 电子邮件账户并安装 MSN Messenger Service，NetMeeting 和 MSN Messenger Service 用 Hotmail 来提供你的联系人列表。这里不作选择，单击"下一步"按钮。

（5）在出现的对话框中可选择不同的网络连接类型进行 NetMeeting 通信，单击"局域网"单选按钮后单击"下一步"按钮，如图 6-5-4 所示。

（6）在如图 6-5-5 所示的对话框中可选中"请在桌面上创建 NetMeeting 的快捷键"和"请在快速启动栏上创建 NetMeeting 的快捷键"复选框，然后单击"下一步"按钮。

（7）如果安装 NetMeeting 之前没有在本地计算机上安装声卡的驱动程序，系统会提示

图 6-5-3　NetMeeting 对话框之三

图 6-5-4　NetMeeting 对话框之四

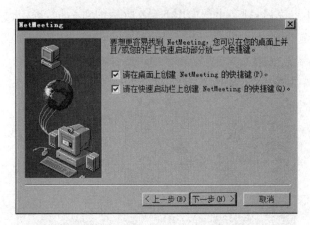

图 6-5-5　NetMeeting 对话框之五

将不能调节音频设置,即不能使用 NetMeeting 的音频功能。如已安装了声卡,安装向导会弹出如图 6-5-6 所示的对话框,接下来单击"下一步"按钮。

（8）在如图 6-5-7 所示的对话框中可以调节声音的高低,并可单击"测试"按钮对声音进行测试,然后单击"下一步"按钮。

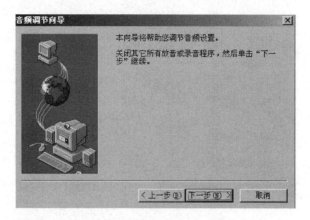

图 6-5-6 "音频调节向导"对话框之一

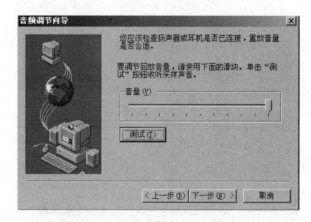

图 6-5-7 "音频调节向导"对话框之二

（9）如已安装了麦克风，则会出现如图 6-5-8 所示的对话框，确定设备处于正常工作状态，然后单击"下一步"按钮。

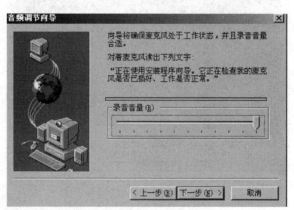

图 6-5-8 "音频调节向导"对话框之三

（10）在接下来显示的对话框中说明已对音频设置进行了调节，确认无误后单击"完成"按钮，结束 NetMeeting 的安装。

自己练习:

① 在 Windows Server 2003 计算机上进行 NetMeeting 组件安装,安装步骤参考 Windows Server 2008 计算机安装步骤(2)~(10)。

② 在 Windows 7 计算机上进行 NetMeeting 组件安装,安装步骤参考 Windows Server 2008 计算机安装步骤(2)~(10)。

注意: Windows 7 默认没有 NetMeeting 组件,解决方法如下。

① 在百度上搜索 NetMeeting for Win7,下载之后得到一个安装包,里面有几个文件, 一个安装包,一个破解包,还有一个安装说明文件。大家也可以参考里面的安装说明文件。

② 运行其中的安装包,会有兼容性提示。这是因为 NetMeeting 本身就不支持 Windows 7,所以会有提示,单击"运行程序"按钮。

③ 安装好后运行破解包里的 conf 命令启动 Netmeeting 配置向导。

2. 启动 NetMeeting

分别在 Windows Server 2008、Windows Server 2003 和 Windows 7 计算机上启动 NetMeeting,其方法相同。

在 Windows Server 2008 中双击 NetMeeting 图标,出现如图 6-5-9 所示的对话框。

3. 对 NetMeeting 进行设置

分别在局域网内的三台计算机上启动 NetMeeting,可对其中任何一台计算机进行设置,其他两台计算机的设置步骤相同。本例是在 Windows Server 2003 上进行设置。

(1) 用 Administrator 域管理员用户从 Windows Server 2003 登录到域,在桌面上启动 NetMeeting。在如图 6-5-9 所示的对话框中选择"工具"→"选项"命令,在弹出的对话框中对用户个人信息和目录等进行设置和修改,如图 6-5-10 所示。

图 6-5-9　启动 NetMeeting

图 6-5-10　"选项"对话框

（2）单击"带宽设置"按钮，可以更改网络连接类型。

（3）选择"安全"选项卡，如图 6-5-11 所示，选中"拨入的呼叫"和"拨出的呼叫"下的两个复选框，以便进行安全地拨入和拨出呼叫。

图 6-5-11 "安全"选项卡

（4）由于在 VirtualBox 虚拟机软件中安装的虚拟操作系统目前还无法安装和识别主机中的声卡和显卡驱动程序，故视频和音频这里不作设置，用户在物理主机上做此实验时可以进行相应的设置。

4. 连接测试

（1）一旦对 NetMeeting 设置完毕，就可以启动 NetMeeting 进行连接。在作测试之前，首先检查一下通信双方的防火墙是否已关闭。在 NetMeeting 启动页面的文本框中输入192.168.1.1 后单击 按钮，等待 IP 地址为 192.168.1.1 的计算机的回应，如图 6-5-12所示。

图 6-5-12 进行呼叫

（2）呼叫成功后弹出是否接受的对话框，单击"接受"按钮。

（3）通信双方均会在"名称"列表框中出现连接的两个用户名，如图 6-5-13 所示。

（4）如要挂断与对方的连接，单击 按钮。

5. "共享"设置

（1）在 NetMeeting 窗口中选择"工具"→"共享"命令，在如图 6-5-14 所示的"共享—桌面"窗口中选择"桌面"选项，然后单击"共享"按钮。

（2）桌面上操作的情况会同步出现在与此计算机连接的其他计算机上，如在 Windows Server 2008 计算机上显示的是 Windows Server 2003 计算机桌面，如图 6-5-15 所示。

（3）在图 6-5-14 所示"共享—桌面"对话框中单击"允许控制"按钮。可以设置对方用户是否能控制自己的共享桌面，有"自动接受控制请求"和"现在不接受控制请求"两个复选框，设置完毕后单击"关闭"按钮。

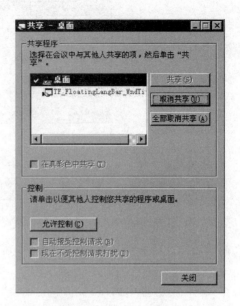

图 6-5-13　建立一个通信连接　　　　　图 6-5-14　"共享—桌面"窗口

图 6-5-15　在 Win2008s-01 上显示的 Win2003s-01 的桌面

6. "聊天"设置

（1）在 NetMeeting 窗口中选择"工具"→"聊天"命令，出现"聊天"对话框。在"消息"文本框中输入消息文字，在"发送给"下拉列表中可选择与此用户连接的所有用户或选择其中的一个用户，如"张三"发给"李四"的聊天信息。单击 ◎ 按钮，消息将发送出去，如图 6-5-16 所示。

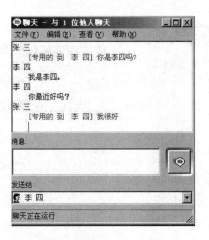

图 6-5-16 "聊天"对话框

（2）在"聊天"对话框中选择"编辑"菜单，可进行"剪切""复制""粘贴"和"全部清除"操作。

（3）在"聊天"对话框中选择"查看"→"选项"命令，可对信息显示、消息格式和字体进行设置，以满足用户的不同需要。

7. "白板"设置

在 NetMeeting 窗口中选择"工具"→"白板"命令，可在如图 6-5-17 所示的"白板"窗口中进行操作，其他连接的用户可同步看到你在白板上的操作内容。

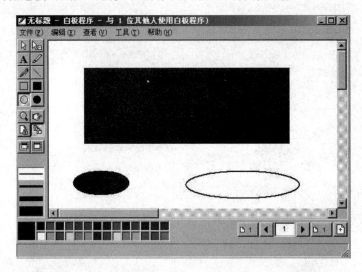

图 6-5-17 "白板"设置

8. "文件传送"设置

在 NetMeeting 窗口中选择"工具"→"文件传送"命令，打开"文件传送—在传呼中"窗口，单击 按钮，如图 6-5-18 所示。然后选择需要传送的文件，将文件传送给所有人或指定的用户。也可以在"文件传送—在传呼中"窗口中选择"文件"→"全部发送"命令，目的地就会收到发过来的文件并保存在接收用户的 Program File\NetMeeting\Received Files 子文件夹内。

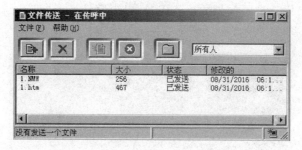

图 6-5-18 "文件传送—在传呼中"设置

9. "远程桌面共享"设置

当在另一台已运行 NetMeeting 的计算机上呼叫时,"远程桌面共享向导"会帮助你设置自己的计算机以共享其桌面。

(1) 在 Windows Server 2003 计算机的 NetMeeting 窗口中选择"工具"→"远程桌面共享"命令,会弹出如图 6-5-19 所示"远程桌面共享向导"对话框,单击"下一步"按钮。

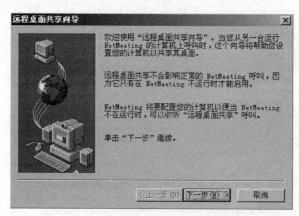

图 6-5-19 "远程桌面共享向导"对话框之一

(2) 弹出该向导的一些提示信息,如当从另一台计算机使用 NetMeeting 呼叫这台计算机时,会要求提供一个用于连接的用户名和密码等信息,如图 6-5-20 所示,单击"下一步"按钮。

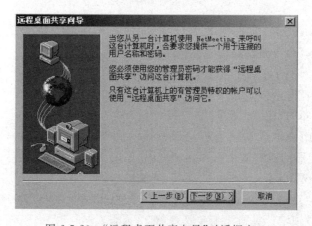

图 6-5-20 "远程桌面共享向导"对话框之二

局域网资源管理

（3）选择是否启用有密码保护的屏幕保护程序，默认选择"是，请启动密码屏幕保护程序"单选按钮，如图 6-5-21 所示，然后单击"下一步"按钮。

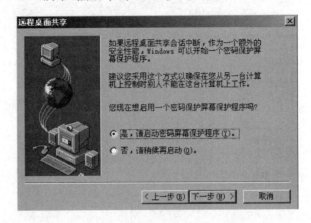

图 6-5-21 "远程桌面共享向导"对话框之三

（4）在弹出的"桌面显示属性"对话框中选择一个屏幕保护程序并设置密码。

（5）出现如图 6-5-22 所示的对话框，表明"远程桌面共享"设置已完成，看过提示的信息后单击"完成"按钮。

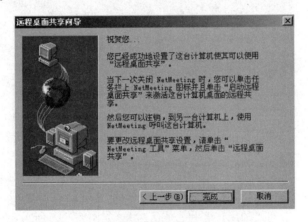

图 6-5-22 "远程桌面共享向导"对话框之四

（6）退出 NetMeeting，右击任务栏上的 NetMeeting 图标，从弹出的快捷菜单中选择"启动远程桌面共享"命令激活这台计算机桌面的远程共享。

（7）在 Windows Server 2008 计算机上启动 NetMeeting，选择"呼叫"→"新呼叫"命令，在打开的"发出呼叫"对话框中输入 192.168.1.10，选中"需要保护这个呼叫（仅对数据）"复选框，然后单击"呼叫"按钮，如图 6-5-23 所示。

（8）此时要求用户输入访问远程桌面所需的管理员账户名和密码，可输入 Windows Server 2008 域控制器的域管理员账户名和密码，如图 6-5-24 所示，然后单击"确定"按钮。

（9）出现远程 Windows Server 2003 计算机的桌面，如图 6-5-25 所示。可在此远程桌面上选择"控制"→"发送 Ctrl＋Alt＋Del"命令，对 Windows Server 2003 计算机进行"关机""注销""更改密码""锁定计算机""任务管理器"等操作。

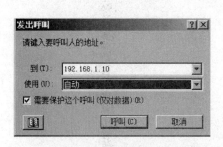

图 6-5-23 "发出呼叫"对话框

图 6-5-24 输入用户账户名和密码

图 6-5-25 连接远程桌面

注意：Windows 7 之后微软已不在操作系统中自带 NetMeeting 组件了，即使在系统中安装了网上下载的 NetMeeting 组件，视频和音频等一些功能的设置均受到限制，有的还无法使用。但有一些很好的视频会议软件可以在系统中应用，如 Microsoft Office Live Meeting 就是一款功能更加强大的应用软件，完全可以替代 NetMeeting 组件，只不过需要用户自行从网上下载安装和配置。

第7章 DNS、DHCP、远程终端管理

1. DNS

日常生活中人们习惯说"去 www. sina. com. cn 看新闻"或是"到公司内部的服务器上安装一个软件",这些文字或字母形式的名称都代表着网络上的一台主机。但把这些工作让计算机去做时却有了一个问题,计算机只能处理数字信息,只认识数字形式的 IP 地址,这就需要一个转换工具来把各机器的文字或字母名称转移成 IP 地址(例如 www. sspu. edu. cn 对应 180.169.93.146),这个转换工具就是 DNS。在中小企业网络环境下,一般不需要在专门的服务器上执行 DNS 服务功能,可以将 DNS 服务作为一个组件安装到同一台服务器上。

一个用户端发出一个名称解析请求后,网络上传递这个名称解析请求的过程称为正向搜索查询。假设用户端想要连接到 www. sspu. edu. cn 这个网址,用户端计算机发出一个正向搜索到用户端所设定的 DNS 服务器去查询。用户端设定的 DNS 服务器中的数据库文件会比对这个查询是否有记录的对应 IP 地址,如果没有符合的资料,便会传回 cn 根服务器,请用户端去询问 cn 根服务器。接着用户端去询问 cn 根服务器,cn 根服务器会根据数据库文件中的记录回应用户端 edu. cn 中的 DNS 服务器的 IP 地址。接着用户端再去询问 edu. cn 服务器,edu. cn 服务器会根据数据库文件中的记录回应用户端 sspu. edu. cn 中的 DNS 服务器的 IP 地址。以此类推,最后用户端根据 sspu. edu. cn 中的 DNS 服务器回应的 IP 地址连接到 www. sspu. edu. cn 网站。上述所介绍的查询过程即所谓的"正向搜索查询",当然用户是感觉不到这个搜索过程的。

在 Windows Server 2008 中还提供了所谓的"反向搜索查询"。该查询会将 IP 地址对应到某个名称,例如使用 nslookup 这类指令排除 DNS 的设定错误,即使用反向搜索查询来回复主机名称。

2. DHCP

企业中的计算机在设置 TCP/IP 协议时有两种方法:一种方法是直接在每台计算机上输入一个设定的 IP 地址;另一种方法是选择"动态获得 IP 地址"选项。这两种方法有什么区别呢?

第一种方法的工作过程是这样的:由系统管理员(网管)统一给每台计算机编号,并分配一个唯一的 IP 地址。然后由各台计算机的使用者记住这个数字形式的 IP 地址,在各自的计算机上按照这个地址设定"网络属性"。

这个方法如同分配座位,班级中的每个学生都要由班主任分配一个座位。每次进入班级时,学生们只能坐在那个位置。这种方法的优点是分配和掌控 IP 地址都很直接和方便。

但使用这种方法一方面需要管理员费心安排,另一方面对于企业中大部分普通员工来说,记忆和设定 IP 地址的这个过程非常麻烦。这种方法最致命的缺点是如果有一个用户设置错了一个数字就可能导致整个网络不能正常工作。

使用第二种自动获得 IP 地址的方法时,需要为服务器添加一项 DHCP 服务,这个服务器能自动提供给每台客户端一个安全、唯一的 IP 地址。客户端得到 IP 地址的过程非常简便。

这个方法如同大学阅览室的管理方法,在那里设立了一个管理员,当来一个学生需要座位时,管理员就随便指定阅览室中的一个空座位,学生可以去坐在那里,这个管理员的服务就相当于服务器的 DHCP 服务。

3. 远程终端服务

又可称为远程桌面访问服务。它是一项方便、高效的服务,通过远程桌面管理可以极大地降低与远程管理有关的费用。可以在服务器上启用远程桌面来远程管理服务器。

远程终端管理是通过 RDP(Remote Desktop Protocol,远程桌面协议)来实现的,默认使用的端口是 TCP 的 3389,当然也可以根据需要更改此端口。

使用远程终端服务的优点如下:

(1) 支持对 Windows Server 2008 的完全管理。使用远程终端连接,系统管理员可以从运行 Windows Server 2008 或以前版本 Windows 操作系统的计算机上完全管理运行 Windows Server 2008 的计算机。

(2) 从任意位置访问服务器。使用远程终端管理,可以在世界上的任何地点,通过广域网(WAN)、虚拟专用网(VPN)或拨号连接来访问远程终端服务器。

(3) 访问配置设置。使用远程终端管理,可以远程访问服务器的大多数配置设置,包括控制面板。使用远程桌面会话,可以访问 MMC、Active Directory、Microsoft 系统管理服务器、网络配置工具和大多数的其他管理工具。

(4) 诊断故障和测试解决方案。使用远程终端管理,可以快速地诊断客户端的服务器的故障,并可以测试所采取的解决方案。

(5) 执行耗时的批量管理工作。使用远程终端管理,可以远程执行耗时的批处理的管理工作,如磁带备份。

(6) 远程更新服务器操作系统和应用程序。通过远程终端管理可以远程地更新服务器操作系统及其应用程序。

使用远程终端连接,可以从一台运行 Windows 的计算机访问另一台 Windows 的计算机,条件是两台计算机连接到相同网络或连接到 Internet。例如,可以通过家中的计算机使用所有工作计算机上的程序、文件及网络资源,就像坐在工作场所的计算机前一样。

实训 7-1　安装和配置 DNS 角色

【实训条件】

(1) 域内三台计算机已分别安装了 Windows Server 2008、Windows Server 2003、Windows 7。

(2) 其中 Windows Server 2008 为域控制器,Windows Server 2003 作为成员服务器和 Windows 7 计算机加入到域 Nserver-XX. com(XX 为物理主机编号)。

【实训说明】

(1) 将 Windows Server 2008 作为 DNS 服务器。

(2) 通常在安装 Active Directory 时就已经安装好了 DNS 服务器。

【实训任务】

(1) 安装 DNS 角色。

(2) 新建 DNS 区域。

(3) DNS 配置。

(4) DNS 解析测试。

【实训目的】

掌握 DNS 的工作原理和安装配置方法。

【实训内容】

本实训以 1 号物理主机为例。

1. 安装 DNS 服务器角色

(1) 选择"开始"→"管理工具"命令,检查有无 DNS 菜单。若无,则需要安装;若有,则跳过下面的安装步骤,做本实训的后面部分,即"新建 DNS 区域"。

(2) 选择"开始"→"管理工具"→"服务器管理器"命令,在打开的"服务器管理器"窗口中右击"角色",从弹出的快捷菜单中选择"添加角色"命令。在打开的"添加角色向导"对话框中单击"下一步"按钮,在"选择服务器角色"页面的右窗格中选中"DNS 服务器"复选框,单击"下一步"按钮,如图 7-1-1 所示。

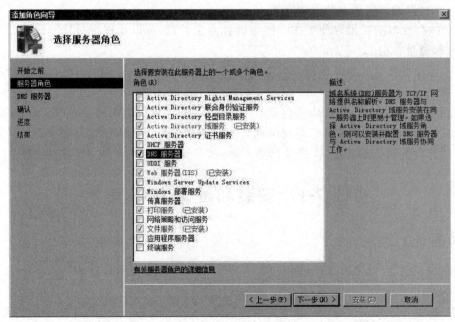

图 7-1-1 "选择服务器角色"页面

（3）在"DNS 服务器"页面中出现 DNS 服务器简介信息，单击"下一步"按钮。

（4）在"确认安装选择"页面中提示正在域控制器上安装 DNS 角色，单击"安装"按钮。

（5）在"安装进度"页面中正在进行安装操作，如图 7-1-2 所示。

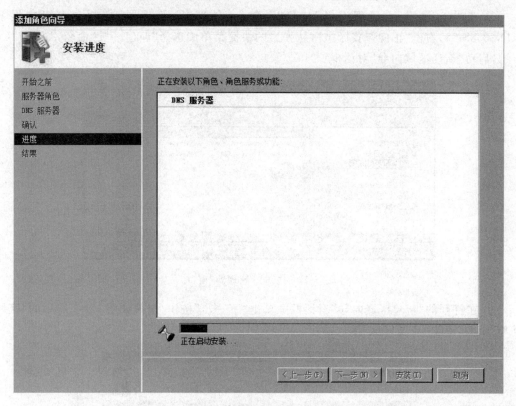

图 7-1-2 "安装进度"页面

（6）在"安装结果"页面中显示 DNS 安装成功信息，单击"关闭"按钮。

（7）在"服务器管理器"窗口中显示刚安装完成的"DNS 服务器"角色，如图 7-1-3 所示。

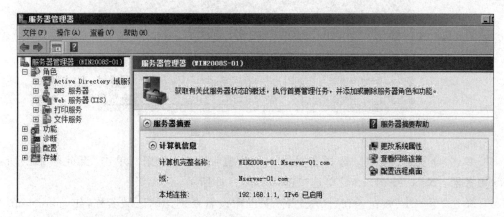

图 7-1-3 "服务器管理器"窗口

2. 新建 DNS 区域

区域是 DNS 服务的一个平台。在设置和使用之前必须新建一个区域，这样 DNS 才有活动的空间。

(1) 建立正向主要区域。

在 DNS 服务器上创建正向主要区域 sspu.com，具体步骤如下：

① 选择"开始"→"管理工具"→DNS 命令，在"DNS 管理器"控制台窗口中展开 WIN2008S-01，右击"正向查找区域"，从弹出的快捷菜单中选择"新建区域"命令，如图 7-1-4 所示，启动"新建区域向导"对话框。

图 7-1-4 "DNS 管理器"窗口

② 在打开的"新建区域向导"对话框中单击"下一步"按钮，出现如图 7-1-5 所示的"区域类型"页面，单击"主要区域"单选按钮。

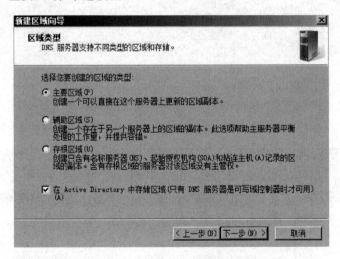

图 7-1-5 "区域类型"页面

③ 单击"下一步"按钮。选择在网络上如何复制 DNS 数据。单击"至此域中的所有 DNS 服务器：Nserver-01.com"单选按钮，如图 7-1-6 所示。

④ 单击"下一步"按钮。在"区域名称"页面中设置要创建的区域名称，如 sspu.com，如图 7-1-7 所示。区域名称用于指定 DNS 名称空间的部分，由 DNS 服务器管理。

⑤ 单击"下一步"按钮。然后单击"只允许安全的动态更新（适合 Active Directory 使用）"单选按钮，如图 7-1-8 所示。

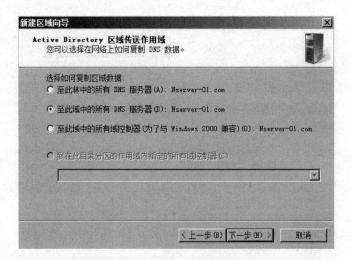

图 7-1-6 "Active Directory 区域传送作用域"页面

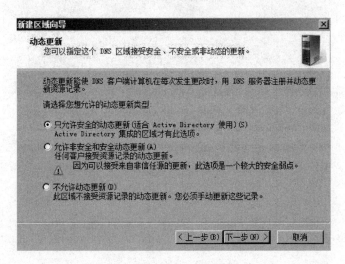

图 7-1-7 "区域名称"页面

图 7-1-8 "动态更新"页面

⑥ 单击"下一步"按钮。显示新建区域摘要,单击"完成"按钮,完成 DNS 正向主要区域创建。

(2) 建立反向主要区域。

反向查找区域用于通过 IP 地址查找 DNS 名称,创建的具体过程如下:

① 在"DNS 管理器"控制台窗口中选择反向查找区域右击,从弹出的快捷菜单中选择"新建区域"命令,如图 7-1-9 所示。

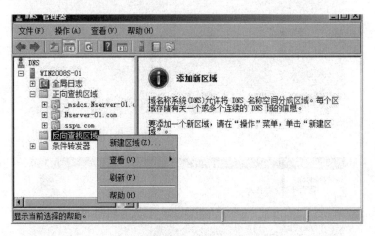

图 7-1-9　选择"新建区域"命令

② 在打开的"新建区域向导"对话框中单击"下一步"按钮,出现如图 7-1-10 所示的"区域类型"页面,单击"主要区域"单选按钮。

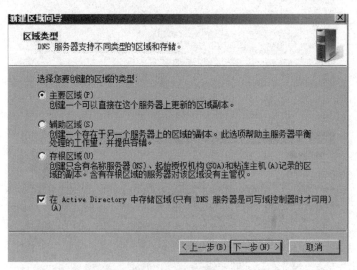

图 7-1-10　"区域类型"页面

③ 单击"下一步"按钮。选择在网络上如何复制 DNS 数据,单击"至此域中的所有 DNS 服务器:Nserver-01.com"单选按钮。

④ 单击"下一步"按钮。在"反向查找区域名称"页面中单击"IPv4 反向查找区域"单选按钮,如图 7-1-11 所示。

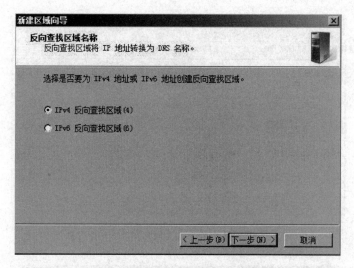

图 7-1-11　"反向查找区域名称"页面

⑤ 单击"下一步"按钮。在如图 7-1-12 所示的页面中输入网络 ID 或者反向查找区域名称。本例输入的是网络 ID，区域名称根据网络 ID 自动生成。

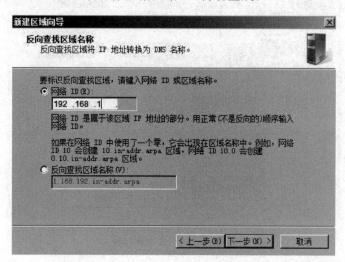

图 7-1-12　输入网络 ID

⑥ 单击"下一步"按钮。在"动态更新"页面中单击"只允许安全的动态更新"单选按钮。
⑦ 单击"下一步"按钮。显示新建区域摘要，单击"完成"按钮，完成反向主要区域创建，图 7-1-13 所示是创建后的效果。

3. 创建资源记录

DNS 服务器需要根据区域中的资源记录提供该区域的名称解析，因此在区域创建完成以后，需要在区域中创建所需的资源记录。

以域管理员账户 Administrator 登录到 Windows Server 2008 域控制器上，打开 DNS 管理控制台窗口，在左侧控制台树中选择要创建资源记录的正向查找区域 sspu.com，右击 sspu.com，从弹出的快捷菜单中选择相应功能项即可创建资源，如图 7-1-14 所示。

图 7-1-13　创建正反向区域后的 DNS 管理器

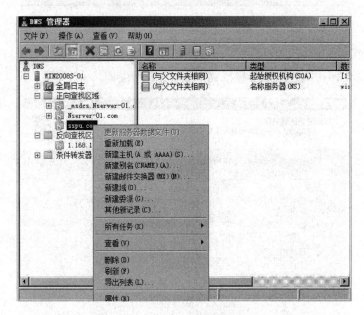

图 7-1-14　创建资源记录

（1）新建主机。

① 添加主机。在如图 7-1-14 所示的快捷菜单中选择"新建主机"命令。在弹出的"新建主机"对话框中的"名称（如果为空则使用其父域名称）"文本框中输入 Win2008s-01。在"IP 地址"文本框中输入 192.168.1.1，选中"创建相关的指针（PTR）记录"和"允许所有经过身份验证的用户用相同的所有者名称来更新 DNS 记录"复选框，如图 7-1-15 所示。单击"添加主机"按钮，则为 Windows Server 2008 计算机创建主机名为 Win2008s-01.sspu.com 的 DNS 主机记录。

② 添加客户端主机。在如图 7-1-14 所示的快捷菜单中选择"新建主机"命令，在弹出的"新建主机"对话框中的"名称"文本框中输入 Win2003s-01。在"IP 地址"文本框中输入 192.168.1.10，选中"创建相关的指针（PTR）记录"和"允许所有经过身份验证的用户用相同的所有者名称来更新 DNS 记录"复选框，如图 7-1-16 所示。单击"添加主机"按钮，则为

Windows Server 2003 计算机创建主机名为 Win2003s-01. sspu. com 的 DNS 主机记录，单击"完成"按钮。

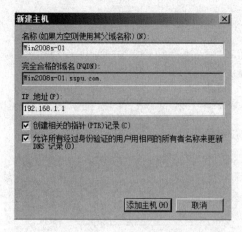

图 7-1-15　新建主机记录

图 7-1-16　新建客户端主机记录

同理，建立主机名为 Win7-01. Nserver-01. com，IP 地址为 192. 168. 1. 20 的主机记录，请自行创建。

③ 域内所有计算机的主机记录创建以后，在"正向查找区域"中可以看到如图 7-1-17 所示的结果。

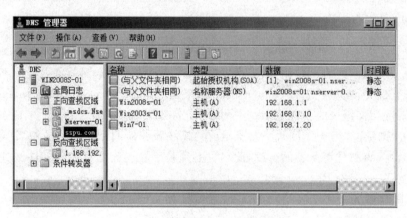

图 7-1-17　显示主机记录信息

④ 关闭 DNS 管理控制台窗口，检查 DNS 工作是否正常。运行 cmd 命令后，在命令提示符下可以 Ping Win2003s-01，若成功，表明使用主机域名能对应 IP 地址。

（2）创建别名记录。

Windows Server 2003 同时还是 Web 服务器，为其设置别名 www。步骤如下：

① 在如图 7-1-14 所示的快捷菜单中选择"新建别名（CNAME）"命令，打开"新建资源记录"对话框。在"别名（CNAME）"选项卡中的"别名（如果为空则使用其父域）"文本框中输入一个规范的名称（本例为 www），单击"浏览"按钮，选中起别名的目的服务器（本例为win2003s-01. sspu. com），或者直接输入目的服务器的名字，如图 7-1-18 所示，单击"确定"按钮。

② 创建别名的目的是让网络中连接的其他计算机能够通过简单而又规范的名称来寻求 DNS 域名解析。在 Windows Server 2003 计算机上,运行 cmd 命令进入"命令提示符"窗口,Ping www 测试,若成功,表明使用别名能对应 IP 地址。

(3) 创建邮件交换器记录。

在如图 7-1-14 所示的快捷菜单中选择"新建邮件交换器(MX)"命令,打开"新建资源记录"对话框,通过"邮件交换器(MX)"选项卡可以创建 MX 记录,如图 7-1-19 所示。

图 7-1-18 创建 CNAME 记录   图 7-1-19 创建 MX 记录

① 在"主机或子域"文本框中输入 MX 记录的名称,该名称将与所在区域的名称一起构成邮件地址中@右面的后缀。例如,邮件地址为 abc@sspu.com,则将 MX 记录的名称设置为空(即使用其中所属域的名称 sspu.com);如果邮件地址为 abc@mail.sspu.com,则应将输入的 mail 为 MX 记录的名称记录。本例输入 mail。

② 单击"浏览"按钮选择目的服务器,或在"邮件服务器的完全合格的域名(FQDN)"文本框中直接输入该邮件服务器的名称(此名称必须是已经创建的对应于邮件服务器的 A 记录)。本例为 Win2008s-01.sspu.com。

③ 在"邮件服务器优先级"文本框中设置当前 MX 记录的优先级,如果存在两个或更多的 MX 记录,则在解析时将首选优先级高的 MX 记录。

4. 自动获得主机(如果局域网内 **IP 地址是由 DHCP 自动分发的**)

区域创建好以后,局域网名 DNS 主机名和 IP 地址的映射数据如何添加到 DNS 服务器中呢? 从 DHCP 服务可知,局域网名的绝大部分主机都是由 DHCP 分发 IP 地址的。只要 DNS 和 DHCP 服务结合起来,直接在 DHCP 服务分配给各主机 IP 地址的同时把这种映射关系写入 DNS 服务器即可。

如果 DHCP 服务器尚未安装和配置,可先跳过这部分设置。

(1) 在 DNS 控制台窗口右击 sspu.com 区域,在弹出的快捷菜单中选择"属性"命令,打开"sspu.com 属性"对话框。在"常规"选项卡中的"动态更新"下拉列表中选择"安全"选项,然后单击"确定"按钮,如图 7-1-20 所示。

(2) 在 DHCP 控制台窗口中右击 DHCP 服务器名,如 Win2008s-01.Nserver-01.com,

从弹出的快捷菜单中选择"属性"命令,在打开的 DHCP 窗口中展开 Win2008s-01. Nserver-01. com,右击 IPv4,从弹出的快捷菜单中选择"属性"命令。在打开"IPv4 属性"对话框的 DNS 选项卡中选中"根据下面的设置启用 DNS 动态更新"复选框,单击"总是动态更新 DNS A 和 PTR 记录"单选按钮,如图 7-1-21 所示。

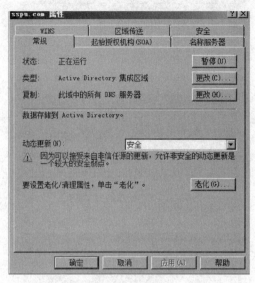
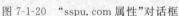

图 7-1-20 "sspu. com 属性"对话框

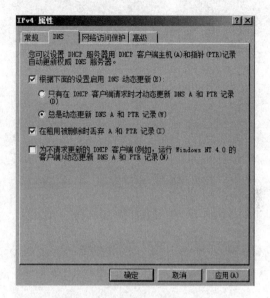

图 7-1-21 "IPv4 属性"对话框

如果局域网内 IP 地址是由 DHCP 自动分发的,则下次打开 DNS 控制台时可以看到各主机 DNS 域名和 IP 地址的映射数据。

5. 配置 DNS 服务

如果 DNS 工作正常,则这部分实训步骤可跳过。如果本机已连接 Internet,或存在其他的 DNS 服务器,且本机的 DNS 工作不正常,则使用"转发器",让其他的 DNS 服务代为解析域名。

(1)选择"开始"→"管理工具"→DNS 命令,在 DNS 控制台窗口中右击 Win2008s-01,从弹出的快捷菜单中选择"属性"命令,打开"WIN2008S-01 属性"对话框。在"接口"选项卡中单击"所有 IP 地址"单选按钮,如图 7-1-22 所示。

(2)在"转发器"选项卡中单击"编辑"按钮,在弹出的"编辑转发器"对话框中输入转发 DNS 服务器的 IP 地址 202. 121. 241. 8,单击"确定"按钮。在属性对话框中提示"正在解析",成功后显示如图 7-1-23 所示的信息,单击"确定"按钮。

6. 配置工作站的首选 DNS 服务器

分别在 Windows Server 2003 和 Windows 7 两台工作站的 TCP/IP 配置中配置首选 DNS 服务器。

(1)如果由 DHCP 自动分发 IP 地址,则在"Internet 协议(TCP/IP)属性"对话框中的"常规"选项卡中选中"自动获得 IP 地址"和"自动获得 DNS 服务器地址"单选按钮,如图 7-1-24 所示。

(2)如果是静态 IP 地址,则在"使用下面的 DNS 服务器地址"选项区域中的"首选 DNS 服务器"文本框中输入 Windows Server 2008 域控制器的 IP 地址 192. 168. 1. 1,图 7-1-25 所示是在 Windows Server 2003 上的 TCP/IP 中设置。

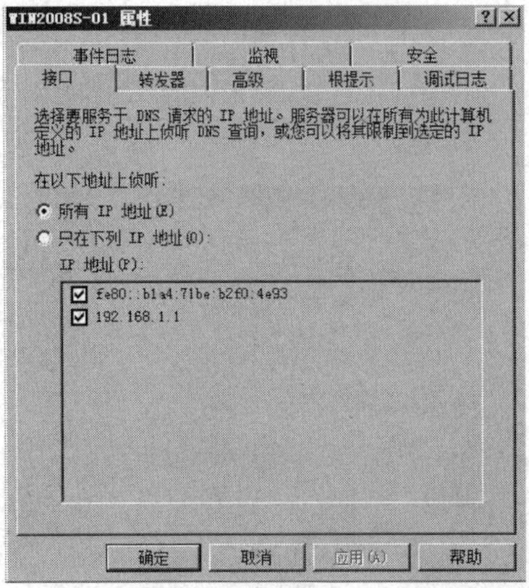

图 7-1-22 "接口"选项卡　　　　图 7-1-23 "转发器"选项卡

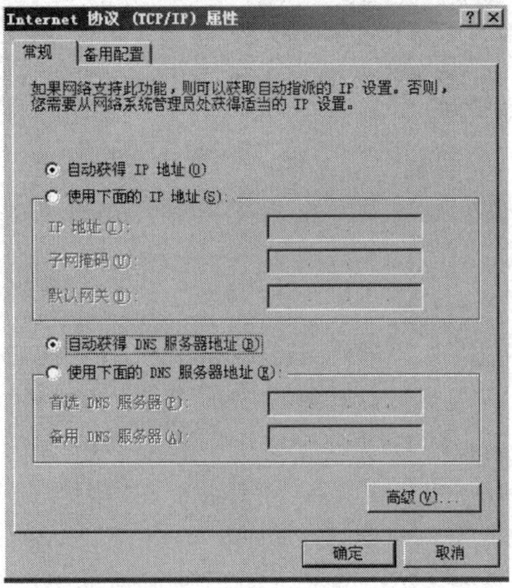

图 7-1-24 设置动态 IP 地址 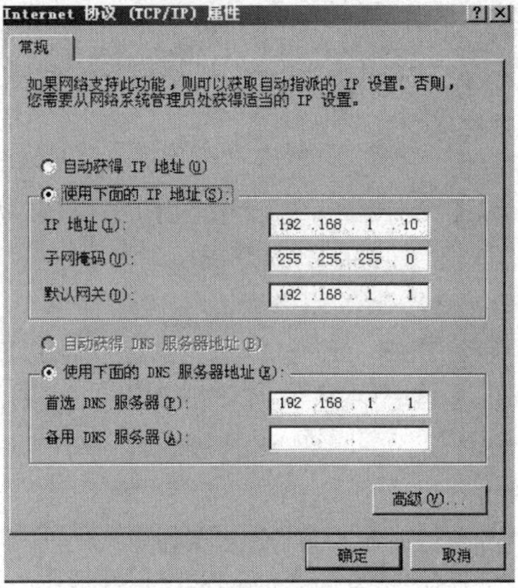　　　　图 7-1-25 设置静态 IP 地址

实训检测：

检查 DNS 服务器是否正常工作。

① 用 nslookup 命令对 DNS 服务器进行检测。

a. 在 Windows Server 2008 计算机中选择"开始"→"管理工具"命令，然后选择 DNS 选项，在"DNS 管理"窗口中右击 win2008s-01 图标，在弹出的快捷菜单中选择"启动 nslookup"命令，进入 nslookup 测试环境，如图 7-1-26 所示。

b. 测试主机记录，如图 7-1-27 所示。

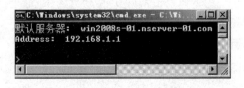

图 7-1-26 启动 nslookup

c. 测试正向解析的别名记录,如图 7-1-28 所示。

```
> win2003s-01.sspu.com
服务器:  win2008s-01.nserver-01.com
Address:  192.168.1.1

名称:     win2003s-01.sspu.com
Address:  192.168.1.10
```

```
> www.sspu.com
服务器:  win2008s-01.sspu.com
Address:  192.168.1.1

名称:     win2003s-01.sspu.com
Address:  192.168.1.10
Aliases:  www.sspu.com
```

图 7-1-27　测试主机记录　　　　　　图 7-1-28　测试正向解析的别名记录

d. 测试 MX 记录,如图 7-1-29 所示。

```
> set type=mx
> sspu.com
服务器:  win2008s-01.sspu.com
Address:  192.168.1.1

sspu.com
        primary name server = win2008s-01.nserver-01.com
        responsible mail addr = hostmaster.nserver-01.com
        serial  = 18
        refresh = 900 (15 mins)
        retry   = 600 (10 mins)
        expire  = 86400 (1 day)
        default TTL = 3600 (1 hour)
```

图 7-1-29　测试 MX 记录

e. 测试指针记录,如图 7-1-30 所示。

```
> set type=ptr
> 192.168.1.1
服务器:  win2008s-01.sspu.com
Address:  192.168.1.1

1.1.168.192.in-addr.arpa        name = win2008s-01.nserver-01.com
1.1.168.192.in-addr.arpa        name = mail.sspu.com
1.1.168.192.in-addr.arpa        name = win2008s-01.sspu.com
>
```

图 7-1-30　测试指针记录

f. 查找区域信息,如图 7-1-31 所示。

```
> set type=ns
> sspu.com
服务器:  win2008s-01.sspu.com
Address:  192.168.1.1

sspu.com        nameserver = win2008s-01.nserver-01.com
win2008s-01.nserver-01.com        internet address = 192.168.1.1
```

图 7-1-31　查找区域信息

② 用 Ping 命令对 DNS 服务器进行检测。

在 Windows Server 2003 计算机中选择"开始"→"运行"命令,在"运行"对话框中的文本框中输入 cmd 命令,在命令提示符窗口 Ping 相应的主机域名和 IP 地址检测。若连通,域名服务器工作正常,如图 7-1-32 所示。

DNS、DHCP、远程终端管理

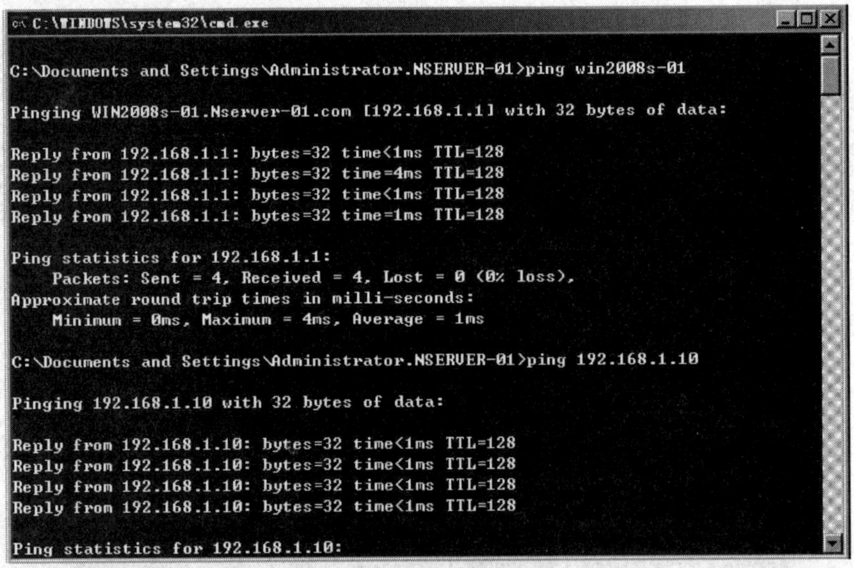

图 7-1-32　Ping 命令

③ 在 Windows 7 中运行 ipconfig，检查配置是否正确。选择"开始"→"运行"命令，输入 cmd 命令。在命令提示符窗口中输入 ipconfig/all 命令并按 Enter 键，将显示该主机的所有配置：Windows IP Configuration 及本地连接配置，如图 7-1-33 所示。

图 7-1-33　ipconfig 命令

④ 在 Windows Server 2008 及 Windows Server 2003 中按照步骤（3）的方式运行 ipconfig 命令，检查配置是否正确。

⑤ 虽然可以 Ping 通 IP 地址，但 Ping 不通域名。这是由于 TCP/IP 中的"DNS 设置"不正确所致，或在 DNS 区域中未添加主机。

自己练习：

用 Administrator 用户登录到 Windows Server 2008 域控制器,在域控制器中安装并配置 DNS,建立正向主要区域 exam. com,建立主机 aaa 和 bbb,IP 分别指向 Windows Server 2003 和 Windows 7 的 IP 地址。

① 在 Windows Server 2008 计算机中用 nslookup 命令测试主机记录和指针记录。

② 在 Windows Server 2003 计算机中用 ping 命令分别 ping 新建的 aaa 和 bbb 两台主机名,是否能 ping 通?

实训 7-2　安装和配置 DHCP 角色

【实训条件】

(1) 域内三台计算机已分别安装了 Windows Server 2008、Windows Server 2003 和 Windows 7。

(2) 其中 Windows Server 2008 为域控制器,Windows Server 2003 作为成员服务器和 Windows 7 计算机加入到域 Nserver-XX. com(XX 为物理主机编号)。

(3) 正确安装了 DNS 服务器。

【实训说明】

(1) 将 Windows Server 2008 作为 DNS 服务器。

(2) 安装好 DNS 服务器,以便进行 DNS 解析和相关配置。

【实训任务】

(1) 安装 DHCP 角色。

(2) 创建 DHCP 作用域。

(3) 配置 DHCP 服务。

(4) 客户端的 DHCP 网络配置。

(5) DHCP 的授权。

(6) 对 DHCP 进行检测。

【实训目的】

掌握 DHCP 的工作原理和安装配置方法。

【实训内容】

本实训以 1 号物理主机为例。

1. 安装 DHCP 服务器角色

(1) 通过域管理员 Administrator 账户,在 Windows Server 2008 域控制器上登录。选择"开始"→"管理工具"→"服务器管理器"命令,打开"服务器管理器"窗口,在"角色摘要"区域中单击"添加角色"超级链接,打开"添加角色向导"对话框。

（2）单击"下一步"按钮，显示图 7-2-1 所示"选择服务器角色"页面，在"角色"列表框中选择"DHCP 服务器"选项。

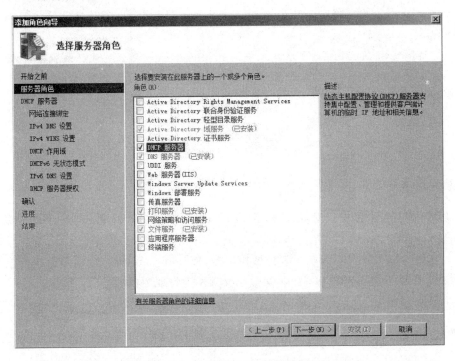

图 7-2-1 "选择服务器角色"页面

（3）单击"下一步"按钮，显示图 7-2-2 所示"DHCP 服务器"页面，可以查看 DHCP 服务器概述和安装时相关的注意事项。

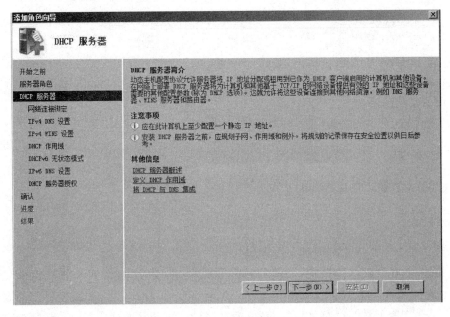

图 7-2-2 "DHCP 服务器"页面

（4）单击"下一步"按钮，显示"选择网络连接绑定"页面，选择向客户端提供服务的网络连接，如图 7-2-3 所示。

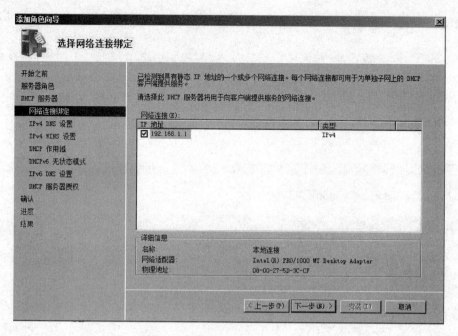

图 7-2-3 "选择网络连接绑定"页面

（5）单击"下一步"按钮，显示"指定 IPv4 DNS 服务器设置"页面。输入父域名和本地网络中使用的 DNS 服务器的 IPv4 地址，本例在"父域"文本框中输入 Nserver-01.com，在"首选 DNS 服务器 IPv4 地址"文本框中输入 192.168.1.1，如图 7-2-4 所示。

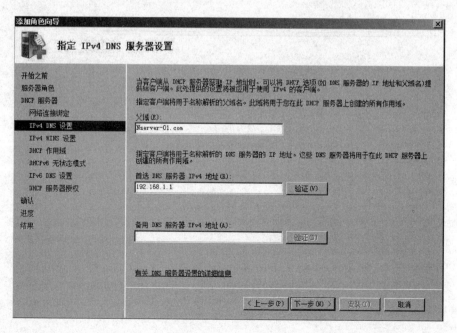

图 7-2-4 "指定 IPv4 DNS 服务器设置"页面

（6）单击"下一步"按钮，显示"指定 IPv4 WINS 服务器设置"页面，选择是否使用 WINS 服务器。按默认值，选择不需要。

（7）单击"下一步"按钮，在"添加或编辑 DHCP 作用域"页面中可添加 DHCP 作用域，用来向客户端分配 IP 地址。

（8）单击"添加"按钮，设置该作用域的名称、起始和结束 IP 地址、子网掩码、默认网关和子网类型。本例中作用域的名称为 HDHCP，起始和结束 IP 地址分别为 192.168.1.2 和 192.168.1.100，子网掩码为 255.255.255.0，默认网关为 192.168.1.1，子网类型为"有线（租用持续时间将为 6 天）"。选中"激活此作用域"复选框，也可以在作用域创建完成后自动激活，如图 7-2-5 所示。

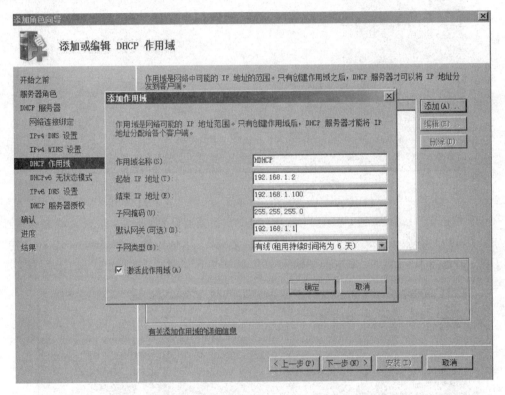

图 7-2-5　"添加或编辑 DHCP 作用域"页面

（9）单击"确定"按钮后单击"下一步"按钮，在"配置 DHCPv6 无状态模式"页面中选中"对此服务器禁用 DHCPv6 无状态模式"单选按钮，如图 7-2-6 所示。

（10）单击"下一步"按钮，显示"授权 DHCP 服务器"页面，选中"使用当前凭据"单选按钮，如图 7-2-7 所示。

（11）单击"下一步"按钮，显示"确认安装选择"页面，列出了已做过的配置。如果需要更改，可以单击"上一步"按钮返回。

（12）单击"安装"按钮，开始安装 DHCP 服务器。安装完成后显示"安装结果"页面，提示 DHCP 服务器已经安装成功。

（13）单击"关闭"按钮关闭向导，DHCP 服务器安装完成。选择"开始"→"管理工具"→

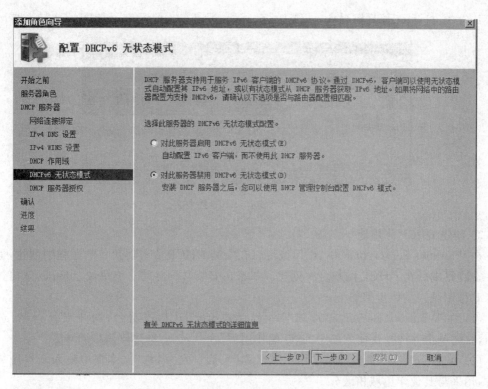

图 7-2-6 "配置 DHCPv6 无状态模式"页面

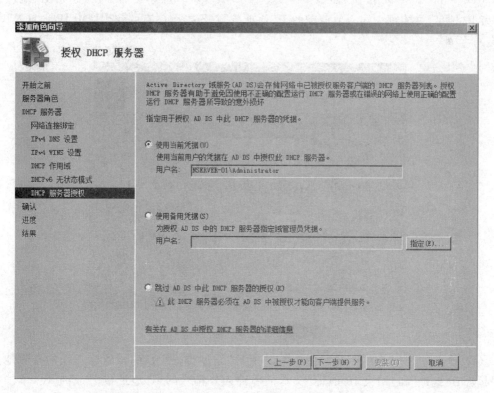

图 7-2-7 "授权 DHCP 服务器"页面

DNS、DHCP、远程终端管理

DHCP 命令,打开 DHCP 控制台,如图 7-2-8 所示,可以在此配置和管理 DHCP 服务器。

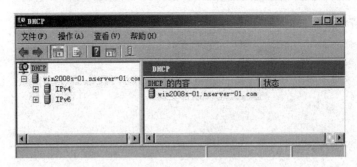

图 7-2-8　显示 DHCP 控制台

2. 创建 DHCP 作用域

在 Windows Server 2008 中,作用域可以在安装 DHCP 服务器角色的过程中创建,也可以在安装完成后在 DHCP 控制台中创建。如果在安装时没有建立作用域,也可以单独建立 DHCP 作用域。具体步骤如下:

(1) 在 Windows Server 2008 域控制器上打开 DHCP 控制台,展开服务器名,选择 IPv4,右键单击并选择快捷菜单中的"新建作用域"命令,运行新建作用域向导。

(2) 单击"下一步"按钮,显示"作用域名称"页面。在"名称"文本框中输入新作用域的名称,用来与其他作用域相区分。

(3) 单击"下一步"按钮,显示图 7-2-9 所示"IP 地址范围"页面。在"起始 IP 地址"和"结束 IP 地址"文本框中输入要分配的 IP 地址范围(不能与已有的作用域中 IP 地址范围相冲突)。

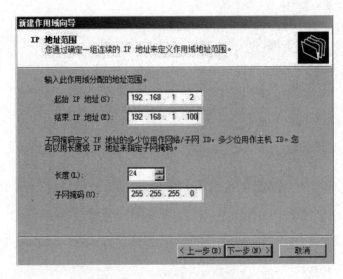

图 7-2-9　"IP 地址范围"页面

(4) 单击"下一步"按钮,显示图 7-2-10 所示"添加排除"页面,设置客户端的排除地址。在"起始 IP 地址"和"结束 IP 地址"文本框中输入要排除的 IP 地址或 IP 地址段,单击"添加"按钮添加到"排除的地址范围"列表框中。

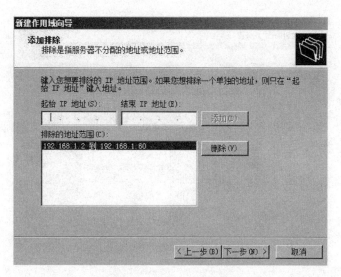

图 7-2-10 "添加排除"页面

（5）单击"下一步"按钮,显示"租用期限"页面,设置客户端租用 IP 地址的时间。

（6）单击"下一步"按钮,显示"配置 DHCP 选项"页面。提示是否配置 DHCP 选项,选中默认的"是,我想现在配置这些选项"单选按钮。

（7）单击"下一步"按钮,显示图 7-2-11 所示"路由器（默认网关）"页面。在"IP 地址"文本框中输入要分配的网关,单击"添加"按钮添加到下面的列表框中。本例为 192.168.1.1。

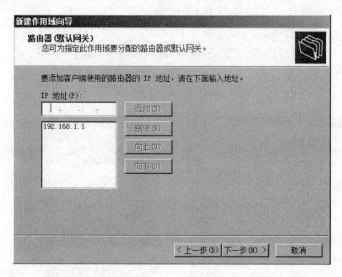

图 7-2-11 "路由器（默认网关）"页面

（8）单击"下一步"按钮,显示"域名称和 DNS 服务器"页面。在"父域"文本框中输入进行 DNS 解析时使用的父域,在"IP 地址"文本框中输入 DNS 服务器的 IP 地址,单击"添加"按钮添加到列表框中,如图 7-2-12 所示。本例为 192.168.1.1。

（9）单击"下一步"按钮,显示"WINS 服务器"页面,设置 WINS 服务器。如果网络中没有配置 WINS 服务器则不必设置。

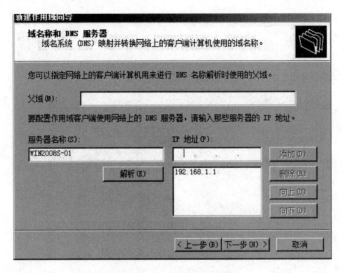

图 7-2-12　"域名称和 DNS 服务器"页面

（10）单击"下一步"按钮，显示"激活作用域"页面，提示是否现在激活作用域。建议选中默认的"是，我想现在激活此作用域"单选按钮。

（11）单击"下一步"按钮，显示"正在完成新建作用域向导"页面。

（12）单击"完成"按钮，作用域创建完成并自动激活。

3. 配置 DHCP 服务

（1）在 DHCP 控制台中依次展开 IPv4→"作用域"控制台树，右击"作用域"选项，在弹出的快捷菜单中选择"属性"命令，打开图 7-2-13 所示"作用域属性"对话框。

（2）在"作用域属性"对话框的 DNS 选项卡中选择"根据下面的设置启用 DNS 动态更新"复选框，选中"总是动态更新 DNS A 和 PTR 记录"单选按钮，然后选择"在租用被删除时丢弃 A 和 PTR 记录"复选框，如图 7-2-14 所示。

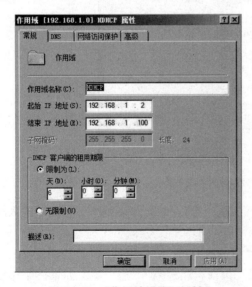

图 7-2-13　"作用域属性"对话框

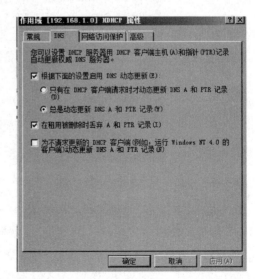

图 7-2-14　DNS 选项卡

（3）在 DHCP 控制台中右击 Win2008s-01. Nserver-01. com，在弹出的快捷菜单中选择"添加/删除绑定"命令，在弹出的"服务器绑定 属性"对话框中选择 IPv4 选项卡，在"连接和服务器绑定"列表框中，检查是否已选中"192.168.1.1 本地连接"选项，如图 7-2-15 所示。

4. DHCP 保留地址的设置

如果用户想保留特定的 IP 地址给指定的客户端，以便 DHCP 客户端在每次启动时都获得相同的 IP 地址，就需要将该 IP 地址与客户端的 MAC 地址绑定。设置步骤如下：

（1）打开 DHCP 控制台，在左窗格中选择作用域中的"保留"项。

（2）右键单击"保留"项，在弹出的快捷菜单中选择"新建保留"命令，打开"新建保留"对话框，如图 7-2-16 所示。

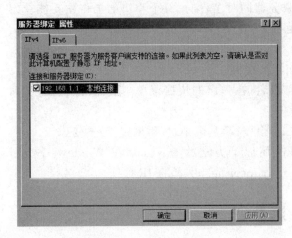

图 7-2-15　IPv4 选项卡

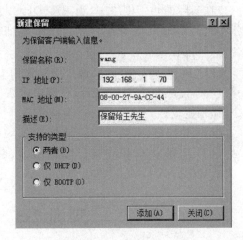

图 7-2-16　"新建保留"对话框

（3）在"保留名称"文本框中输入客户名称。注意此名称只是一般的说明文字，并不是用户账号的名称，但此处不能为空白。

（4）在"IP 地址"文本框中输入要保留的 IP 地址。本例为 192.168.1.70。

（5）在"MAC 地址"文本框中输入 IP 地址要保留给哪一个网卡。

如果有需要，可以在"描述"文本框中输入一段描述此客户的说明性文字。

添加完成后，用户可以用作用域中的"地址租用"选项进行查看。域内所有计算机重新启动，以获得更新过的 IP 地址，或者客户端利用 ipconfig/release 命令释放现有 IP，再利用 ipconfig/renew 命令更新 IP。

5. 客户端的 DHCP 网络配置

分别在 Windows Server 2003、Windows 7 上进行网络配置，使它们能"自动获得 IP 地址"和"自动获得 DNS 服务器地址"，然后重新启动 Windows Server 2008 服务器、Windows Server 2003 和 Windows 7 客户端。

6. 对 DHCP 进行检测

分别在 Windows Server 2008、Windows Server 2003、Windows 7 计算机上完成以下任务：

（1）无论是 Windows Server 2008，还是 Windows Server 2003、Windows 7，都重新启动登录到 Nserver-01. com 域中。

（2）检查自动获得的 IP 地址是多少以及是否在 DHCP 服务器规定的 IP 地址范围内。在 Windows Server 2003 和 Windows 7 中，在 MSDOS 方式下运行 ipconfig/all 命令。

（3）在 Windows Server 2008 中的 DNS 控制台管理窗口中检测 Nserver-01.com 域下的各主机情况，与各客户端的自动获得 IP 地址和主机 DNS 域名相比较。

（4）用命令 ipconfig/release 释放现在的 IP 地址。分别在 Windows Server 2003 和 Windows 7 中用命令 ipconfig/all 检查自动获得的 IP 地址。

（5）用命令 ipconfig/renew 获得新的 IP 地址。分别在 Windows Server 2003 和 Windows 7 中用命令 ipconfig/all 检查自动获得的 IP 地址。

7. DHCP 的授权

在实际的物理网络中，当很多 DHCP 服务器同时工作时，每个小组的工作站不能获得此小组的 DHCP 服务器所指定的 IP 地址范围，为观察 DHCP 的工作情况，全体同学可以配合一起实训。

（1）除第一小组外，其他小组均撤销 DHCP 授权。

（2）打开 DHCP 控制台，右键单击服务器名，在弹出的快捷菜单中选择"撤销授权"命令，撤销授权。

（3）轮流操作，第一小组撤销授权，第二小组授权，其余小组（撤销授权）不变。

（4）注销并重新登录。实训多次，每次用以下方法检查：分别在 Windows Server 2008、Windows Server 2003、Windows 7 中运行 ipconfig/all，检查 IP 地址。

实训 7-3　远程终端管理

【实训条件】

（1）域内三台计算机已分别安装了 Windows Server 2008、Windows Server 2003 和 Windows 7。

（2）其中 Windows Server 2008 为域控制器，Windows Server 2003 作为成员服务器，和 Windows 7 计算机加入到域 Nserver-XX.com（XX 为物理主机编号）。

【实训说明】

将一台工作站作为 Windows Server 2008 的远程终端，使其能进行所有 Windows Server 2008 的管理工作，以减少进入服务器房间的次数，即所有 Windows Server 2008 的管理工作可以在自己正在使用的一个工作站上完成。

【实训任务】

（1）服务器端的安装和配置。

（2）客户端上远程桌面连接和配置。

（3）开始连接。

【实训目的】

掌握远程终端安装和配置方法。

【实训内容】

本实训以 1 号物理主机为例。

1. 在服务器端（Windows Server 2008）安装和配置终端服务

（1）在 Windows Server 2008 服务器端安装终端服务。

① 在"服务器管理器"上运行"添加角色向导"，在打开的"选择服务器角色"页面中选中"终端服务"复选框，如图 7-3-1 所示。

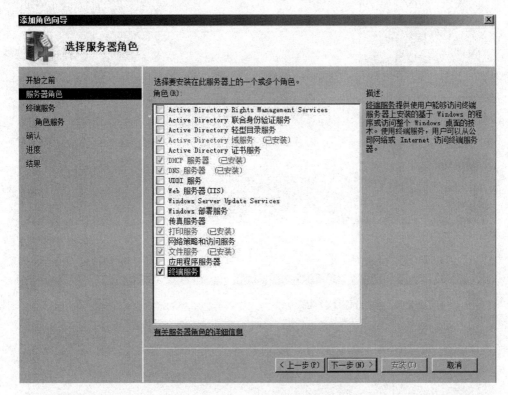

图 7-3-1 "选择服务器角色"页面

② 单击"下一步"按钮，显示"终端服务"页面。显示终端服务的简介及其注意事项。

③ 单击"下一步"按钮，显示如图 7-3-2 所示的"选择角色服务"页面。根据需要选中所要安装的组件即可，这里选择"终端服务器"。

④ 弹出警告对话框，提示 Active Directory 域和终端服务器最好不要安装在一起。选择"始终安装终端服务器（不推荐）"选项。单击"下一步"按钮，显示"卸载并重新安装兼容的应用程序"页面。提示用户最好在安装远程桌面服务器后，再将希望用户使用的应用程序安装到远程桌面服务器中。

⑤ 单击"下一步"按钮，显示如图 7-3-3 所示的"指定终端服务器的身份验证方法"页面。根据需要选择终端服务器的身份验证方法。为了实训容易进行，选择"不需要网络级身份验证"单选按钮。

⑥ 单击"下一步"按钮，显示如图 7-3-4 所示的"指定授权模式"页面。根据需要选择 TS 终端服务客户端访问许可证的类型，这里选择"每用户"单选按钮。

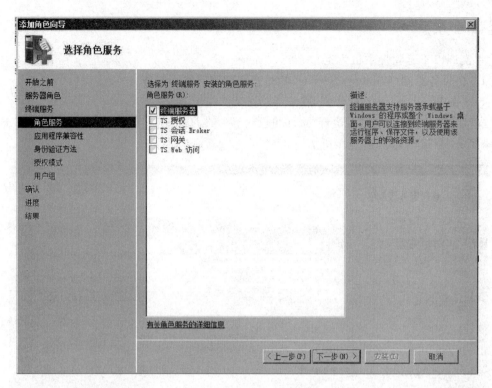

图 7-3-2 "选择角色服务"页面

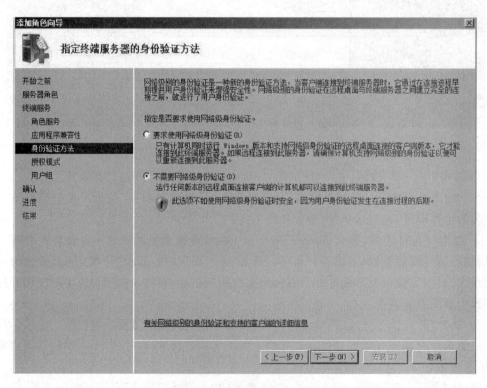

图 7-3-3 "指定终端服务器的身份验证方法"页面

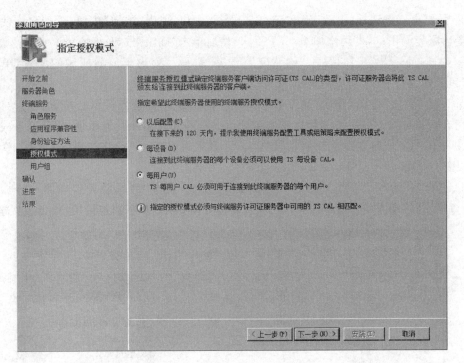

图 7-3-4 "指定授权模式"页面

⑦ 单击"下一步"按钮,显示图 7-3-5 所示"选择允许访问此终端服务器的用户组"页面。可以将隶属于 Remote Desktop Users 用户组的用户添加到本地中,默认情况已添加 Administrators 组。

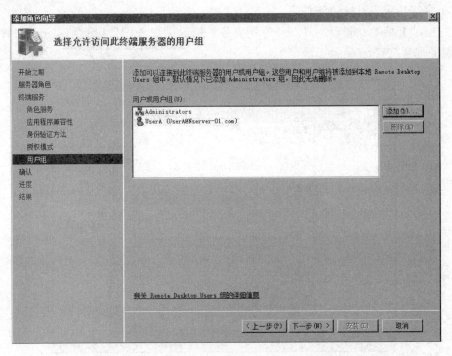

图 7-3-5 "选择允许访问此终端服务器的用户组"页面

DNS,DHCP,远程终端管理

⑧ 弹出出错对话框,提示 Windows 找不到此用户,单击"添加"按钮,添加允许使用 TS 主机会话服务的用户,本例添加 UserA 用户,然后单击"确定"按钮。

⑨ 单击"下一步"按钮,显示"确认安装选择"页面。列出了前面所做的配置,单击"安装"按钮开始进行安装,完成后显示"安装结果"页面。

⑩ 单击"关闭"按钮,显示"是否希望立即重新启动"对话框。提示必须重新启动计算机才能完成安装过程。如果不重新启动服务器就无法添加或删除其他角色、角色服务或功能。

⑪ 单击"是"按钮立即重新启动计算机,重启后再次显示"安装结果"对话框,单击"关闭"按钮完成 Windows Server 2008 终端服务的安装。

⑫ 选择"开始"→"管理工具"→"终端服务"命令,右击"终端服务管理器"选项。显示图 7-3-6 所示"终端服务管理器"窗口,网络管理员可查看当前服务器连接用户、会话及进程。

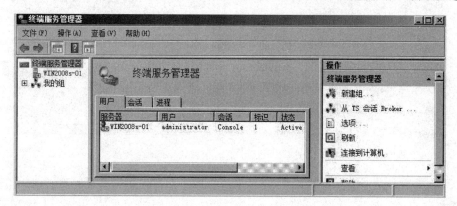

图 7-3-6 "终端服务管理器"窗口

(2) 对终端服务设置访问权限。

① 选择"开始"→"管理工具"→"终端服务"→"终端服务配置"命令,打开图 7-3-7 所示"终端服务配置"窗口。

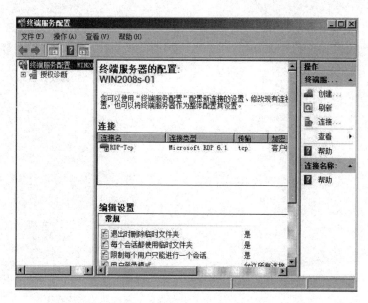

图 7-3-7 "终端服务配置"窗口

② 在中间选项区域中右击 RDP-Tcp 选项,在弹出的快捷菜单中选择"属性"命令,显示如图 7-3-8 所示的"RDP-Tcp 属性"对话框。

③ 选择"安全"选项卡,弹出"终端服务配置"对话框,提示"若要控制可以登录此终端服务器,建议修改 Remote Desktop Users 组",单击"确定"按钮,在弹出的"RDP-Tcp 属性"对话框中选择 Remote Desktop Users 用户组,可修改该用户组的权限,如图 7-3-9 所示。

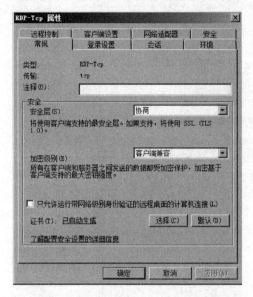

图 7-3-8 "RDP-Tcp 属性"对话框

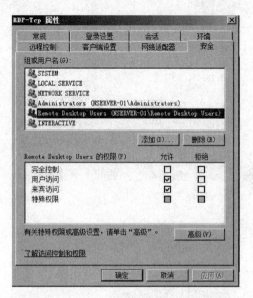

图 7-3-9 "安全"选项卡

④ 单击"高级"按钮,打开"RDP-Tcp 的高级安全设置"对话框,可以进行更详细的配置。在"权限"选项卡中选中 Remote Desktop Users 选项,单击"编辑"按钮,在打开的"RDP-Tcp 的权限项目"对话框中可以对该用户组的权限进行修改,如图 7-3-10 所示。

⑤ 在该对话框中单击"更改"按钮,显示"选择用户、计算机或组"对话框,在该对话框中可以自定义用户的权限。如本例中的域用户账户 userA,设置他的权限为"完全控制",然后单击"确定"按钮,再单击"确定"按钮,在"RDP-Tcp 属性"对话框的"安全"选项卡中显示域用户账户 userA 的权限,如图 7-3-11 所示。

(3) 登录设置。

① 切换到图 7-3-12 所示"登录设置"选项卡,选择"始终使用以下登录信息"单选按钮,设置允许用户登录的信息。在"用户名"文本框中输入允许自动登录到服务器的用户名称;在"域"文本框中输入用户计算机所属域的名称;在"密码"和"确认密码"文本框中输入该用户登录时的密码。需要注意的是,当所有用户以相同的账户登录时,要跟踪可能导致问题的用户会比较困难。如果选中"始终提示密码"复选框,则该用户在登录服务器之前始终要被提示输入密码。

② 单击"应用"按钮保存设置。

(4) 会话设置。

① 切换到如图 7-3-13 所示的"会话"选项卡,选中"改写用户设置"复选框,允许用户配置此连接的超时设置。

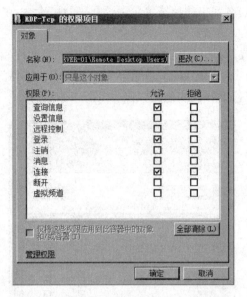

图 7-3-10 "RDP-Tcp 的权限项目"对话框

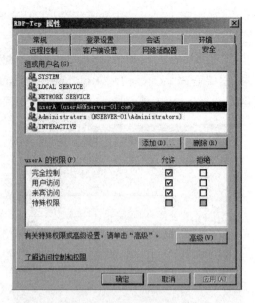

图 7-3-11 用户权限设置

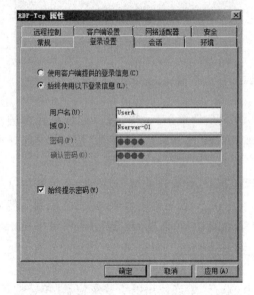

图 7-3-12 "登录设置"选项卡

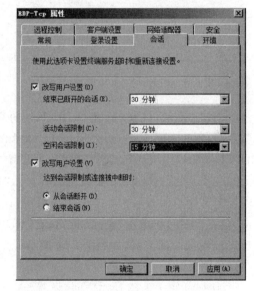

图 7-3-13 "会话"选项卡

② 选中下面的"改写用户设置"复选框,允许用户设置达到会话限制或连接被中断时所进行的操作。

③ 单击"应用"按钮保存设置。

(5) 远程控制设置。

① 切换到如图 7-3-14 所示的"远程控制"选项卡,可以设置远程控制或观察用户会话。

② 选中"使用具有默认用户设置的远程控制"单选按钮,可使用默认用户设置的远程控制;如果选中"不允许远程控制"单选按钮,则不允许任何形式的远程控制;要使客户端上显示询问是否有查看或加入该会话权限的消息,则应选择"使用具有下列设置的远程控制"

单选项,并选中"需要用户权限"复选框。在"控制级别"选项区域中选择"查看会话"单选按钮,则用户的会话只能查看;选择"与会话互动"单选按钮,用户的会话可以随时使用键盘和鼠标进行控制。

③ 单击"应用"按钮保存设置。

(6) 客户端设置。

① 切换到如图 7-3-15 所示的"客户端设置"选项卡,选中"限制最大颜色深度"复选框限制颜色深度最大值,可以从下拉列表中选择想要的颜色深度最大值。

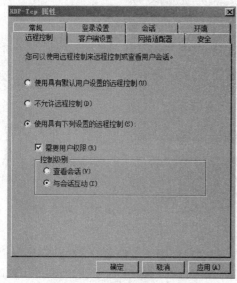
图 7-3-14 "远程控制"选项卡

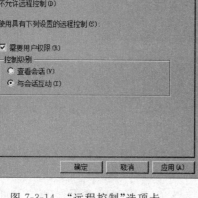
图 7-3-15 "客户端设置"选项卡

② 在"禁用下列项目"列表框中选中相应的复选框,配置用于映射客户端的设置。

③ 单击"应用"按钮保存设置。

(7) 网络适配器设置。

① 切换到如图 7-3-16 所示的"网络适配器"选项卡。目前基本上所有的服务器都在主板上集成两块网卡,因此需要在"网络适配器"下拉列表中选择要设置为允许使用终端服务的服务器网卡。

② 为了保证终端服务器的性能不受影响,还应设置同时连接到服务器的客户端数量。选择"最大连接数"单选按钮,按实际需要在后面的微调框中输入所允许的最大连接数量。

③ 单击"应用"按钮保存设置。

(8) 在图 7-3-8 所示"常规"选项卡中可更改加密级别。

① 在"安全"选项区域中的"安全层"下拉列表中选择要使用的安全层设置,有"RDP 安全层""协商"、SSL(TLS1.0)三种安全层。

② 在"加密级别"下拉列表中选择合适的级别,有"低""客户端兼容""高""符合 FIPS 标准"4 种加密级别。

③ 单击"选择"按钮可以选择当前服务器所安装的证书,默认情况下将使用终端服务器的自生成证书。

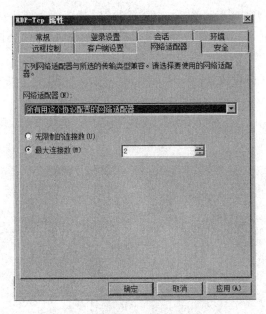

图 7-3-16 "网络适配器"选项卡

④ 单击"应用"按钮保存设置,单击"确定"按钮退出。

(9) 要使 userA 用户能够通过远程终端客户端连接 Windows Server 2008 终端服务器,必须要应用域组策略设置使之设置生效。

① 选择"开始"→"管理工具"→"组策略管理"命令,打开"组策略管理"窗口。在左侧窗格中依次展开"林:Nserver-01.com"→"域"→Nserver-01.com,右键单击 Default Domain Policy 项,从弹出的快捷菜单中选择"编辑"命令,弹出"组策略管理编辑器"窗口,如图 7-3-17 所示。

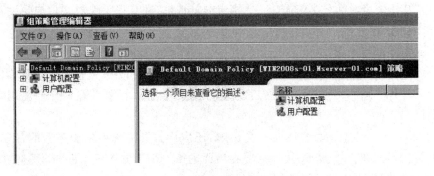

图 7-3-17 "组策略管理编辑器"窗口

② 依次展开"计算机配置"→"策略"→"Windows 设置"→"安全设置"→"本地策略"。选择"用户权限分配"选项,在右窗格中双击"通过终端服务允许登录",在弹出的"通过终端服务允许登录属性"对话框中选中"定义这些策略设置"复选框,再单击"添加用户或组"按钮,在弹出的"添加用户或组"对话框中单击"浏览"按钮。在"选择用户、计算机或组"对话框中单击"高级"→"立即查找"按钮,在"搜索结果"选项组中选择需要的用户或组,本例为 userA,单击"确定"按钮,再单击"确定"按钮,返回到"通过终端服务允许登录属性"对话框中,此时显

示选择的用户已添加到此对话框中的选项组了,如图 7-3-18 所示,单击"确定"按钮退出。

③ 选择"开始"→"运行"命令,在"运行"文本框中输入 cmd,进入 DOS 命令方式,输入 gpupdate /force 命令使刚设置的策略生效。

(10) 配置终端服务用户。

Windows Server 2008 系统安装完成后已自带终端服务功能,因此若对某用户连接终端服务器无须其他角色服务的话,无须再安装"终端服务"服务器角色。

① 选择"开始"→"管理工具"→"服务器管理器"命令,在打开的"服务器管理器"中选择右窗格中的"配置远程桌面"选项,显示图 7-3-19 所示"系统属性"对话框。在"远程"选项卡中,可以在"远程桌面"选项区域中选择远程连接方式,通常选择"允许运行任意版本远程桌面的计算机连接(较不安全)"单选按钮。

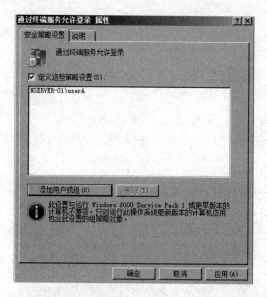

图 7-3-18 "通过终端服务允许登录 属性"对话框

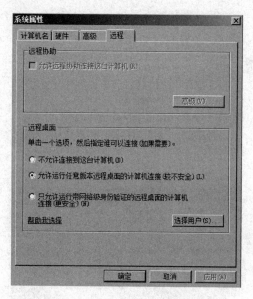

图 7-3-19 "系统属性"对话框

② 单击"选择用户"按钮,弹出"远程桌面用户"对话框,默认只有 Administrator 用户具有访问权限。

③ 单击"添加"按钮,显示"选择用户"对话框。在"输入对象名称来选择"文本框中输入要赋予远程访问权限的用户账户,如 userA。

④ 单击"确定"按钮,添加到"远程桌面用户"对话框中,该用户就具有了远程访问权限,如图 7-3-20 所示。

⑤ 单击"确定"按钮保存设置,并应用上述步骤进行组策略设置,生效后在远程计算机上就可以使用该用户账户利用远程桌面访问服务器了。

2. 在客户端(Windows Server 2003 或 Windows 7)远程连接和配置

(1) 在 Windows Server 2003 计算机上进行远程连接。

① 用 Administrator 管理员用户登录到 Win2003s-01(此计算机),选择"开始"→"程序"→"附件"→"通讯"→"远程桌面连接"命令,在打开的"远程桌面连接"对话框中单击"选项"按钮,如图 7-3-21 所示。

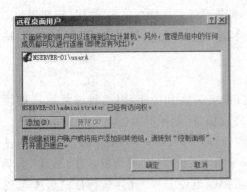

图 7-3-20　"远程桌面用户"对话框　　　　图 7-3-21　"远程桌面连接"对话框

② 在"常规"选项卡中输入图 7-3-22 所示信息。如在"计算机"下拉列表框中输入
Win2008s-01,在"用户名"文本框中输入 userA,在"密码"文本框中输入 123456,在"域"文本
框中输入 Nserver-01,然后单击"连接"按钮。

③ 在"显示"选项卡中可设置远程桌面大小、颜色等。

④ 在"安全"选项卡中的"身份验证"下拉列表中选择"无身份验证"选项。若启用身份
验证,需在图 7-3-23 中的"计算机"文本框中输入完全限定的域名,如图 7-3-23 所示。若启
用身份验证,必须要在图 7-3-22"常规"选项卡中的"计算机"域中输入完全限定的域名,如
Win2008s-01. Nserver-01. com。

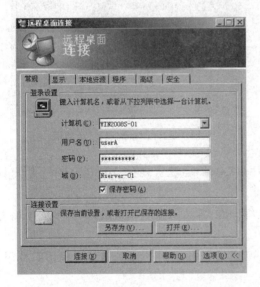

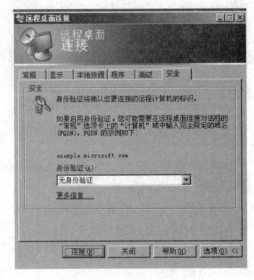

图 7-3-22　"常规"选项卡　　　　图 7-3-23　"安全"选项卡

⑤ 在"本地资源"选项卡中可以选择要使用的本地资源,如图 7-3-24 所示。

⑥ 在"程序"选项卡中可以配置使用远程桌面时启动的程序。

⑦ 在"高级"选项卡中可以设置与远程服务器的连接速度来优化性能。

⑧ 设置完成后单击"连接"按钮,输入具有访问服务器的用户名和密码。

⑨ 单击"确定"按钮即可远程连接到这台服务器的桌面。此时就可以像使用本地计算
机一样,根据用户所具有的权限,利用键盘和鼠标对服务器进行操作了。

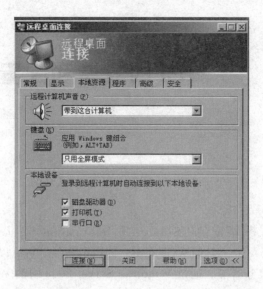

图 7-3-24 "本地资源"选项卡

（2）在 Windows 7 计算机上进行远程连接（连接方式与 Windows Server 2003 相同）。

从以上的设置可以了解到，无论是 Windows Server 2003 还是 Windows 7，通过登录到远程终端服务器，其桌面和整个系统均是 Windows Server 2008 了。

由于 Windows Server 2008 是域控制器，不建议作为一台终端服务器提供给其他用户连接操作，一般的策略是将域内的其他成员服务器做终端服务器，这对 Windows Server 2008 域控制器是一种保护，防止连接操作的用户破坏或误操作引起的系统崩溃。

自己练习：

在域内的另一台 Windows Server 2003 成员服务器中配置终端服务，使域内用户 abc 通过 Windows 7 计算机连接此终端服务器。

① 在 Windows Server 2008 域控制器上新建域用户 abc 账户，并隶属于 Remote Desktop Users 组，设置域安全策略，使 abc 账户"通过终端服务允许登录策略"生效。

② 用 Administrator 域账户从 Windows Server 2003 登录到域，安装"终端服务器"及"终端服务器授权"两个 Windows 组件，并对终端服务器进行安装。

③ 对终端服务设置访问权限。

④ 启动 Windows 7 计算机 Administrator 本地账户登录到本地，并远程连接 Windows Server 2003 计算机。

第8章　Web 的安装和配置管理

【知识背景】

Windows Server 2008 搭配的 IIS（Internet Information Services，Internet 信息服务）7.0,是一个集成了 IIS、ASP. NET、WCF 的统一 Web 平台。它可以帮助用户架构 Web 站点、FTP 站点、SMTP 服务器等。通过 Windows Server 2008 中的 Web 服务器角色，可以与 Internet、Intranet 或 Extranet 上的用户共享信息。

Windows Server 2008 中包含的 IIS 7.0 尽管主要是一个功能版本，但它通过模块化的体系结构、可配置性的新增的性能特性提供了显著的性能改善。这些改善通过服务器合并和减少的带宽成本为节约企业成本铺平了道路，并且可以提供更好的用户体验。其主要的功能及改进之处如下。

（1）全新的管理工具。

IIS 7.0 提供了基于任务的全新的 UI 并新增了功能强大的命令行工具。借助于这些全新的管理工具可以实现以下目标：

① 通过统一的工具来管理 IIS 和 ASP. NET。

② 查看运行状况和诊断信息，包括实时查看当前所执行的请求的能力。

③ 为站点和应用程序配置用户和角色权限。

④ 将站点和应用程序配置工作委派给非管理员。

（2）配置。

IIS 7.0 引入了新的配置存储，该存储集成了针对整个 Web 平台的 IIS 和 ASP. NET 配置设置。借助于新的配置存储可以实现以下目标：

① 在一个配置存储中配置 IIS 和 ASP. NET 设置，该存储使用统一的格式并可通过一组公共 API 进行访问。

② 以一种准确可靠的方式将配置委派给驻留在内容目录中的分布式配置文件。

③ 将特定站点或应用程序的配置和内容复制到另一台计算机中。

④ 使用新的 WMI 提供程序编写 IIS 和 ASP. NET 的配置脚本。

（3）诊断和故障排除。

通过 IIS 7.0 Web 服务器可以更加轻松地诊断和解决 Web 服务器上的问题。利用新的诊断和故障排除功能可以实现以下目标：

① 查看有关应用程序池、工作进程、站点、应用程序域和当前请求的实时状态信息。

② 记录有关通过 IIS 请求-处理通道的请求的详细跟踪信息。

③ 将 IIS 配置为基于运行时间或错误响应代码记录详细跟踪信息。

（4）模块式体系结构。

在 IIS 7.0 中，Web 服务器由多个模块组成，可以根据需要在服务器中添加或删除这些模块。借助新的体系可以实现以下目标：

① 通过仅添加需要使用的功能对服务器进行自定义，这样可以最大限度地减少 Web 服务器的安全问题和内存需求量。

② 在同一个位置配置以前在 IIS 和 ASP. NET 中重复出现的功能（如身份、授权的自定义错误）。

③ 将现有的 Forms 身份验证或 URL 授权等 ASP. NET 功能应用于所有请求类型。

（5）兼容性。

IIS 7.0 Web 服务器可以保证最大限度地实现现有应用程序的兼容性。通过 IIS 7.0 可以实现以下目标：

① 继续使用现有的 Active Directory 服务接口（ADSI）和 WMI 脚本。

② 在不更改代码的情况下运行 ASP 应用程序。

③ 在不更改代码的情况下运行现有的 ASP. NET 1.1 和 ASP. NET 2.0 应用程序。

④ 在不更改代码的情况下使用现有的 ISAPI 扩展。

⑤ 使用现有的 ISAPI 筛选器。

IIS 7.0 可以安装在 Windows Server 2008 系列的各个版本中，包括 32/64 位的 Windows Server 2008 Standard Edition、Windows Server 2008 Enterprise Edition、Windows Server 2008 Datacenter Edition、Windows Web Server 2008 以及 Windows Server 2008 for Itanium-based Systems。

实训 8-1　安装 Web 服务器（IIS）角色

【实训条件】

（1）安装了 Windows Server 2008、Windows Server 2003、Windows 7。

（2）其中 Windows Server 2008 为域控制器，Windows Server 2003 作为成员服务器和 Windows 7 计算机加入到域 Nserver-XX. com（XX 为物理主机编号）。

【实训说明】

在 Windows Server 2008 域控制器上添加 Web 服务器（IIS）角色，使之成为 Web 服务器。

【实训任务】

（1）安装 Web 服务器（IIS）角色。

（2）IIS 7.0 的验证。

【实训目的】

掌握 Web 服务器角色的安装，熟悉 IIS 7.0 功能特点。

【实训内容】

本实训以 1 号物理主机为例。

1. Windows Server 2008 中安装 Web 服务器(IIS)角色

在 Windows Server 2008 中,IIS 角色是可选组件,系统在默认安装的情况下是不安装 IIS 的,因此需按以下步骤进行安装:

(1) 选择"开始"→"管理工具"→"服务器管理器"命令,打开"服务器管理器"窗口,单击窗口左侧的"角色"选项,在右窗格中单击"添加角色"按钮。

(2) 打开"添加角色向导"对话框,单击"下一步"按钮,显示图 8-1-1 所示"选择服务器角色"页面。在该页面中显示了当前系统所有可以安装的网络服务。在"角色"列表框中选中"Web 服务器(IIS)"复选框。

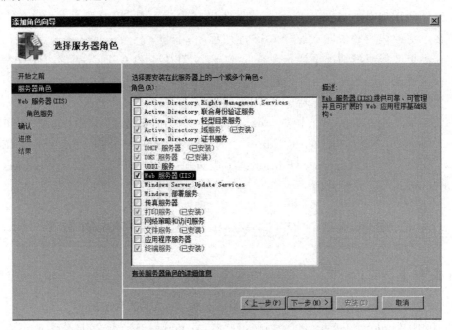

图 8-1-1 "选择服务器角色"页面

(3) 单击"下一步"按钮,出现"Web 服务器(IIS)"页面。显示了 Web 服务器的简介、注意事项和其他信息。

(4) 单击"下一步"按钮,出现图 8-1-2 所示"选择角色服务"页面。默认只选择安装 Web 服务所必需的组件,用户可以根据需要选择要安装的组件(如"应用程序开发""安全性""健康和诊断"等)。

(5) 单击"下一步"按钮,出现"确认安装选择"页面。显示了前面所进行的设置,检查设置是否正确。

(6) 单击"安装"按钮开始安装 Web 服务器。安装完成后显示"安装结果"页面。单击"关闭"按钮完成安装。

2. IIS 7.0 的验证

在 Windows Server 2003 或 Windows 7 上用 Administrator 用户登录到域,打开 IE 浏

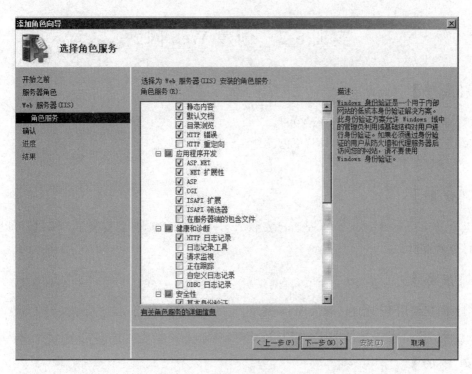

图 8-1-2 "选择角色服务"页面

览器,通过三种地址格式对 Web 服务器进行测试,以验证 IIS 7.0 是否安装成功。如果安装,则会在 IE 浏览器中显示图 8-1-3 所示网页。如果没有显示出该网页,请检查 IIS 是否出现了问题或重新启动 IIS 服务,也可以删除 IIS 重新安装。

图 8-1-3　IIS 安装成功

Web 的安装和配置管理

实训 8-2 创建 Web 网站

【实训条件】

(1) 安装了 Windows Server 2008。

(2) 安装了 Web 服务器(IIS)角色。

(3) 安装了 DNS。

【实训说明】

无论 Windows Server 2008 是否已安装 Active Directory,只要安装了 DNS 就可以对网站进行域名解析。

【实训任务】

(1) 创建使用 IP 地址访问的 Web 网站。

(2) 创建使用域名访问的 Web 网站。

【实训目的】

掌握创建 Web 站点的方法,在局域网服务器上建立一个网站。

【实训内容】

本实训以 1 号物理主机为例。

1. 创建使用 IP 地址访问的 Web 网站

(1) 建立网站的文件夹。Web 服务器安装好以后,已有一个默认网站(Default Web Site),其主文件夹是在系统盘目录 C:\inetpub\wwwroot 下。如果创建的 Web 站点不是此文件夹,则必须重新建立。

(2) 停止默认网站(Default Web Site)。

以域管理员账户登录到 Web 服务上,选择"开始"→"管理工具"→"Internet 信息服务(IIS)管理器"命令,打开"Internet 信息服务(IIS)管理器"控制台窗口。在控制台树中依次展开服务器和"网站"节点,右键单击 Default Web Site,在弹出的快捷菜单中选择"管理网站"→"停止"命令即可停止正在运行的默认网站。

(3) 准备 Web 网站内容。

在 C 盘上创建文件夹 C:\MyWeb 作为网站的主目录,并在其文件夹内新建一个网页文件 default.htm 作为网站的首页(默认的第一个网站主页文件名),该网站首页文件可用记录本或网页编辑软件(如 Dreamweaver)编写。

(4) 创建 Web 网站。

① 在"Internet 信息服务(IIS)管理器"控制台窗口中展开服务器节点,右键单击"网站",在弹出的快捷菜单中选择"添加网站"命令,打开"添加网站"对话框。在该对话框中可以指定网站名称、应用程序池、内容目录、传递身份验证、类型、IP 地址、端口、主机名及是否

启动网站。在此设置网站名称为 MyWeb,物理路径为 C:\MyWeb,类型为 http,IP 地址为 192.168.1.1,默认端口为 80,选中"立即启动网站"复选框,如图 8-2-1 所示。

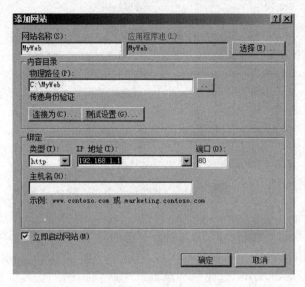

图 8-2-1 "添加网站"对话框

- 如果输入 Web 网站使用的 IP 地址,如 192.168.1.1,或在下拉列表中选中本机的 IP 地址,则在 IE 浏览器中可用 http://192.168.1.1 访问此网站。
- 如果指定端口号,如 80 或 8080,则在 IE 浏览器中可用 http://192.168.1.1:80 或 http://192.168.1.1:8080 访问此网站,端口号 80 为 Web 网站的默认端口,可省略不写。
- 如果每个虚拟网站都指定一个单独的 IP 地址,那么"主机名"文本框可保持为空;如果该虚拟网站与其他 Web 网站共用一个 IP 地址,那么该文本框中必须输入该虚拟网站的主机域名。

② 单击"确定"按钮返回到"Internet 信息服务(IIS)管理器"控制台窗口,可以看到刚才所创建的网站已经启动,如图 8-2-2 所示。

图 8-2-2 "Internet 信息服务(IIS)管理器"控制台

第 8 章

Web 的安装和配置管理

③ 用户在客户端计算机 Windows Server 2003 或 Windows 7 上打开浏览器，输入 http://192.168.1.1 就可以访问刚才建立的网站了，如图 8-2-3 所示。

图 8-2-3　用 IP 地址访问 Web 网站

（5）在图 8-2-2 中双击中间窗格"MyWeb 主页"下的"默认文档"，打开如图 8-2-4 所示的"默认文档"对话框，可以对默认文档进行添加、删除及更改顺序等操作。所谓"默认文档"是指在 IE 浏览器中输入 Web 网站的 IP 地址或域名即显示出来的 Web 页面（主页）。IIS 7.0 默认文档的文件名有 6 种，按默认顺序依次为 Default.htm、Default.asp、index.htm、index.html、iisstar.htm、Default.aspx，这也是一般网站中最常用的主页名。如果 Web 网站无法找到这 6 种文件中的任何一种，将在 IE 浏览器上显示"该页无法显示"对话框。默认文档可以是一个，也可以是多个。当设置多个默认文档时，IIS 将按照排列的前后顺序调用这些文档。当第一个文档存在时，将直接把它显示在用户的浏览器上，而不再调用后面的文档；当第一个文档不存在时，则将第二个文件显示给用户，以此类推。

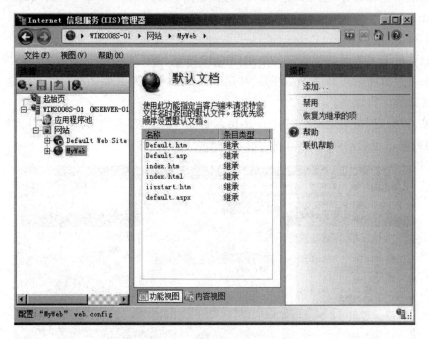

图 8-2-4　"默认文档"对话框

（6）练习：在 C 盘根目录下创建用于网站浏览的主目录文件夹 C:\abc，并在该文件夹中新建主页文件 abc.htm，网站名称 Mysite，IP 地址 192.168.1.1，端口号 8080。请在"默认文档"对话框中添加 abc.htm,并经适当调整,在用户的 IE 浏览器直接得以显示 abc.htm 的页面内容,如图 8-2-5 所示。

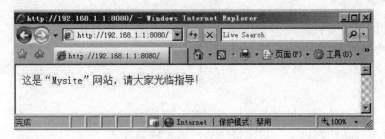

图 8-2-5　用 8080 端口连接的网站

2. 创建使用域名访问的 Web 网站

创建使用域名 www.myweb.com 访问的 Web 网站,具体步骤如下:

(1) 设置 DNS 服务器。选择"开始"→"管理工具"→DNS 命令,打开 DNS 控制台窗口。新建一个区域,名为 myweb,在此区域内新建主机 www,如图 8-2-6 所示。

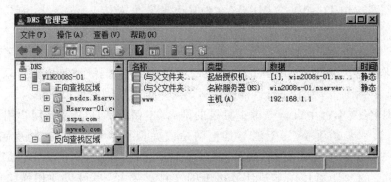

图 8-2-6　新建 DNS 域名

(2) 在域内的任何一台计算机上打开 IE 浏览器,输入 http://www.myweb.com 就可以访问刚才建立的网站了。

实训 8-3　建立 Web 网站的虚拟目录

【实训条件】

(1) 安装了 Windows Server 2008。
(2) 安装了 Web 服务器(IIS)角色。
(3) 安装了 DNS。
(4) 创建了网站。
(5) 创建了多个网页文件。

【实训说明】

当创建了 MyWeb 网站后,如果此网站下有很多不同类型的网页文件,可按类型将网页放在此网站下的不同虚拟目录中。

【实训任务】

（1）创建网站虚拟目录。

（2）用网站虚拟目录访问不同的网页。

【实训目的】

（1）掌握创建网站虚拟目录的方法和用途。

（2）熟练掌握访问网站不同虚拟目录中网页文件的方法。

【实训内容】

本实训以 1 号物理主机为例。

（1）在 MyWeb 网站下创建虚拟目录。

在 www.myweb.com 对应的网站 MyWeb 上创建一个名为 VDirWeb 的虚拟目录，其路径为本地磁盘中的 D:\My_VDIR，该文件夹下有一个文档 wangye.htm，具体创建过程如下：

① 打开"Internet 信息服务（IIS）管理器"控制台窗口，依次展开服务器名、网站节点。右击要创建虚拟目录的网站 MyWeb，在弹出的快捷菜单中选择"添加虚拟目录"命令，打开"添加虚拟目录"对话框，利用该对话框便可为该网站创建不同的虚拟目录。

② 在"别名"文本框中设置该虚拟目录的别名，本例为 VDirWeb。用户用该别名来连接虚拟目录，该别名必须唯一，不能与其他网站或虚拟目录重名。在"物理路径"文本框中输入该虚拟目录的文件夹路径，或单击"浏览"按钮进行选择，本例为 D:\My_VDIR，如图 8-3-1 所示。这里既可使用本地计算机上的文件夹路径，也可以使用网络中的文件夹路径。

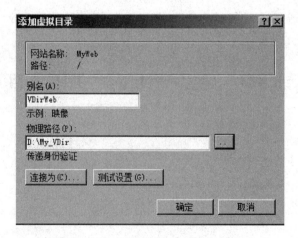

图 8-3-1 "添加虚拟目录"对话框

③ 单击"确定"按钮，将在 MyWeb 网站下产生虚拟目录 VDirWeb，如图 8-3-2 所示。

（2）将 D:\My_VDIR 文件夹中的 wangye.htm 设置为 VDirWeb 虚拟目录下启用的默

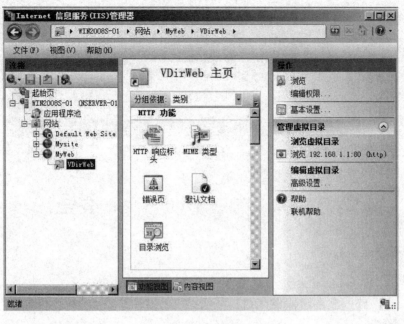

图 8-3-2　显示虚拟目录

认文档。在图 8-3-2 所示的窗口左窗格中单击 VDirWeb,在中间窗格中双击"默认文档"图标,在打开的"默认文档"页面中单击"添加"按钮,在"添加默认文档"对话框的文本框中输入 wangye. htm 后单击"确定"按钮,并调整该网页文件的启用顺序,如图 8-3-3 所示。

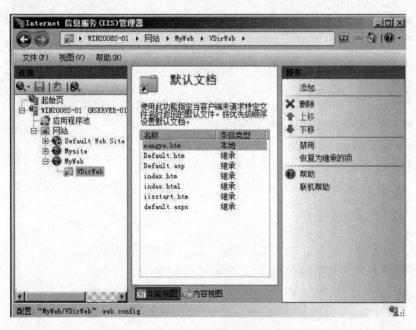

图 8-3-3　添加默认文档

(3) 在域内的任何一台计算机上打开 IE 浏览器,输入 http://www. myweb. com/VDirWeb 就可以访问 MyWeb 网站下 VDirWeb 虚拟目录中的网页了,如图 8-3-4 所示。

Web 的安装和配置管理

图 8-3-4　访问虚拟目录下的网页

实训 8-4　管理 Web 网站的安全

【实训条件】

(1) 安装了 Windows Server 2008。

(2) 安装了 Web 服务器(IIS)角色。

(3) 安装了 DNS。

(4) 创建了网站。

(5) 创建了多个网页文件。

【实训说明】

Web 网站安全的重要性是由 Web 应用的广泛性和 Web 在网络信息系统中的重要地位决定的。可以对用户访问不同的网站设置相应的使用权限,限制客户端的访问行为,以保证信息安全,减少和避免网站危险和崩溃。

【实训任务】

(1) 使用身份验证方式访问 Web 网站。

(2) 限制访问 Web 网站的客户端数量。

(3) 使用"限制带宽使用"限制客户端访问 Web 网站。

(4) 使用"IPv4 地址限制"限制客户端计算机访问 Web 网站。

【实训目的】

(1) 掌握使用客户端计算机的身份验证方式访问 Web 网站的方法。

(2) 掌握限制客户端访问 Web 网站的措施和策略。

【实训内容】

本实训以 1 号物理主机为例。

1. Web 网站身份验证分类

身份验证是验证客户端访问 Web 网站身份的行为,一般情况下,客户端必须提供某些证据(凭证)来证明其身份。

通常 Web 网站身份验证方法主要有匿名身份验证、基本身份验证、Windows 身份验证和摘要式身份验证等几种。

所谓匿名身份验证是指允许网络中的任意用户进行访问，不需要使用用户名和密码登录 Web 网站。默认情况下，匿名身份验证在 IIS 7.0 中处于启用状态。如果某些内容只应当由选定的用户查看，而且准备使用匿名身份验证，则必须配置相应的 NTFS 安全权限来防止匿名用户访问这些内容。上述的几个实训均是采用匿名身份验证方式访问 Web 网站。

使用基本身份验证可以要求用户在访问 Web 网站时提供用户名和密码，所有主流的浏览器都支持该身份验证方法。

Windows 身份验证是仅在 Intranet 环境中使用 Windows 身份验证，使用哈希技术来标识用户，而不通过网络实际发送密码。

摘要式身份验证要比使用基本身份验证安全得多，并且所有主要的浏览器都支持摘要式身份验证方式。

注意，在使用基本身份验证、Windows 身份验证和摘要式身份验证之前，必须先禁用匿名身份验证。

2. 使用基本身份验证方式访问 Web 网站

（1）禁用匿名身份验证。

① 以域管理员身份登录到 Windows Server 2008 域控制器，在"Internet 信息服务（IIS）管理器"控制台窗口中展开左侧的"网站"目录树，选择 MyWeb 网站，在"功能视图"页面中找到"身份验证"图标双击打开，可以看到 MyWeb 网站默认启用的是"匿名身份验证"，如图 8-4-1 所示。

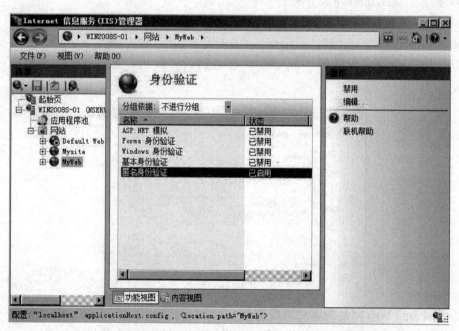

图 8-4-1 "身份验证"窗口

② 选择"匿名身份验证"，然后单击"操作"页面上的"禁用"按钮即可禁用 MyWeb 网站的匿名访问。

Web 的安装和配置管理

图 8-4-2 "连接到 www.myweb.com"
对话框

（2）启用基本身份验证。

在图 8-4-1 所示的窗口中选择"基本身份验证"，然后单击"操作"页面上的"启用"按钮即可启用该身份验证方法。

（3）在客户端 Windows Server 2003 上测试。

用域管理员用户从 Windows Server 2003 上登录到域，打开 IE 浏览器，输入 http://www.myweb.com 访问 MyWeb 网站，弹出图 8-4-2 所示对话框，输入能被 Web 网站进行身份验证的域用户账户登录名和密码。在此输入 aaa 进行访问，然后单击"确定"按钮即可访问 Web 网站。

3. 使用 Windows 身份验证方式访问 Web 网站

（1）禁用匿名身份验证。

（2）禁用基本身份验证。

在图 8-4-1 所示窗口中选择"基本身份验证"，然后单击"操作"页面上的"禁用"按钮即可禁用该身份验证方法的使用。

（3）启用 Windows 身份验证。

在图 8-4-1 所示窗口中选择"Windows 身份验证"，然后单击"操作"页面上的"启用"按钮即可启用该身份验证方法。

（4）在客户端 Windows 7 上测试。

用域管理员用户从 Windows 7 上登录到域，打开 IE 浏览器，输入 http://www.myweb.com 访问 MyWeb 网站，弹出图 8-4-3 所示对话框，输入能被 Web 网站进行身份验证的域用户账户登录名和密码。在此输入 xyz 进行访问，然后单击"确定"按钮即可访问 Web 网站。

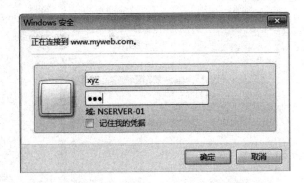

图 8-4-3 "Windows 安全"对话框

4. 限制访问 Web 网站的客户端数量

设置"连接数"限制访问 MyWeb 网站的用户数量为 1，具体步骤如下：

（1）设置 MyWeb 网站限制连接数。

① 以域管理员账户身份登录到 Windows Server 2008 域控制器上，打开"Internet 信息

服务(IIS)管理器"控制台窗口,依次展开服务器和"网站"节点,选择 MyWeb 网站,然后在"操作"页面上单击"配置"区域的"限制"按钮,如图 8-4-4 所示。

②在打开的"编辑网站限制"对话框中选中"限制连接数"复选框,并设置要限制的连接数为 1,最后单击"确定"按钮即可完成限制连接数的设置,如图 8-4-5 所示、

(2)在 Web 客户端计算机上测试限制连接数。

①在客户端计算机 Windows 7 上打开浏览器,输入 http://www.myweb.com 访问 MyWeb 网站,访问正常。

②在客户端计算机 Windows Server 2003 上打开浏览器,输入 http://www.myweb.com 访问 MyWeb 网站,显示图 8-4-6 所示页面,表示超过网站限制连接数。

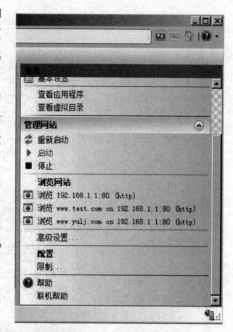

图 8-4-4 "操作"页面

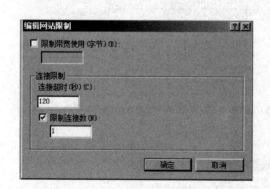

图 8-4-5 设置"限制连接数"

图 8-4-6 访问 MyWeb 网站时超过连接数

5. 使用"限制带宽使用"限制客户端访问 Web 网站

(1)在图 8-4-5 中选中"限制带宽使用(字节)"复选框,并设置要限制的带宽数为 256,最后单击"确定"按钮即可完成限制带宽使用的设置。

(2)在 Windows Server 2003 上打开浏览器,输入 http://www.myweb.com,发现网速非常慢,这是因为设置了带宽限制的原因。

6. 使用"IPv4 地址限制"限制客户端计算机访问 Web 网站

"IPv4 地址限制"是 IIS 服务器角色中的角色服务,默认在安装 Web 服务器角色时没有安装此角色服务。可以在"服务器管理器"窗口的 Web 服务器(IIS)中选择"添加角色服务",在打开的"添加角色服务"向导中选中所需要的选项,如图 8-4-7 所示,然后单击"下一步"按钮完成该角色服务的安装。

使用"IPv4 地址限制"限制 Windows Server 2003(IP 地址为 192.168.1.10)访问

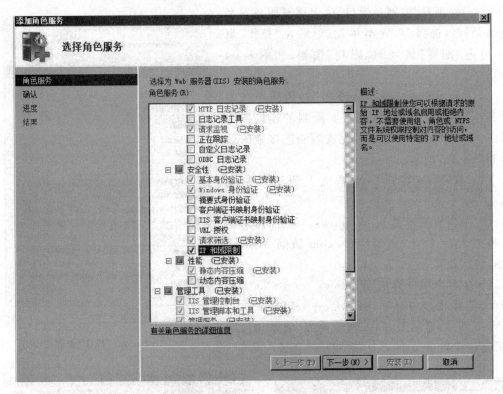

图 8-4-7　添加"IP 和域限制"角色

MyWeb 网站,具体步骤如下:

(1) 以域管理员账户身份登录到 Windows Server 2008 域控制器上,打开"Internet 信息服务(IIS)管理器"控制台窗口,依次展开服务器和"网站"节点。在"功能视图"页面中找到"IPv4 地址和域限制"图标,如图 8-4-8 所示。

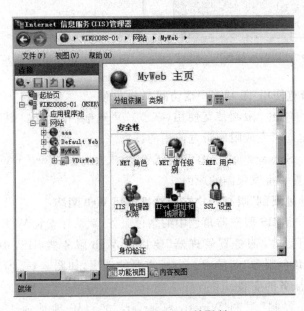

图 8-4-8　IPv4 地址和域限制

（2）双击"功能视图"页面中的"IPv4 地址和域限制"，打开"IPv4 地址和域限制"设置页面，单击"操作"页面中的"添加拒绝条目"按钮，如图 8-4-9 所示。

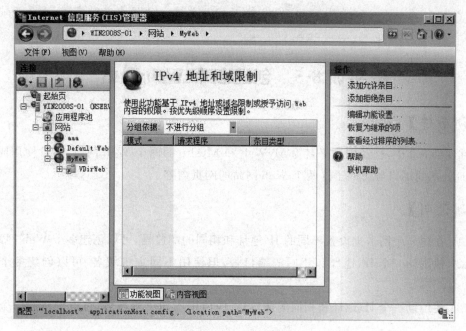

图 8-4-9 "IPv4 地址和域限制"设置页面

（3）在打开的"添加拒绝限制规则"对话框中选择"特定 IPv4 地址"单选按钮，并输入要拒绝的 Windows Server 2003 的 IP 地址 192.168.1.10，如图 8-4-10 所示。最后单击"确定"按钮完成 IPv4 地址的限制。

（4）在 Windows Server 2003 上打开浏览器，输入 http://www.myweb.com，这里客户端不能访问，显示错误号为"403-禁止访问：访问被拒绝"。说明客户端计算机的 IP 地址在被拒绝访问 MyWeb 网站的范围内，如图 8-4-11 所示。

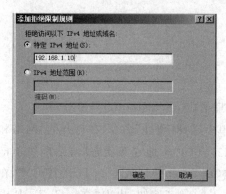

图 8-4-10 "添加拒绝限制规则"对话框

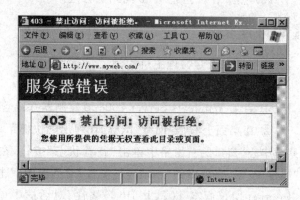

图 8-4-11 显示"服务器错误"信息

自己练习：

① 用域管理员账户在 Windows Server 2008 计算机上登录，在 Mysite 网站中禁用匿名身份登录，启用"基本身份验证"或"Windows 身份验证"。

Web 的安装和配置管理

② 新建一个域用户账户。

③ 用域管理员账户从 Windows Server 2003 或 Windows 7 上登录到域,打开 IE 浏览器,输入 http://www.myweb.com:8080,然后输入你建立的用户名和密码,看是否能打开图 8-2-5 显示的网页。

实训 8-5　创建多个 Web 网站

【实训条件】

在实训 8-2 中,已经创建了名为 MyWeb 和 Mysite 的两个 Web 网站,并且使用同一个 IP 地址的不同端口号访问了这两个 Web 网站的网页内容。

【实训说明】

(1) 在同一个网卡上设置不同的 IP 地址和相同的端口号,可以创建多个 Web 网站。

(2) 使用同一个 IP 地址和相同的端口号,但使用不同主机域名,可以创建多个 Web 网站。

(3) 使用同一个 IP 地址和相同的端口号,但使用不同主机域名,可以创建同一个 Web 网站。

【实训任务】

创建一个或若干个 Web 网站。

【实训目的】

(1) 掌握创建 Web 站点的方法,在局域网服务器上建立一个或若干个 Web 网站。

(2) 熟悉各种创建 Web 网站的方法。

【实训内容】

本实训以 1 号物理主机为例。

(1) 在同一个网卡上设置两个 IP 地址。

① 启动 Windows Server 2008 域控制器并以管理员(Administrator)身份登录。

② 在桌面上右击"网络"图标,在弹出的快捷菜单中选择"属性"命令,在打开的"网络和共享中心"窗口的右窗格中单击"查看状态"按钮,在打开的"本地连接状态"对话框中单击"属性"按钮,在弹出的"本地连接属性"对话框中双击"Internet 协议版本 4(TCP/IPv4)",在"Internet 协议版本 4(TCP/IPv4)属性"对话框中单击"高级"按钮,出现"高级 TCP/IP 设置"对话框,如图 8-5-1 所示。

③ 单击"IP 地址"选项区域中的"添加"按钮,出现 TCP/IP 地址设置,在空白文本框中输入 IP 地址 192.168.1.2,子网掩码 255.255.255.0,如图 8-5-2 所示。然后单击"确定"按钮。

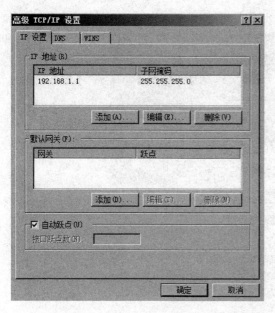

图 8-5-1 "高级 TCP/IP 设置"对话框

图 8-5-2 TCP/IP 设置

④ 回到"高级 TCP/IP 设置"对话框,可见两个 IP 地址。同理可设置多个 IP 地址,如图 8-5-3 所示。

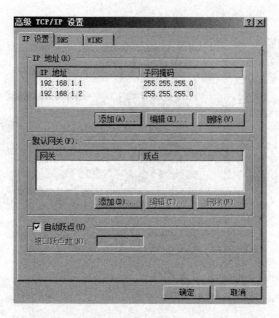

图 8-5-3 添加一个 IP 地址

(2) 用同一个网卡上的 IP 地址 192.168.1.2 创建一个名为 Mywork 的网站,网站主目录为 C:\mywork,新建的文件夹 mywork 内建立一个网页文件 work.htm,显示内容"这是 Mywork 网站!"。

① 打开 IIS 管理器控制台窗口,右键单击"网站",在弹出的快捷菜单中选择"添加网站"命令。在打开的"添加网站"对话框中分别输入网站名称 Mywork,物理路径 C:\mywork,

类型 http，IP 地址 192.168.1.2，端口 80，如图 8-5-4 所示。

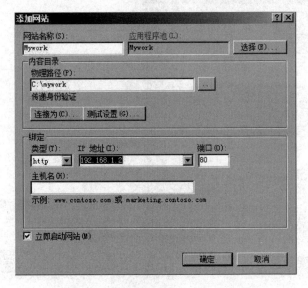

图 8-5-4　添加网站

② 单击"确定"按钮，回到 IIS 管理器控制台窗口。选择 Mywork 网站，在功能视图中选择"默认文档"选项，在"默认文档"对话框中单击"添加"按钮，在"添加默认文档"对话框中输入 work.htm，如图 8-5-5 所示。

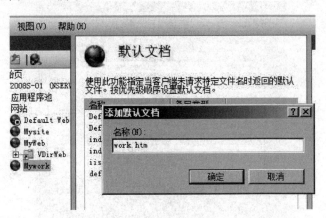

图 8-5-5　添加默认文档

③ 单击"确定"按钮，Mywork 网站创建完成。

④ 打开 IE 浏览器，输入 http://192.168.1.2，按 Enter 键后显示该网站主页上的内容，如图 8-5-6 所示。

（3）使用同一个 IP 地址（192.168.1.1）和相同的端口号（7800），但使用两个不同的主机域名，创建两个 Web 网站。

首先，在 DNS 管理器控制台窗口创建主机名 www.aaa.com，建立主机域名 www.aaa.com，IP 地址为 192.168.1.1，测试正确性；然后，设定新的域名 www.aaa.com 访问 MyWeb 网站。

图 8-5-6　显示网站主页内容

具体步骤如下：

① 选择"开始"→"管理工具"→"Internet 信息服务(IIS)管理器"命令，打开"Internet 信息服务(IIS)管理器"控制台窗口，展开服务器名，右击"网站"，在弹出的快捷菜单中选择"添加网站"命令，在"添加网站"对话框中按照图中显示的内容输入网站名称(aaa)、物理路径(D:\aaa)、类型(http)、IP 地址(192.168.1.1)、端口(7800)、主机名(www.aaa.com)，然后选中"立即启动网站"复选框，如图 8-5-7 所示。

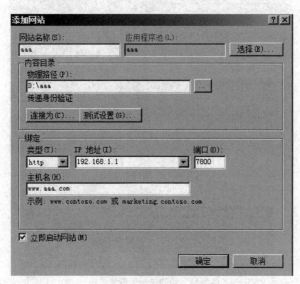

图 8-5-7　"添加网站"对话框

② 单击"确定"按钮，回到 IIS 管理器控制台窗口。选择 aaa 网站，在功能视图中选择"默认文档"选项，在"默认文档"对话框中单击"添加"按钮，在"添加默认文档"对话框中输入 aaa.htm。

③ 单击"确定"按钮，aaa 网站创建完成。

④ 在域内的任何一台计算机上打开 IE 浏览器，输入 http://www.aaa.com:7800，按 Enter 键后显示该网站主页上的内容，如图 8-5-8 所示。

⑤ 按照上述步骤创建 www.bbb.com 的域名主机，并创建一个名为 bbb 的 Web 网站，网站信息如图 8-5-9 所示。

在域内的任何一台计算机上打开 IE 浏览器，输入 http://www.bbb.com:7800，按 Enter 键后显示 bbb 网站主页上的内容，如图 8-5-10 所示。

Web 的安装和配置管理

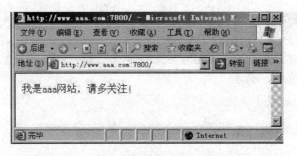

图 8-5-8　访问 aaa 网站

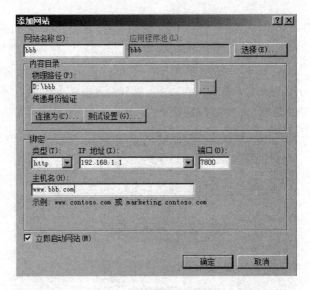

图 8-5-9　创建新网站

图 8-5-10　访问 bbb 网站

（4）利用已建立的 MyWeb 网站，用不同域名访问同一个 Web 网站。在 DNS 管理器控制台窗口创建主机名 www.test.com，使得不仅用原域名 www.myweb.com 可以访问 MyWeb 网站，而且使用新的域名 www.test.com 也可以访问 MyWeb 网站。首先建立主机域名 www.test.com，IP 地址为 192.168.1.1，测试正确性，如图 8-5-11 所示，然后设定新的域名 www.test.com 来访问 MyWeb 网站。

具体步骤如下：

① 选择"开始"→"管理工具"→"Internet 信息服务（IIS）管理器"命令，打开"Internet 信

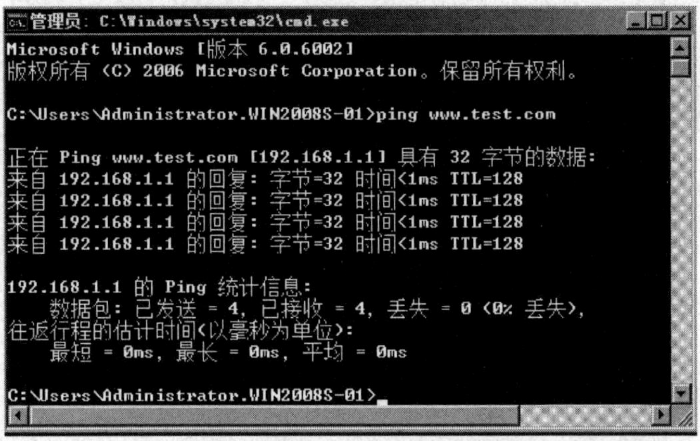

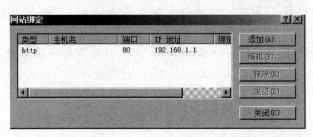

图 8-5-11　ping www.test.com

息服务(IIS)管理器"控制台窗口,展开服务器名→"网站",右击 MyWeb,在弹出的快捷菜单中选择"编辑绑定"命令,打开"网站绑定"对话框,如图 8-5-12 所示。

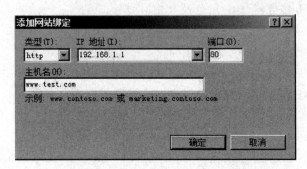

图 8-5-12　"网站绑定"对话框

② 单击"添加"按钮,在"添加网站绑定"对话框中输入 IP 地址 192.1681.1,端口号 80,主机名设置为 www.test.com,如图 8-5-13 所示,然后单击"确定"按钮。

图 8-5-13　"添加网站绑定"对话框

③ 按照上述步骤添加 www.yulj.com 的域名主机,访问 MyWeb 网站。

④ 设置结束后回到"网站绑定"对话框,可看到该 Web 网站已有两个主机名,如图 8-5-14 所示。可以看到,即使在同一台计算机上使用同一 IP 地址,采用同一端口号,而主机名不同,均可以访问相同的 Web 网站,但注意要用 DNS 服务器进行域名解析。

⑤ 在域内的任何一台计算机用管理员账户登录到域后,启动 IE 浏览器,在地址栏中输

227

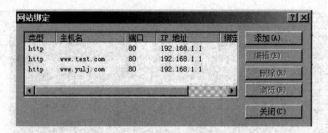

图 8-5-14　添加主机名后的"网站绑定"对话框

入 http://www.test.com 和 http://www.yulj.com，按 Enter 键观察显示的 MyWeb 网站主页内容。

自己练习：

① 一个 IP 地址可对应多个网站吗？用哪几种方法可分别访问不同的网站？

② 同一网站可对应多个域名吗？怎样才能访问它们？

③ 请设法用 http://www.test.com 访问 Mysite 网站。

④ 在 aaa 网站中启用"Windows 身份验证"，启动 IE 浏览器后会出现什么现象？

⑤ 在 bbb 网站中启用"基本身份验证"，启动 IE 浏览器后会出现什么现象？

⑥ 在 Mywork 网站中创建一个虚拟目录，该虚拟目录的物理路径位于域中的另一台 Windows Server 2003 磁盘里的共享文件夹中，如何才能实现？并具体进行设置。

实训 8-6　Web 网站的远程管理

【实训条件】

(1) 安装了 Windows Server 2008 域控制器。

(2) 安装了 Web 服务器(IIS)角色及其相应服务。

【实训说明】

能够管理 IIS 的用户可以是 Windows 用户账户，也可以是在 IIS 中创建的非 Windows 用户。如果允许具有 Windows 身份的用户远程管理 IIS，那么需要在系统中创建相应的用户账户；如果允许非 Windows 用户远程管理 IIS，那么需要在 IIS 中创建临时 IIS 用户，该用户不具备 Windows 权限，只能用于管理 IIS。

实训中应用 IIS 7.0 远程连接 Web 站点是 Windows Server 2008 特有的功能，与 Windows Server 2003 的 IIS 6.0 不兼容，因而需要在网络中添加一台 Windows Server 2008 独立服务器或升级为域内的一台成员服务器，才能完成本实训的设置。

【实训任务】

(1) 创建具有 Windows 身份的用户远程管理 IIS。

(2) 创建非 Windows 身份的用户远程管理 IIS。

(3) 在域内新安装一台 Windows Server 2008 成员服务器，并安装了 Web 服务器(IIS)

角色及其相应服务。

（4）网络中的一台 Windows Server 2008 服务器用两个不同身份的用户远程连接 Web 服务器。

【实训目的】

掌握创建远程连接 Web 网站的方法，并会设置相应的远程连接用户。

【实训内容】

本实训以 1 号物理主机为例。

（1）在 Windows Server 2008 域控制器上，用 Administrator 用户登录后打开"服务器管理器"控制台窗口，展开服务器名→"角色"→"Web 服务器（IIS）"。在右窗格中选择"添加角色服务"，弹出"添加角色服务"对话框，检查是否已安装"管理服务"。如无安装，则选中"管理服务"复选框，如图 8-6-1 所示。

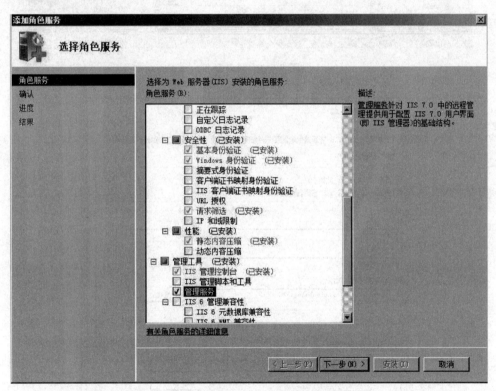

图 8-6-1　"添加角色服务"对话框

（2）单击"下一步"按钮，按提示完成"管理服务"角色功能的安装。

（3）选择"开始"→"管理工具"→"Internet 信息服务（IIS）管理器"命令，打开"Internet 信息服务（IIS）管理器"控制台窗口，选择 WIN2008S-01，在中间窗格中双击"管理服务"图标，如图 8-6-2 所示。

（4）在打开的"管理服务"页面中选中"启用远程连接"复选框，在"标识凭据"选项区域中选择"Windows 凭据或 IIS 管理器凭据"单选按钮，如图 8-6-3 所示。

Web 的安装和配置管理

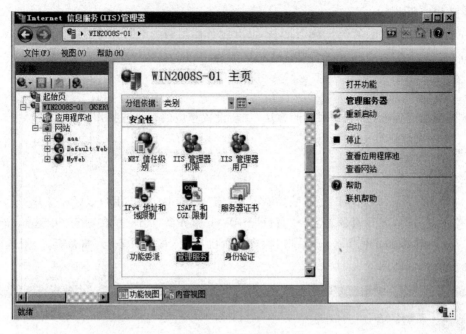

图 8-6-2 管理服务

图 8-6-3 设置管理服务

（5）在"IPv4 地址限制"选项区域中的"未指定的客户端的访问权"下拉列表中选择"拒绝"选项，然后单击"允许"按钮，弹出"添加允许限制规则"对话框，在此对话框中选择"特定IPv4 地址"单选按钮，在下面的文本框中输入客户端服务器的 IP 地址（192.168.1.30），如图 8-6-4 所示，然后单击"确定"按钮。

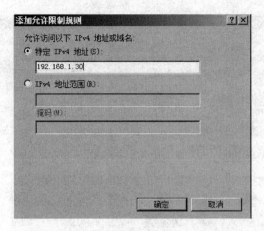

图 8-6-4　允许连接的客户端 IP 地址

（6）配置完成后在"Internet 信息服务（IIS）管理器"右侧的"操作"页面上单击"应用"按钮，如图 8-6-5 所示。

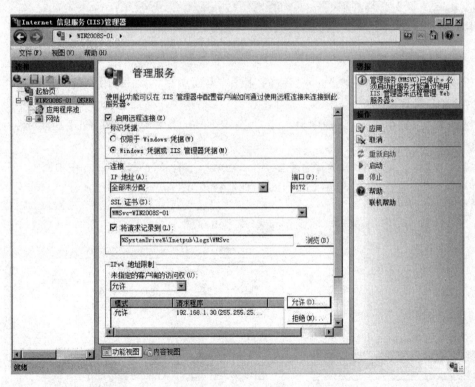

图 8-6-5　应用此设置

（7）单击"启动"按钮。

（8）新建一个域用户账户或选择已建立的域用户账户作为 Windows 用户连接此 Web 服务器，如本例中的 xyz 用户。

（9）在"Internet 信息服务（IIS）管理器"页面选择 WIN2008S-01，并在该主页"类别"区域的"安全性"选项组中双击"IIS 管理器用户"图标，如图 8-6-6 所示。

Web 的安装和配置管理

图 8-6-6　　IIS 管理器用户

（10）在"IIS 管理器用户"页面右侧的"操作"页面中单击"添加用户"按钮，该操作将会添加一个 IIS 管理器用户。

（11）在"添加用户"对话框中输入用户名 IISadmin 及密码，如图 8-6-7 所示，然后单击"确定"按钮。

（12）在图 8-6-6 中选择展开服务器名→"网站"，选择 MyWeb 网站，在中间的"MyWeb 主页"页面的"安全性"选项组中双击"IIS 管理器权限"图标，如图 8-6-8 所示。

图 8-6-7　添加 IIS 管理器用户　　　　　　图 8-6-8　　IIS 管理器权限

（13）在"IIS 管理器权限"页面右侧的"操作"页面中单击"允许用户"按钮,弹出"允许用户"对话框,在此对话框中选择 Windows 单选按钮,在下面的文本框中输入 xyz,或单击"选择"按钮,在"选择用户或组"对话框中选择所需的用户账户,如图 8-6-9 所示,单击"确定"按钮返回。

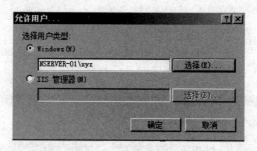

图 8-6-9 允许的 Windows 用户

（14）再次单击"允许用户"按钮,在"允许用户"对话框中选择"IIS 管理器"单选按钮,单击"选择"按钮,在"用户"对话框中选择 IISadmin,单击"确定"按钮返回。

（15）在 MyWeb 网站上添加了一个 Windows 用户和一个非 Windows 用户,如图 8-6-10 所示。

图 8-6-10 允许的两个用户

（16）新安装一台 Windows Server 2008 服务器操作系统,设置该服务器的名称为 Win2008s-011,IP 地址为 192.168.1.30,子网掩码为 255.255.255.0,默认网关地址为 192.168.1.1,首选 DNS 服务器地址为 192.168.1.1。在 Win2008s-011 计算机上用 Administrator 用户登录到本地。选择"开始"→"管理工具"→"服务器管理器"命令,打开"服务器管理器"控制台窗口,右击"角色",在弹出的快捷菜单中选择"添加角色"命令,在"添

Web 的安装和配置管理

加角色向导"对话框中单击"下一步"按钮,选中"Web 服务器"复选框,弹出"是否添加 Web 服务器(IIS)所需的功能?"对话框。单击"添加必需的功能"按钮,然后单击"下一步"按钮,按提示完成安装。

(17) 在 Win2008s-011 上选择"开始"→"管理工具"→"Internet 信息服务(IIS)管理器"命令,打开"Internet 信息服务(IIS)管理器"管理控制台窗口。选择"起始页",在"连接任务"选项组中选择"连接至站点"选项,打开"连接至站点"对话框。

(18) 在"指定站点连接详细信息"页面中输入服务器名称及站点名称,本例为 Win2008s-01、MyWeb,如图 8-6-11 所示。

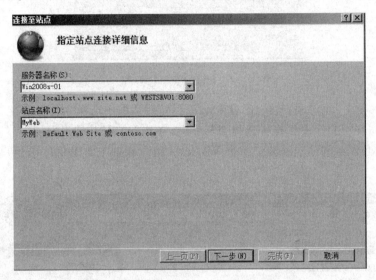

图 8-6-11   站点连接的详细信息

(19) 单击"下一步"按钮,在"提供凭据"页面中输入非 Windows 用户名 xyz 及其密码,如图 8-6-12 所示。

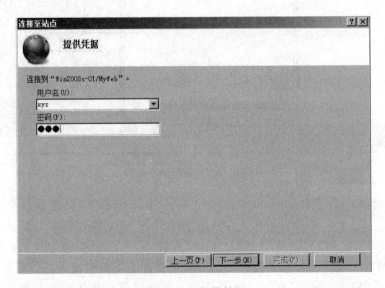

图 8-6-12   提供凭据

（20）单击"下一步"按钮，在"指定连接名称"页面中单击"完成"按钮，可以看到连接 MyWeb 网站成功，如图 8-6-13 所示。

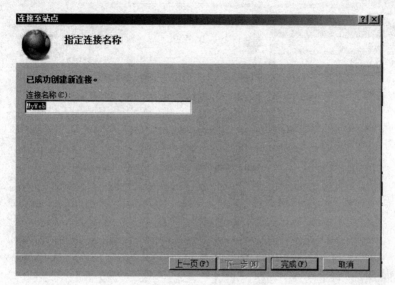

图 8-6-13　连接成功

（21）在 Win2008s-011 计算机的"Internet 信息服务（IIS）管理器"管理控制台窗口中可以看到刚连接成功的 MyWeb 网站，并能进行浏览、重命名和删除连接等操作，如图 8-6-14 所示。

图 8-6-14　显示用 xyz 用户连接成功的 MyWeb 网站

（22）练习：删除已有的用 xyz 用户连接的 MyWeb 网站，设置用 IIS 管理器用户 IISadmin 重新连接 MyWeb 网站的操作，连接成功后的页面如图 8-6-15 所示。

Web 的安装和配置管理

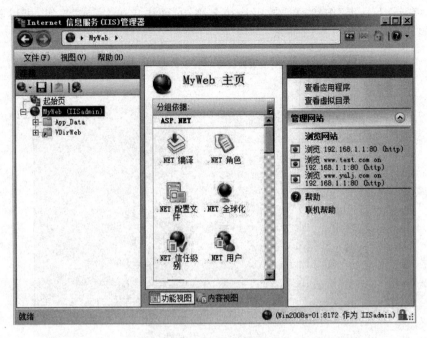

图 8-6-15　显示用 IISadmin 用户连接成功的 MyWeb 网站

第9章　FTP 的安装和配置管理

【知识背景】

FTP(File Transfer Protocol)是一种文件传输的通信协议,利用它能够在不同的计算机和主机间交换文件资料。FTP 站点就是使用 FTP 通信协议所建立的文件交流场所,称为 FTP 服务器。IIS 7.0 的 FTP 服务就是一个 FTP 服务器,能够配合 Web 站点建立远程更新网页文件的机制,只需通过 FTP 工具就可以在连接 Internet 的计算机中维护网站的内容。

- 目录权限。目录权限能够决定用户是否拥有上传和下载文件的权限。读取:能够下载存储在主目录或虚拟目录中的文件;写入:上传文件到 FTP 站点的主目录或虚拟目录。
- FTP 站点用户的权限。IIS 7.0 的 FTP 站点默认允许匿名用户登录,对于安全性要求较高的站点而言,应禁止用户匿名访问 FTP 站点,即只有服务器或活动目录中有效的注册用户才能借助于用户名和密码访问该 FTP 站点。
- 匿名登录的 FTP 站点。在安装好 FTP 服务器后,Internet 服务器管理器就会建立一个默认的 FTP 站点,说明为 Default FTP Site,这个 FTP 站点默认允许匿名用户登录。Default FTP Site 的主目录是 C:\Inetpub\ftproot 文件夹。
- FTP 站点的主目录。FTP 站点的主目录就是进入 FTP 站点看到的文件夹,如果使用匿名登录或用户登录,默认就是进入 FTP 站点的主目录。
- FTP 站点的域名。IIS 7.0 的 FTP 站点中一个 IP 地址只能建立一个 FTP 站点,可在 DNS 中新建主机 ftp,替 FTP 站点建立一个新的域名 ftp. bit. com。

FTP 是基于 TCP 的协议,它使用两个并行的 TCP 连接来传送信息,一个是控制连接,另一个是数据连接。控制连接用于在客户端和服务器之间发送控制信息,通常控制连接发起在 21 号端口,例如用户请求登录等。当服务器认证成功后,使用 20 号端口进行数据连接,数据连接用于真正的文件发送和数据传输。

FTP 支持两种模式,一种是 Standard (也就是 Active,主动方式),另一种是 Passive (也就是 PASV,被动方式)。Standard 模式 FTP 的客户端发送 PORT 命令到 FTP 服务器,Passive 模式 FTP 的客户端发送 PASV 命令到 FTP 服务器。

Standard 模式 FTP 客户端首先和 FTP 服务器的 TCP 21 端口建立连接,通过这个通道发送命令,客户端需要接收数据的时候在这个通道上发送 PORT 命令。PORT 命令包含了客户端用什么端口接收数据。在传送数据的时候,服务器端通过自己的 TCP 20 端口发送数据。FTP 服务器必须和客户端建立一个新的连接用来传送数据。

Passive 模式在建立控制通道的时候和 Standard 模式类似,当客户端通过这个通道发送 PASV 命令时,FTP 服务器打开一个位于 1024～5000 之间的随机端口并且通知客户端在这个端口上传送数据的请求,然后 FTP 服务器将通过这个端口进行数据的传送。这时 FTP 服务器不再需要建立一个新的和客户端之间的连接。

总的来说,Standard 模式下的 FTP 是指服务器主动连接客户端的数据端口,Passive 模式下的 FTP 是指服务器被动地等待客户端连接自己的数据端口。

Passive 模式的 FTP 通常用在处于防火墙之后的 FTP 客户访问外界 FTP 服务器的情况,因为在这种情况下,防火墙通常配置为不允许外界访问防火墙之后主机,而只允许由防火墙之后的主机发起的连接请求通过。因此,在这种情况下不能使用 Standard 模式的 FTP 传输,而 Passive 模式的 FTP 可以良好的工作。

实训 9-1 安装 FTP 服务器角色

【实训条件】

(1) 安装了 Windows Server 2008 域控制器。

(2) 安装了 Web 服务器(IIS)角色。

【实训说明】

(1) 在 Windows Server 2008 中已安装 Web 服务器(IIS)角色,默认情况下没有安装 FTP 角色服务器。

(2) 如果在已进行的实训中安装了 FTP,则可跳过此实训。

【实训任务】

安装 FTP 服务器。

【实训目的】

掌握安装 FTP 服务器的步骤。

【实训内容】

本实训以 1 号物理主机为例。

(1) 用域管理员账户身份在 Win2008s-01 计算机上登录。选择"开始"→"管理工具"→"服务器管理器"命令,打开"服务器管理器"控制台窗口。展开服务器名→"角色"控制台树,右键单击"Web 服务器(IIS)",在弹出的快捷菜单中选择"添加角色服务"命令,在打开的"添加角色服务"对话框中选择"FTP 发布服务"选项,弹出"是否添加 FTP 发布服务所需的角色服务?"对话框,单击"添加必需的角色服务"按钮,然后返回"添加角色服务"对话框,选中"IIS6 元数据库兼容性"和"FTP 发布服务"复选框,如图 9-1-1 所示,已高亮显示所需安装的选项。

(2) 单击"下一步"按钮,在"确认安装选择"页面中显示待用户确认的角色服务以及功能信息。

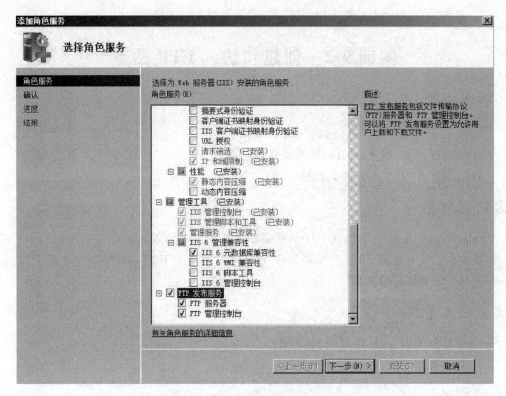

图 9-1-1 "选择角色服务"页面

（3）单击"安装"按钮，开始进行所添加的角色服务的安装进程。

（4）安装完毕后在"安装结果"页面中显示已成功安装的角色服务信息，如图 9-1-2 所示。

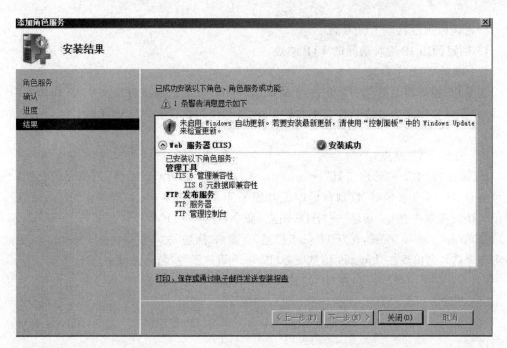

图 9-1-2 "安装结果"页面

FTP 的安装和配置管理

（5）单击"关闭"按钮完成"FTP 服务发布"角色服务的安装。

实训 9-2　创建和访问 FTP 站点

【实训条件】

（1）安装了 Windows Server 2008 域控制器。

（2）安装了 Web 服务器(IIS)角色及其相应服务。

（3）安装了 FTP 服务器及其组件。

【实训说明】

Windows Server 2008 不包含 FTP 7.0 服务器版本，只有在 Windows Server 2008 R2 中才有，如需要在实训中使用 FTP 7.0，可以到微软官方网站上下载。本实训仍采用 FTP 6.0版本的 FTP 服务器进行实训。

【实训任务】

（1）创建使用 IP 地址访问的 FTP 站点。

（2）创建使用域名访问的 FTP 站点。

【实训目的】

掌握创建 FTP 站点的方法。

【实训内容】

本实训以 1 号物理主机为例。

1. 创建使用 IP 地址访问的 FTP 站点

（1）准备 FTP 主目录。

在 FTP 服务器上创建一个新站点 MyFtp。在 C 盘上创建文件夹 C:\ftp 作为 FTP 主目录，并在其文件夹中存放一个文本文件 file1.txt，供用户在客户端计算机上进行下载和上传测试。

（2）创建 FTP 站点。

① 选择"开始"→"管理工具"→"Internet 信息服务(IIS)6.0 管理器"命令，在"Internet信息服务(IIS)6.0 管理器"控制台树中展开服务器 Win2008s-01，右键单击"FTP 站点"，在弹出的快捷菜单中选择"新建"→"FTP 站点"命令，打开"FTP 站点创建向导"对话框。

② 单击"下一步"按钮，在"FTP 站点描述"页面的"描述"文本框中输入 MyFtp。注意此名称将作为站点名出现在"Internet 信息服务(IIS)6.0 管理器"控制台窗口中，如图 9-2-1 所示。

（3）单击"下一步"按钮，在"IP 地址和端口设置"页面中设置 IP 地址和端口号，直接选择 IP 地址 192.168.1.1，设置端口号为 21，如图 9-2-2 所示。

（4）单击"下一步"按钮，此时出现图 9-2-3 所示"FTP 用户隔离"页面，询问是否对用户进行隔离。

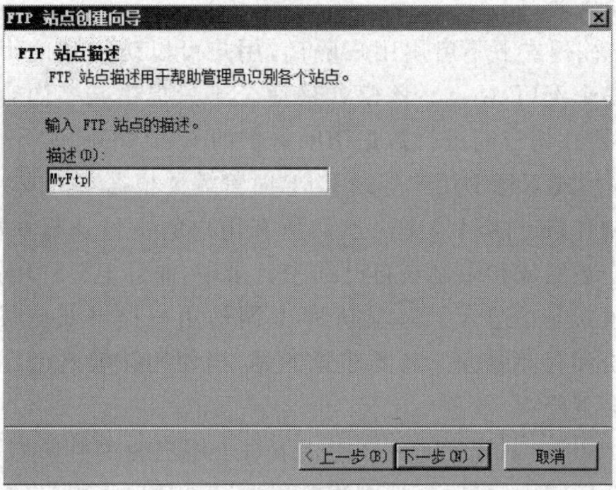

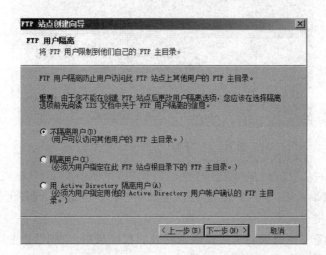

图 9-2-1 "FTP 站点描述"页面

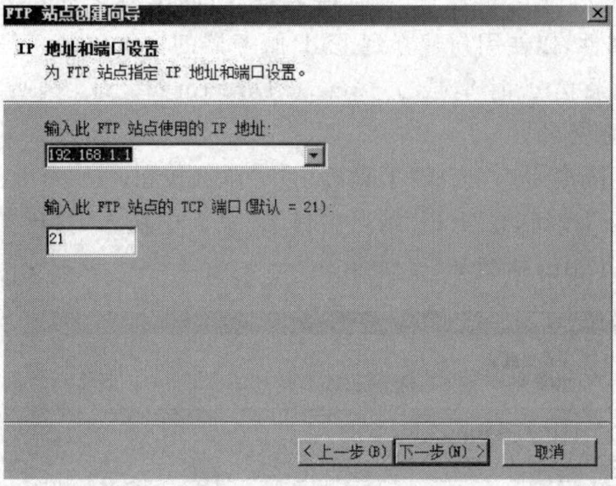

图 9-2-2 "IP 地址和端口设置"页面

图 9-2-3 "FTP 用户隔离"页面

FTP 支持三种隔离模式：

- 不隔离用户：该模式下不启用用户隔离，用户可以访问其他用户的主目录，也就是说可以访问整个 FTP 站点。该模式最适合于只提供共享内容下载功能的 FTP 站点，或者不需要在用户间进行数据访问保护的 FTP 站点。

- 隔离用户：该模式下每个用户登录 FTP 时都需要根据本机或域用户账户验证用户，并将用户限制在自己的目录中。虽然所有用户的主目录都在单一 FTP 主目录中，但是每个用户被安放和限制在自己的主目录中，而且不允许用户浏览自己主目录外的内容。该模式非常适合于为虚拟 Web 网站用户提供维护服务，也可用于为用户提供文件备份和存储服务。需要注意的是，当使用该模式创建了上百个主目录时，服务器性能会下降。

- 用 Active Directory 隔离用户：该模式下每个用户的主目录均可放置在任意的网络路径上。在此模式中，可以根据网络配置情况灵活地将用户主目录分布在多个服务器、多个卷和多个目录中。该模式需要文件服务器的支持，即使用文件服务器为所有允许连接 FTP 服务的用户（包括匿名账户）创建共享和用户目录，设置 FTPRoot 和 FTPDir 属性，以便用户建立到 FTP 服务器的本地路径。另外，由于该模式在检索用户主目录信息时集成了 Active Directory 验证，因此还需要运行 Active Directory 域服务器。

默认状态下为不隔离用户，选择"不隔离用户"单选按钮。

（5）单击"下一步"按钮，在"FTP 站点主目录"页面中输入 FTP 主目录的路径，也可用浏览方法选取路径 C:\ftp，如图 9-2-4 所示。

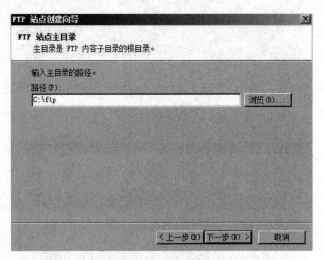

图 9-2-4 "FTP 站点主目录"页面

（6）单击"下一步"按钮，在"FTP 站点访问权限"页面中给 FTP 站点主目录设定权限，主目录默认具有读取权限（能够下载文件）。再选中"写入"复选框，允许上传文件，如图 9-2-5 所示。

访问 FTP 服务器主目录的最终权限由此处的权限与用户对 FTP 主目录的 NTFS 权限共同作用，哪一个严格取哪一个。

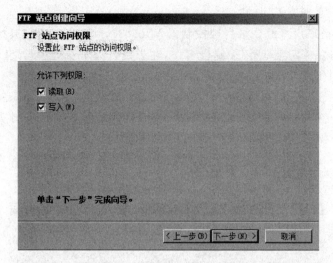

图 9-2-5 "FTP 站点访问权限"页面

（7）单击"下一步"按钮，显示已成功完成 FTP 站点创建向导。

（8）单击"完成"按钮，在"Internet 信息服务（IIS）6.0 管理器"控制台窗口中可以看到添加的 FTP 站点 MyFtp。目前的状态为正在运行中，如图 9-2-6 所示。

图 9-2-6　显示 MyFtp 站点运行状况

（9）测试 FTP 站点。

用户在客户端计算机 Win2003s-01 登录到本地或域后，在桌面上双击 IE 图标，打开浏览器，输入 ftp://192.168.1.1 就可以访问刚才建立的 FTP 站点了，如图 9-2-7 所示。

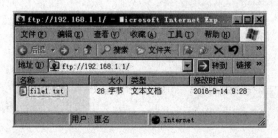

图 9-2-7　输入 FTP 服务器 IP 地址访问 MyFtp 站点

2. 创建使用域名访问的 FTP 站点

创建使用域名访问的 FTP 站点有两种方式，具体步骤如下：

FTP 的安装和配置管理

（1）用主机域名访问 FTP 站点。

① 以域管理员账户身份登录到域控制器 Win2008s-01 上。选择"开始"→"管理工具"→DNS 命令，打开"DNS 管理器"控制台窗口，在控制台树中右键单击"正向查找区域"，在弹出的快捷菜单中选择"新建区域"命令，打开"新建区域向导"对话框。

② 单击"下一步"按钮，在"区域类型"页面中选择默认的"主要区域"单选按钮。

③ 单击"下一步"按钮，在"Active Directory 区域传送作用域"页面中默认选择"在此域中的所有 DNS 服务器"单选按钮。

④ 单击"下一步"按钮，在"区域名称"页面的"区域名称"文本框中输入 myftp.com，如图 9-2-8 所示。

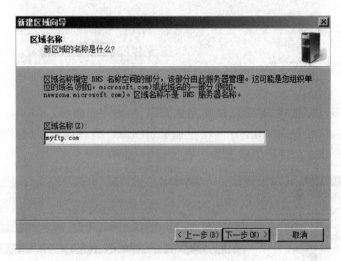

图 9-2-8   "区域名称"页面

⑤ 单击"下一步"按钮，在"动态更新"页面中默认选择"只允许安全的动态更新"单选按钮。

⑥ 单击"下一步"按钮，显示"正在完成新建区域向导"页面信息。

⑦ 单击"完成"按钮，在"DNS 管理器"控制台窗口中显示刚创建的 myftp 区域。

⑧ 右键单击 myftp，在弹出的快捷菜单中选择"新建主机"命令，在弹出的"新建主机"对话框"名称"文本框中输入名称 aaa，IP 地址 192.168.1.1，选中"创建相关的指针（PTR）记录"复选框，如图 9-2-9 所示。

⑨ 单击"添加主机"按钮，弹出"成功地创建了主机记录 aaa.myftp.com。"对话框。

⑩ 单击"确定"按钮，完成主机域名的创建。

（2）用主机域名的别名访问 FTP 站点。

① 以域管理员账户身份登录到域控制器 Win2008s-01 上。选择"开始"→"管理工具"→DNS 命令，打开"DNS 管理器"控制台窗口，在控制台树中依次展开服务器的"正向查找区域"→myweb.com 节

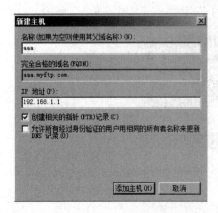

图 9-2-9   新建 aaa 主机

点,然后右击 myweb.com,在弹出的快捷菜单中选择"新建别名"命令,打开"新建资源记录"对话框。

② 在该对话框的"别名"文本框中输入别名 ftp,在"目标主机的完全合格的域名"文本框中输入 FTP 服务器的完全合格域名,在此输入 Win2008s-01.myweb.com,如图 9-2-10 所示。

图 9-2-10 "新建资源记录"对话框

③ 单击"确定"按钮,完成别名记录的创建。

(3) 测试 FTP 站点。

① 用户在客户端计算机 Win2003s-01 登录到本地或域后,在桌面上双击 IE 图标,打开浏览器,输入 ftp://aaa.myftp.com(主机名方式)就可以访问刚才建立的 FTP 站点了,如图 9-2-11 所示。

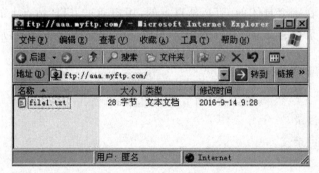

图 9-2-11 用主机域名访问 FTP 站点

② 用户在客户端计算机 Win7-01 登录到本地或域后,在任务栏上双击 IE 图标,打开浏览器,输入 ftp://ftp.myweb.com(别名方式)就可以访问刚才建立的 FTP 站点了,如图 9-2-12 所示。

FTP 的安装和配置管理

246

图 9-2-12　用别名访问 FTP 站点

实训 9-3　创建虚拟目录

【实训条件】

（1）安装了 Windows Server 2008 域控制器。

（2）安装了 Web 服务器(IIS)角色。

（3）安装了 FTP 角色服务。

【实训说明】

使用虚拟目录可以在服务器硬盘上创建多个物理目录，或者引用其他计算机上的主目录，从而为不同上传或下载服务的用户提供不同的目录，并且可以为不同的目录分别设置不同的权限。

虚拟目录是挂在一个具体的 FTP 站点上的，用户通过 FTP 站点上的别名来访问和使用不同使用虚拟目录里的文件。由于用户不知道文件的具体储存位置，从而使得文件存储更加安全。

【实训任务】

（1）创建虚拟目录。

（2）访问虚拟目录。

【实训目的】

掌握创建虚拟目录的方法。

【实训内容】

本实训以 1 号物理主机为例。

（1）准备虚拟目录内容。

以域管理员账户身份登录到 Win2008s-01 域控制器上。创建 D:\xuni 作为 FTP 虚拟目录的主目录,在该文件夹下新建一个文本文件 test.txt,供用户在客户端计算机上进行下载和上传测试。

（2）创建虚拟目录。

① 在"Internet 信息服务(IIS)6.0 管理器"控制台树中依次展开 FTP 服务器名和"FTP 站点",右键单击刚才创建的站点 MyFtp,在弹出的快捷菜单中选择"新建"→"虚拟目录"命令,打开"虚拟目录创建向导"对话框。

② 单击"下一步"按钮,打开"虚拟目录别名"页面。在"别名"文本框中输入用于获得此虚拟目录访问权限的别名 MyFtpSite,如图 9-3-1 所示。

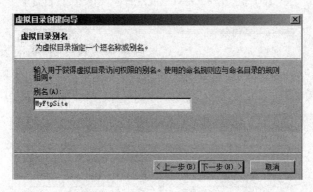

图 9-3-1 "添加目录别名"页面

③ 单击"下一步"按钮,打开"FTP 站点内容目录"页面,如图 9-3-2 所示。如果用户知道目录路径,可直接在"路径"文本框中输入目录路径;否则单击"浏览"按钮,打开"浏览文件夹",选择目录路径。

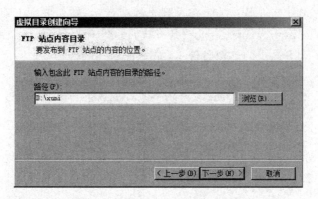

图 9-3-2 "FTP 站点内容目录"页面

④ 单击"下一步"按钮,打开"虚拟目录访问权限"页面。在"允许下列权限"选项组中,用户可以为此目录设置访问权限。默认该目录只具有"读取"权限,也就是说只能下载文件。可选中"写入"复选框,则允许用户上传文件,如图 9-2-5 所示。

⑤ 单击"下一步"按钮,显示"已成功完成虚拟目录创建向导"页面信息。

⑥ 单击"完成"按钮,返回"Internet 信息服务(IIS)6.0 管理器"控制台窗口,结果如

FTP 的安装和配置管理

图 9-3-3 所示。

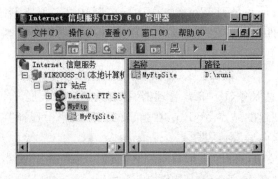

图 9-3-3 在 MyFtp 站点下创建的 MyFtpSite 虚拟目录

（3）测试 FTP 站点的虚拟目录。

① 用户在客户端计算机 Win2003s-01 登录到本地或域后，在桌面上双击 IE 图标打开浏览器，输入 ftp://ftp.myweb.com/myftpsite（别名方式）或者 ftp://192.168.1.1/myftpsite 就可以访问刚才建立的 FTP 站点的虚拟目录了，如图 9-3-4 所示。

图 9-3-4 在 Win2003s-01 计算机的 IE 浏览器中显示 FTP 站点下的虚拟目录内容

② 用户在客户端计算机 Win7-01 登录到本地或域后，在任务栏上双击 IE 图标打开浏览器，输入 ftp://aaa.myftp.com（主机域名方式）或者 ftp://192.168.1.1/myftpsite 就可以访问刚才建立的 FTP 站点的虚拟目录了，如图 9-3-5 所示。

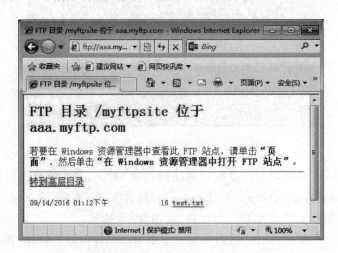

图 9-3-5 在 Win7-01 计算机的 IE 浏览器中显示 FTP 站点下的虚拟目录内容

实训 9-4　FTP 服务器属性设置

【实训条件】

（1）安装了 Windows Server 2008 域控制器。

（2）安装了 Web 服务器(IIS)角色。

（3）安装了 FTP 角色服务。

（4）已创建了站点或虚拟目录。

【实训说明】

（1）对新创建的 FTP 站点进行属性设置。

（2）设置 FTP 站点虚拟目录的属性设置。

【实训任务】

设置 FTP 站点和虚拟目录的属性。

【实训目的】

（1）掌握 FTP 站点各属性的设置方法。

（2）掌握 FTP 站点虚拟目录属性的设置方法。

【实训内容】

本实训以 1 号物理主机为例。

1. 设置 FTP 站点主目录

同 Web 站点一样，每个 FTP 站点也必须有一个主目录，作为其他用户访问 FTP 站点的起点。在 FTP 站点中，所有的文件都存放在作为根目录的主目录中，这就使其他访问者对用户 FTP 站点中的文件查找变得非常方便。

（1）在 Win2008s-01 域控制器上选择"开始"→"管理工具"→"Internet 信息服务(IIS)6.0 管理器"命令，打开"Internet 信息服务(IIS)6.0 管理器"控制台窗口。在控制台目录树中展开"Internet 信息服务"节点，再依次展开服务器名→"FTP 站点"。

（2）右击 Default FTP Site，从弹出的快捷菜单中选择"属性"命令，打开"Default FTP Site 属性"对话框，然后切换到"主目录"选项卡，如图 9-4-1 所示。

（3）如果主目录在该服务器上，则选择"此计算机上的目录"单选按钮；如果主目录在网络计算机上，则选择"另一台计算机上的目录"单选按钮。

（4）在"FTP 站点目录"选项区域中单击"浏览"按钮，选择主目录路径或者直接输入主目录路径。这里的 Default FTP Site 主目录是 C:\inetpub\ftproot。

（5）通过选中不同复选项来设置目录权限。读取：能够下载存储在主目录或虚拟目录中的文件。写入：上传文件到 FTP 站点的主目录或虚拟目录。记录访问：对主目录的访问都记录在日志文件中。

（6）在"目录列表样式"选项区域中，通过选择不同的单选按钮来选择目录列表的风格，包括 UNIX 和 MS-DOS 风格。设置完毕后单击"确定"按钮。

（7）如果要将 MyFtp 站点的主目录设置为 MyWeb 网站的主目录 C:\MyWeb，可单击"浏览"按钮，找到 C:\MyWeb，如图 9-4-2 所示。

图 9-4-1 "主目录"选项卡　　　　　　　图 9-4-2 更改 FTP 主目录路径

2. 设置 FTP 站点的标识码、连接数和记录方式

在 FTP 站点属性中，利用"FTP 站点"选项卡可以设置 FTP 站点的标识码、连接数和记录方式。

（1）右击 Default FTP Site，从弹出的快捷菜单中选择"属性"命令，打开"Default FTP Site 属性"对话框，然后切换到"FTP 站点"选项卡，如图 9-4-3 所示。

图 9-4-3 "FTP 站点"选项卡

（2）在"FTP 站点标识"选项区域中可设置 FTP 站点的名称、IP 地址和端口号。描述：FTP 站点的名称，在"Internet 信息服务（IIS）6.0 管理器"控制台树状结构中用的就是此名称。IP 地址：选择 FTP 服务器所使用的 IP 地址，默认尚未指定给任何的 FTP 站点。TCP 端口：设置 Internet 服务的连接端口号，默认为 21。

（3）在"FTP 站点连接"选项区域中可设置同时连接 FTP 站点的用户数和连接超时时间。不受限制：不限制同时连接的用户数。连接数限制为：设置同时连接的最大连接数，请在后面的文本框中输入允许的最大连接数。连接超时：如果已经没有传送资料的用户连接，设置等待的时间，以秒计。

（4）选中"启用日志记录"复选框，启动 FTP 站点的日志记录功能，并且允许选择使用的活动日志格式（在下拉列表框中）。

（5）单击"当前会话"按钮，可以查看目前的连接者，显示用户的名称，如图 9-4-4 所示。如果是匿名登录，对话框中的"连接的用户"就是电子邮件地址，"连接方"就是来源的 IP 地址和登录的时间。选择某一用户后，单击下方的"断开"按钮，以便强迫用户注销，单击"全部断开"按钮将注销所有的用户。

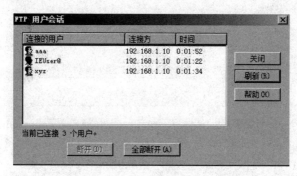

图 9-4-4 "FTP 用户会话"对话框

3. 设置 FTP 站点是否允许匿名连接

（1）右击 Default FTP Site，从弹出的快捷菜单中选择"属性"命令，打开"Default FTP Site 属性"对话框，然后切换到"安全账户"选项卡。在该选项卡中可设置 FTP 站点是否允许匿名连接和用户账户连接，如图 9-4-5 所示。

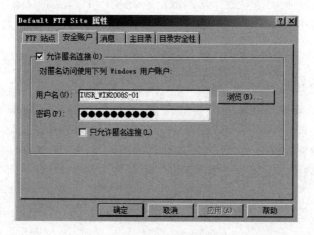

图 9-4-5 "安全账户"选项卡

FTP 的安装和配置管理

（2）允许匿名连接：选择 FTP 站点是否允许匿名连接，设置匿名用户的默认用户账号。如果此复选框未被选中，则必须通过用户登录。选中"只允许匿名连接"复选框，则不允许用户账户登录，只能匿名登录。

4. 设置 FTP 站点进入、退出和最大连接数的消息正文

右击 Default FTP Site，从弹出的快捷菜单中选择"属性"命令，打开"Default FTP Site 属性"对话框，然后切换到"消息"选项卡，如图 9-4-6 所示。在"消息"选项卡中设置 FTP 站点进入、退出和连接太多时的消息正文。如果没有设置，默认使用英文的文字说明。这些消息正文只能在 MS-DOS 方式下连接 FTP 站点时才会显示。

图 9-4-6 "消息"选项卡

5. 设置 FTP 站点的访问限制

（1）右击 Default FTP Site，从弹出的快捷菜单中选择"属性"命令，打开"Default FTP Site 属性"对话框，然后切换到"目录安全性"选项卡。在"目录安全性"选项卡中能够设置 TCP/IP 访问限制，添加 IP 地址授予访问或拒绝访问 FTP 站点的权限。

（2）选择"授权访问"或"拒绝访问"单选按钮，可改变 FTP 站点访问的方式，如图 9-4-7 所示。

（3）默认情况下，所有计算机都将被授权访问。如果要拒绝某些地址的访问，单击"添加"按钮，打开"拒绝访问"对话框，如图 9-4-8 所示。若选择限制的类型为"一台计算机"，则指定拒绝访问的 IP 地址；若选择限制的类型为"一组计算机"，则指定网络标识及子网掩码。

6. 虚拟目录属性设置

在 Win2008s-01 域控制器上选择"开始"→"管理工具"→"Internet 信息服务（IIS）6.0 管理器"命令，打开"Internet 信息服务（IIS）6.0 管理器"控制台窗口。在控制台目录树中展开"Internet 信息服务"节点，再依次展开服务器名→"FTP 站点"→MyFtp。

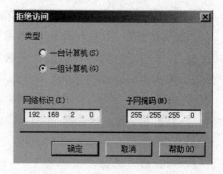

图 9-4-7 "目录安全性"选项卡   图 9-4-8 "拒绝访问"对话框

（1）设置虚拟目录。

① 右击 MyFtp 下的 MyFtpSite 虚拟目录，从弹出的快捷菜单中选择"属性"命令，打开 "MyFtpSite 属性"对话框，选择"虚拟目录"选项卡，如图 9-4-9 所示。

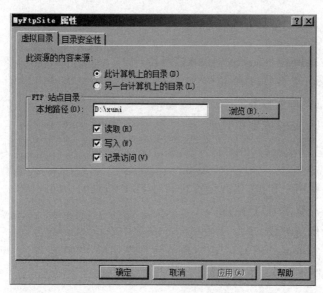

图 9-4-9 "虚拟目录"选项卡

② 如果虚拟目录在该服务器上，则选择"此计算机上的目录"单选按钮；如果虚拟目录 在网络计算机上，则选择"另一台计算机上的目录"单选按钮。

③ 在"FTP 站点目录"选项区域中单击"浏览"按钮，选择虚拟目录路径或者直接输入虚 拟目录路径。这里是 MyFtpSite 的虚拟目录路径 D:\xuni。

④ 通过选中不同复选项来设置目录权限。读取：能够下载存储在主目录或虚拟目录 中的文件。写入：上传文件到 FTP 站点的主目录或虚拟目录。记录访问：对主目录或虚拟

目录的访问都记录在日志文件中。

（2）设置目录安全性。

① 右击 MyFtpSite，从弹出的快捷菜单中选择"属性"命令，打开"MyFtpSite 属性"对话框，然后切换到"目录安全性"选项卡。在"目录安全性"选项卡中能够设置 TCP/IP 访问限制，添加 IP 地址授予访问或拒绝访问 FTP 站点虚拟目录的权限。

② 选择"授权访问"或"拒绝访问"单选按钮，可改变 FTP 站点虚拟目录访问的方式。

③ 默认情况下，所有计算机都将被授权访问。如果要拒绝某些地址的访问，单击"添加"按钮，打开"拒绝访问"对话框。若选择限制的类型为"一台计算机"，则指定拒绝访问的 IP 地址；若选择限制的类型为"一组计算机"，则指定网络标识及子网掩码。

自己练习：

（1）建立一个可以远程维护 MyWeb 网站的 FTP 站点，即可以通过 FTP 服务器上传文件至 MyWeb 网站的主目录。

（2）FTP 服务器每次只能有 10 个用户使用此服务。当 FTP 服务器的连接数达到所允许的最大值时，如果还有用户想进行连接，发出信息"已达到最大连接数"；而当用户从 FTP 服务器注销时，则发出信息"再见"。

实训 9-5　登录 FTP 站点进行文件传输

【实训条件】

（1）安装了 Windows Server 2008 域控制器。

（2）安装了 Web 服务器(IIS)角色。

（3）安装了 FTP 角色服务。

（4）创建了 FTP 站点或虚拟目录。

【实训说明】

（1）先创建一些用户和组，然后设置它们对 FTP 站点的访问权限。

（2）用这些用户登录 FTP 站点。

（3）文件的上传与下载。

（4）客户端计算机可以用 Web 浏览器方式登录访问 FTP 站点，也可以用 MS-DOS 方式登录 FTP 站点进行上传和下载设置。

【实训任务】

（1）用户用 MS-DOS 方式登录访问 FTP 站点。

（2）文件上传和下载。

【实训目的】

（1）掌握用户登录或匿名登录 FTP 站点的方法。

（2）掌握文件上传和下载的方法。

【实训内容】

本实训以 1 号物理主机为例。

1. 创建域用户账户

在 Win2008s-01 域控制器中,可以在"Active Directory 用户和计算机"中创建域用户账户,如 aaa、xyz、ftpuser 等。

2. 登录 FTP 站点

在"Internet 信息服务(IIS)6.0 管理器"控制台窗口的"FTP 站点"中对 MyFtp 站点设定用户或组使用 FTP 服务。右击 MyFtp,从弹出的快捷菜单中选择"属性"命令。在打开的"MyFtp 属性"对话框中切换至"安全账户"选项卡,默认选中"允许匿名连接"复选框,表明该 FTP 站点即可以匿名访问,又可使用用户账户访问。

如果只允许用户账户登录访问,则在"安全账户"选项卡中取消对"允许匿名连接"复选框的勾选,弹出图 9-5-1 所示对话框。单击"是"按钮,回到"MyFtp 属性"对话框,单击"确定"按钮,表示该 FTP 站点只允许用户账户登录。

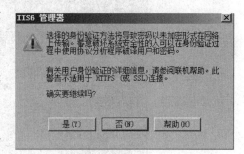

图 9-5-1 "IIS6 管理器"对话框

(1) 匿名登录。

① 在 Win2003s-01 计算机上选择"开始"→"运行"命令,在"打开"文本框中输入 cmd,单击"确定"按钮后进入命令提示符窗口。在命令提示符下输入 ftp,按 Enter 键启动 FTP 工具。

② 输入 open 192.168.1.1,按 Enter 键打开 FTP 站点连接。

③ 进行匿名访问。输入用户名 anonymous,并以任一电子邮件地址 aa@bb.cc 作为密码后,可以看到匿名用户登录的信息,如图 9-5-2 所示。输入 dir 或 ls 命令,按 Enter 键,可以看到 MyFtp 站点所对应的主目录下的文件。执行 bye 命令,退出 FTP 工具。

图 9-5-2 匿名访问 FTP 站点

FTP 的安装和配置管理

（2）用户账户登录。

Win7-01 客户端计算机登录到本机或域后，用创建的 aaa 用户通过别名 ftp. myweb. com 访问 MyFtp 站点。

① 在 Win7-01 计算机上选择"开始"→"所有程序"→"附件"→"命令提示符"命令，在打开的命令提示符窗口中输入 ftp，按 Enter 键启动 FTP 工具。

② 输入 open ftp. myweb. com，按 Enter 键打开 FTP 站点连接。

③ 利用用户账户名访问。输入用户名 aaa 和登录密码后，可以看到 aaa 用户登录的信息，如图 9-5-3 所示。输入 dir 或 ls 命令，按 Enter 键，可以看到 MyFtp 站点所对应的主目录下的文件。执行 bye 命令，退出 FTP 工具。

图 9-5-3　用户账户访问 FTP 站点

（3）利用 FTP 站点指定的端口号访问 FTP 站点。

如将 MyFtp 站点的端口号从默认的 21 改为 1010，然后进行访问。

① 在"MyFtp 属性"对话框中选择"FTP 站点"选项卡，在"TCP 端口"文本框中输入 1010，如图 9-5-4 所示，单击"确定"按钮退出设置。

② 在 Win2003s-01 计算机上选择"开始"→"运行"命令，在"打开"文本框中输入 cmd，单击"确定"按钮后进入命令提示符窗口。在命令提示符下输入 ftp，按 Enter 键启动 FTP 工具。

③ 输入 open 192. 168. 1. 1 1010，或者输入 ftp. myweb. com 1010，按 Enter 键打开 FTP 站点连接。

④ 利用用户账户名访问。输入用户名 aaa 和登录密码后，可以看到 aaa 用户登录的信息，如图 9-5-5 所示。执行 bye 命令，退出 FTP 工具。

3. 上传或下载文件

首先检查 FTP 服务器中的 MyFtp 站点，其主目录是否有读取和写入权限，然后再完成下列设置步骤。

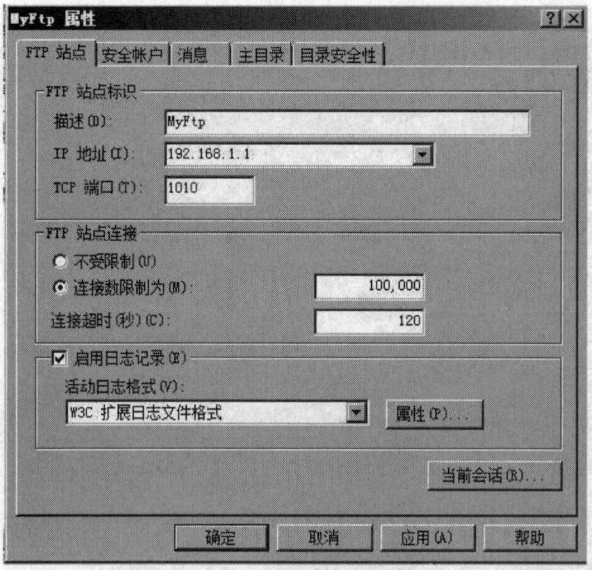

图 9-5-4　更改端口号

图 9-5-5　指定端口号访问 FTP 站点

（1）在 Win7-01 计算机上选择"开始"→"所有程序"→"附件"→"命令提示符"命令，在打开的命令提示符窗口中输入 ftp，按 Enter 键启动 FTP 工具。

（2）输入 open 192.168.1.1 或 open ftp.myweb.com，按 Enter 键打开 FTP 连接。

（3）输入用户名 aaa 和密码，登录到 MyFtp 站点。

（4）使用 put D:\aaa\abc.txt 命令将 Win7-01 计算机中的 D:\aaa\abc.txt 文件上传到 FTP 服务器的主目录上，如图 9-5-6 所示。

（5）用 ls 命令检查 FTP 服务器是否有文件 abc.txt。

（6）使用 get file1.txt D:\file2.txt 命令从 FTP 服务器上下载一个文件到 Win7-01 计算机中的 D:\file2.txt，如图 9-5-7 所示。

4. 利用 FTP 站点更新 Web 网站

让 Web 网站配合 FTP 站点，使用 FTP 上传网页文件，达到更新 Web 网站主页的

FTP 的安装和配置管理

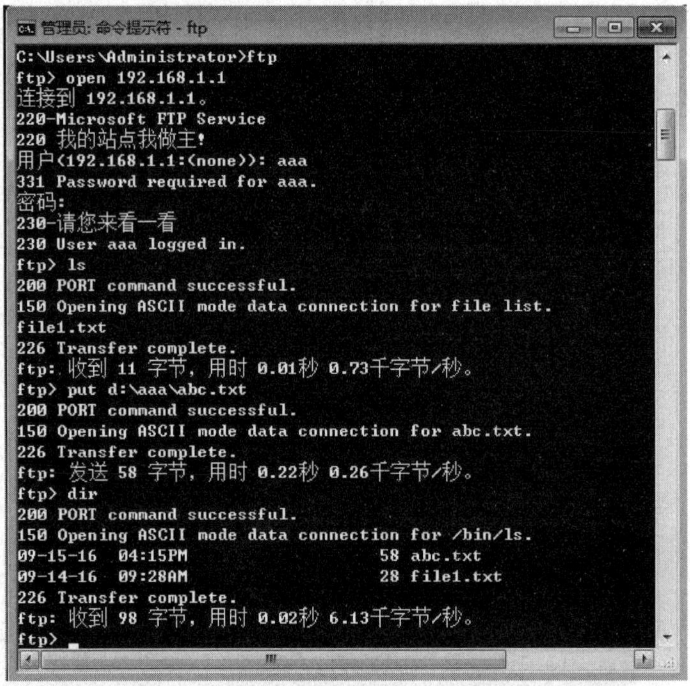

图 9-5-6　上传文件

图 9-5-7　下载文件

目的。

(1) 设置 MyWeb 网站的主目录为 C:\MyWeb。

(2) 设置 MyFtp 站点的主目录为 MyWeb 的主目录 C:\MyWeb,如图 9-5-8 所示。

(3) 设置 MyWeb 网站的默认文件为 default.htm 或 default.asp。

(4) 在 Win2008s-01 域控制器上用 Administrator 账户登录到 MyFtp 站点。上传当前目录下已经更新过的 default.htm 或 default.asp 文件,如图 9-5-9 所示。

(5) 在 Win2003s-01 计算机上启动 IE 浏览器,在地址栏中输入 http://192.168.1.1,然后按 Enter 键,显示 MyWeb 网站上已更新的主页内容,如图 9-5-10 所示。

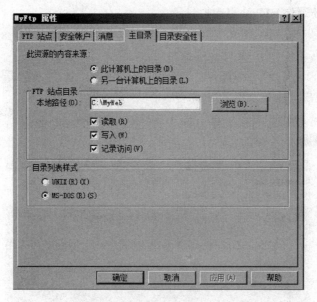

图 9-5-8 "主目录"设置

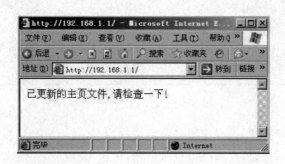

图 9-5-9 更新 Web 主页文件

图 9-5-10 显示已更新的主页文件

FTP 的安装和配置管理

5. 个人用户登录到 FTP 站点虚拟目录

新建"虚拟目录"，在"别名"文本框中输入与用户名一样的别名，如 xyz。当用 xyz 登录后，直接到此别名所对应的 FTP 站点虚拟目录。

（1）打开"MyFtp 属性"对话框，在"安全账户"选项卡中选中"允许匿名连接"复选框，使用户账户和匿名账户均能登录到 FTP 站点。

（2）在 MyFtp 下新建"虚拟目录"，打开"虚拟目录别名"对话框，在"别名"文本框中输入 xyz，如图 9-5-11 所示。

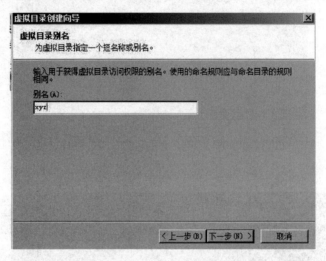

图 9-5-11 新建别名

（3）单击"下一步"按钮，在"FTP 站点内容目录"页面上选择一个实际的路径（如 D:\tm），如图 9-5-12 所示，在该目录下建立一些文件。

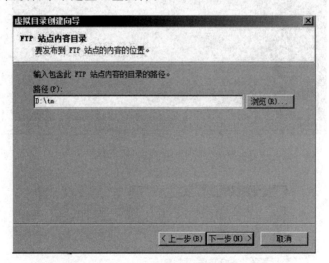

图 9-5-12 目录的实际路径

（4）单击"下一步"按钮，选择虚拟目录的访问权限，选中"读取"和"写入"复选框。

（5）单击"下一步"按钮，完成虚拟目录创建，单击"完成"按钮退出。

（6）在 Win2003s-01 计算机上用 xyz 用户登录 MyFtp 站点，执行 ls 或 dir 命令，显示的正是 FTP 站点对应的虚拟主目录 D:\tm 下的文件，如图 9-5-13 所示。

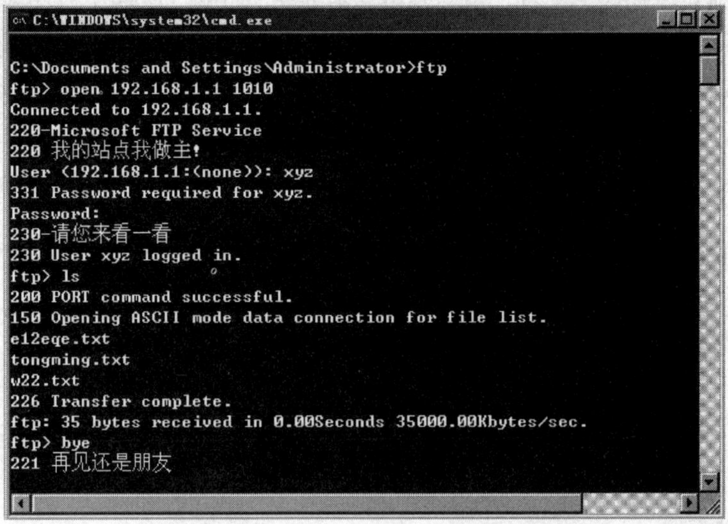

```
C:\Documents and Settings\Administrator>ftp
ftp> open 192.168.1.1 1010
Connected to 192.168.1.1.
220-Microsoft FTP Service
220 我的站点我做主!
User (192.168.1.1:(none)): xyz
331 Password required for xyz.
Password:
230-请您来看一看
230 User xyz logged in.
ftp> ls
200 PORT command successful.
150 Opening ASCII mode data connection for file list.
e12eqe.txt
tongming.txt
w22.txt
226 Transfer complete.
ftp: 35 bytes received in 0.00Seconds 35000.00Kbytes/sec.
ftp> bye
221 再见还是朋友
```

图 9-5-13 访问 FTP 站点下的虚拟目录

自己练习：

（1）建立一个可以远程维护默认 Web 网站的 FTP 虚拟站点，即可以通过 FTP 服务上传文件至默认 Web 网站的主目录。

（2）开设一个域用户账户，用户名为 webuser，口令为 jkb，用户本人不能修改自己的密码，然后用此用户账户登录到 FTP 虚拟站点进行文件的上传和下载操作。

（3）在各自的 Nserver-XX 域中用一台 Win2008s-XX 域控制器搭建一台 FTP 服务器，新建一个名为 FTP-XX 的 FTP 站点，FTP 主目录为 C:\FTPXX，使用"隔离用户"模式，使每个登录用户（新建的域用户账户 USERXX）只能访问自己的个人主目录。

练习提示：首先在 C:\FTPXX 下建立 localuser 子目录，然后在 C:\FTPXX\localuser 目录下建立与用户账户同名的主目录，如 C:\FTPXX\localuser\USERXX，以及一个名为 Public 的文件夹。

用户登录分为两种情况：如果以匿名用户的身份登录，则登录成功后只能在 Public 进行读写操作；如果是以某一有效用户的身份登录，则该用户只能在属于自己的目录中进行读写操作，且无法看到其他用户的目录和 Public 目录。

本例中的 XX 代表物理主机号。

实训 9-6 设置 AD 隔离用户 FTP 服务器

【实训条件】

（1）安装了 Windows Server 2008 域控制器。

（2）安装了 Web 服务器（IIS）角色及其相应服务。

【实训说明】

此实训必须在域环境下进行。服务器中必须安装 Active Directory，这种模式根据相应的 Active Directory 验证用户凭据。当用户对象在活动目录中时，可以将 FTPRoot 和 FTPDir 属性提取出来，为用户主目录提供完整路径。如果 FTP 服务器已经加入域，并且用户数据需要相互隔离，则应当选择该方式。

【实训任务】

(1) 建立 FTP 站点主目录和用户 FTP 目录。

(2) 建立组织单位及用户账户。

(3) 创建有权读取 FTPRoot 和 FTPDir 属性的账户。

(4) 创建 FTP 站点。

(5) 在 AD 数据库中设置用户的主目录。

(6) 测试 AD 隔离用户访问 FTP 服务器。

【实训目的】

掌握 AD 隔离用户 FTP 服务器的设置。

【实训内容】

本实训以 1 号物理主机为例。

(1) 建立 FTP 站点主目录和用户 FTP 目录。

在 Win2008s-01 计算机上用域管理员账户登录到域，创建 C:\ftp 文件夹，C:\ftp\user1 和 C:\ftp\user2 两个子文件夹。

(2) 建立组织单位及用户账户。

打开"Active Directory 用户和计算机"管理工具，建立组织单位 ftp(组织单位名与 FTP 的主目录名一定要相同)，建立用户账户 user1 和 user2，再创建一个让 FTP 站点可以读取用户属性的域用户账户 ftpuser，如图 9-6-1 所示。

图 9-6-1　创建组织单位和用户

（3）创建有权读取 FTPRoot 和 FTPDir 属性的账户。

① FTP 站点必须能够读取位于 AD 内的域用户账户的 FTProot 和 FTPdir 两个属性，才能够得知该用户主目录的位置。因此先要为 FTP 站点创建一个有权限读取这两个属性的用户账户，通过委派控制来实现。右键单击 Nserver-01.com 的组织单位 ftp，从弹出的快捷菜单中选择"控制委派"命令，打开"控制委派向导"对话框，根据向导添加用户 ftpuser，如图 9-6-2 所示。

图 9-6-2 "控制委派向导"对话框

② 单击"下一步"按钮，设置委派任务，选中"读取所有用户信息"复选框，如图 9-6-3 所示。

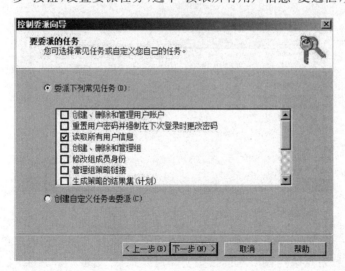

图 9-6-3 选择要委派的任务

③ 单击"下一步"按钮，弹出"完成控制委派向导"页面，单击"完成"按钮退出。

（4）创建 FTP 站点。

① 创建名为 ADFTP 的站点，打开"FTP 站点创建向导"对话框，创建名为 ADFTP 的

FTP 的安装和配置管理

FTP 站点,按向导提示进行操作。

② 在"FTP 用户隔离"页面中选择"用 Active Directory 隔离用户"单选按钮,如图 9-6-4 所示。

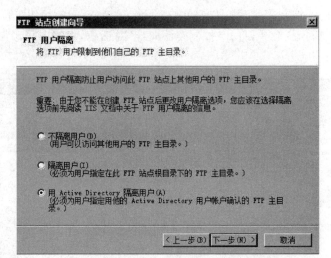

图 9-6-4 "FTP 用户隔离"对话框

③ 单击"下一步"按钮,打开图 9-6-5 所示页面,指定用来访问 Active Directory 域的用户名和密码。

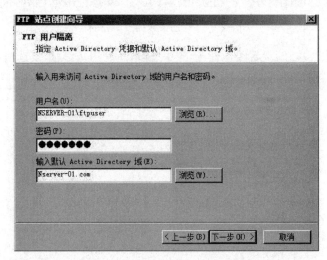

图 9-6-5 指定访问 Active Directory 域的用户名和密码

④ 单击"下一步"按钮,弹出"确认密码"对话框,再次输入用户密码后单击"确定"按钮。

⑤ 显示"FTP 站点访问权限"页面,按实际需要选择"读取"和"写入"复选框。

⑥ 单击"下一步"按钮,显示完成 FTP 站点创建向导,单击"完成"按钮退出。

(5) 在 AD 数据库中设置用户的主目录。

① 在 Win2008s-01 域控制器上的"运行"文本框中输入 adsiedit.msc,打开 ADSI Edit 窗口。在工具栏菜单中选择"操作"→"连接到"命令,弹出"连接设置"对话框,如图 9-6-6 所

示。在这里不作更改,直接单击"确定"按钮,连接到当前服务器。

图 9-6-6 "连接设置"对话框

② 在 ADSI Edit 窗口中设置访问 FTP 站点的 AD 隔离用户。依次展开左侧的目录树,双击 OU＝ftp,然后右键单击 CN＝user1,在弹出的快捷菜单中选择"属性"命令,打开"CN＝user1 属性"对话框,如图 9-6-7 所示。

图 9-6-7 "CN＝user1 属性"对话框

③ 选中 msIIS-FTPDir,然后单击"编辑"按钮,出现"字符串属性编辑器"对话框。在此输入用户 user1 的 FTP 主目录,即 user1,如图 9-6-8 所示,单击"确定"按钮。

④ 在图 9-6-7 中选中 msIIS-FTPRoot,然后单击"编辑"按钮,出现"字符串属性编辑器"对话框。在此输入用户 user1 的 FTP 根目录,即 C:\ftp,如图 9-6-9 所示,单击"确定"按钮。

FTP 的安装和配置管理

图 9-6-8　用户 user1 的 FTP 主目录

图 9-6-9　用户 user1 的 FTP 根目录

⑤ 同理设置用户 user2 的 FTP 主目录和 FTP 根目录。

（6）测试 AD 隔离用户访问 FTP 服务器。

① 用户在 Win2003s-01 计算机上打开 IE 浏览器，输入 ftp://192.168.1.1，然后以 user1 用户账户登录，发现直接定位到了 user1 主目录下，如图 9-6-10 所示。

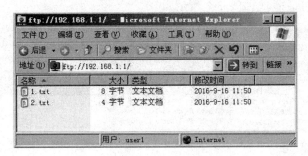

图 9-6-10　显示 user1 用户主目录

② 同理测试 user2 用户，请读者自己操作，也可以得到相同结论。

第 10 章　Mail 服务器的安装和设置

【知识背景】

1. 电子邮件地址的格式

电子邮件地址格式为：账户名@邮件服务器域名，如 uesrname@domain. com。一般情况下，每个电子邮件用户都会在邮件服务器中有一个不同的目录，用于存放用户的电子邮件。

2. 电子邮件系统组成部分

一个完整的电子邮件系统一般包括以下三个部分。

（1）用户代理。

用户代理能够通过一个很友好的接口（例如友好的窗口页面）来发送和接收邮件。

（2）邮件服务器。

邮件服务器是电子邮件的核心，主要是接收和发送邮件，同时还向发信人报告邮件传送的情况，如成功交付、被拒绝、丢失。

（3）电子邮件协议。

电子邮件协议是用来规范 MUA 和 MTA 实现通信的一组规则。常见的电子邮件协议包括以下几种。

① SMTP。

SMTP（Simple Mail Transfer Protocol，简单邮件传输协议）是定义邮件传输的协议，它是基于 TCP 服务的应用层协议，由 RFC0821 所定义。

SMTP 是一组规则，用于从源地址到目的地址传送电子邮件。每一个想接收电子邮件的主机都安装了 SMTP 服务器。当主机由用户接收了电子邮件并想传送到另一台服务器，则它联络 SMTP 服务器，SMTP 服务器会做出反应，显示确认、错误消息或特定的请求信息。

SMTP 使用客户端/服务器方式。用户代理把所有要发送的邮件发送给发送人所在的 SMTP 服务器（即邮件服务器），SMTP 服务器监听 25 号端口，将接收到的邮件暂时放入邮件缓存队列，并与收信人所在的 SMTP 服务器进行联络、连接，最后收信人所在的 SMTP 服务器把收到的邮件放入收件人的邮箱中，完成信件传递过程。

② POP3。

POP3（Post Office Protocol 3，邮局通信协议 3）主要用于收信件。POP3 使用客户端/服务器方式，收信人利用用户代理将自己的邮件从邮件服务器的用户邮箱内取回。此用户代理即为负责获取邮件的 POP3 客户。而在邮件服务器上监听 TCP 端口 110，负责读取并发送邮件的就是 POP3 服务进程（即 POP3 服务器）。获取信件时，POP3 服务器需要用户输入合法的账户信息。

③ IMAP4。

IMAP4(Internet Message Access Protocol 4,交互式数据消息访问协议 4)主要提供的是通过 Internet 获取信息的一种协议。IMAP 像 POP 一样提供了方便的邮件下载服务,让用户能进行离线阅读。IMAP 提供的摘要浏览功能还可以让用户在阅读完所有的邮件到达时间、主题、发件人、大小等信息后才作出是否下载的决定。

IMAP 本身是一种用于邮箱访问的协议,使用 IMAP 可以在客户端管理 Server 上的邮箱。它与 POP3 不同,邮件是保留在服务器上而不是下载到本地,在这一点上 IMAP 与Webmail 相似。但 IMAP 有比 Webmail 更好的地方,即它比 Webmail 更高效和安全,可以离线阅读等。

3. 公用电子邮件服务

公用电子邮件服务提供商通常同时使用两个邮件服务器地址,如 263.com,它的 POP3服务器为 pop.263.com,SMTP 服务器为 smtp.263.com。用户通过客户端邮件软件(需要指定 SMTP 及 POP3 服务器地址)连接到 263 免费邮件服务器之后,先要通过账号身份验证,然后进行邮件收发。这里需要两个过程:SMTP 和 POP3。用户使用 SMTP(TCP 端口25)发送邮件,而 POP3(TCP 端口 110)检索用户的新邮件并将新邮件发送到用户本地。因此,完善的邮件服务需要 SMTP 和 POP3 的共同作用。

4. IIS 7.0 提供的 SMTP 服务

所熟悉的电子邮件服务除了依赖于 SMTP 协议之外,还需要 POP 协议的支持,而 POP协议是 IIS 所不能支持的,所以使用 IIS 7.0 的 SMTP 服务器并不能实现完整的邮件服务。笼统地说,SMTP 负责邮件的传递,例如从客户端到邮件服务器以及服务器之间的传递工作。而 POP 协议能够让客户检索到由 SMTP 发送来的邮件,并将新的邮件下载到用户本地。IIS 7.0 的 SMTP 服务执行两个任务:向其他 SMTP 服务器转发邮件,或者把本地域为目的地的消息存放到一个单独的目录中(默认为 Drop)。为了弥补 SMTP 服务不能主动接收邮件的缺陷,可以通过自己写一些 ASP 代码实现邮件检索功能(通过 CDO for NTS库),从而可以读取 SMTP 文件夹中的简单邮件等。

SMTP 通过文件夹方式实现邮件的传送,一封邮件在传送的各个不同过程(状态)中被SMTP 放入不同文件夹中。例如,用户只需将待发送的邮件投入发送文件夹就可以由 IIS实现自动发送,而用户收到的新邮件也是被 IIS 投放到收件文件夹中。在网络中唯一区分SMTP 服务器的标识有 IP 地址和 TCP 端口号,SMTP 服务的默认 TCP 端口号为 25。如果在 IIS 安装过程中已选择 SMTP 服务,安装完成之后,系统自动生成一个默认 SMTP 站点,它与默认 Web 服务器和默认 FTP 服务器共用系统默认的 IP 地址。

实训 10-1　安装 Mail 服务器

【实训条件】

(1) 安装了 Windows Server 2008 域控制器。

(2) 安装了 Web 服务器(IIS)角色。

（3）安装了 DNS 服务器。

（4）已关闭 Windows 防火墙。

【实训说明】

一个完整的电子邮件系统包括邮件用户代理程序、邮件传送代理程序和电子邮件协议，主要涉及 SMTP 协议、POP3 协议和 IMAP4 协议，其服务过程遵循 C/S 模型。

Windows Server 2008 中已不带 POP3 服务器角色功能，因而需要利用第三方软件实现邮件收发功能，如 Winmail 等。

【实训任务】

（1）创建邮件账户域名主机。

（2）安装 SMTP 服务器角色功能。

（3）Winmail 邮件服务器的安装。

【实训目的】

掌握 SMTP 服务器角色及其所需功能的安装。

【实训内容】

本实训以 1 号物理主机为例。

1. 创建邮件账户域名主机

（1）在 Win2008s-01 控制器上选择"开始"→"管理工具"→DNS 命令，打开 DNS 控制台窗口，依次展开服务器名→"正向查找区域"，创建一个名为 abc.com 的 DNS 区域。右键单击 abc.com，在弹出的快捷菜单中选择"新建主机"命令，打开"新建主机"对话框。如 mail，如图 10-1-1 所示。

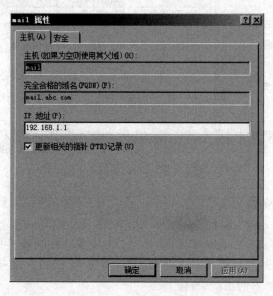

图 10-1-1　添加主机

Mail 服务器的安装和设置

（2）单击"添加主机"按钮，弹出成功添加主机的对话框信息，单击"完成"按钮完成 mail.abc.com 主机域名的创建。

（3）再次右键单击 abc.com，在弹出的快捷菜单中选择"新建邮件交换器"命令，打开 "新建资源记录"对话框。在"邮件服务器的完全合格的域名"文本框中输入完整的主机域名 或单击"浏览"按钮查找所需的主机域名即可，如图 10-1-2 所示。

图 10-1-2　新建 SMTP 主机资源记录

（4）单击"确定"按钮返回，邮件交换器创建完毕，如图 10-1-3 所示。

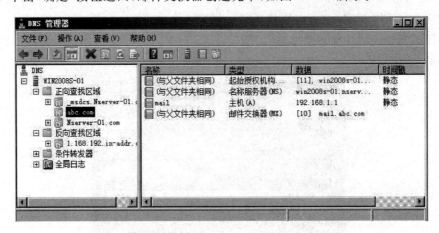

图 10-1-3　DNS 管理器窗口

2. 安装 SMTP 服务器角色

（1）在 Win2008s-01 控制器上选择"开始"→"管理工具"→"服务器管理器"命令，打开 "服务器管理器"控制台窗口，右键单击"功能"选项，在弹出的快捷菜单中选择"添加功能"命 令，打开"添加功能向导"对话框，在"选择功能"页面选择"SMTP 服务器"，弹出图 10-1-4 所 示对话框，单击"添加必需的功能"按钮。

（2）单击"下一步"按钮，在"确认安装选择"页面显示一些安装信息。

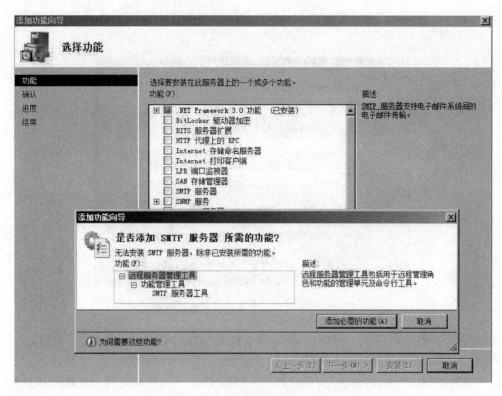

图 10-1-4　添加 SMTP 服务器所需的功能

（3）单击"安装"按钮,在"安装进度"页面显示正在进行安装的进度条。在"安装结果"页面显示已安装的角色功能信息。

（4）单击"关闭"按钮,完成 SMTP 服务器角色及其所需功能的安装。

（5）打开"Internet 信息服务(IIS)6.0 管理器"控制器窗口,展开服务器名,看到[SMTP Virtual Server ♯1]节点已添加到 IIS 上了,如图 10-1-5 所示。

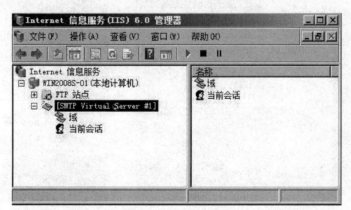

图 10-1-5　"Internet 信息服务(IIS)6.0 管理器"控制器窗口

3. Winmail 邮件服务器的安装

（1）双击 Winmail 安装程序,出现安装向导对话框,选择简体中文安装方式,单击"下一

Mail 服务器的安装和设置

步"按钮继续。安装过程中要求用户配置管理员密码和系统邮箱密码(建议这两个密码不相同),操作如图 10-1-6 所示。

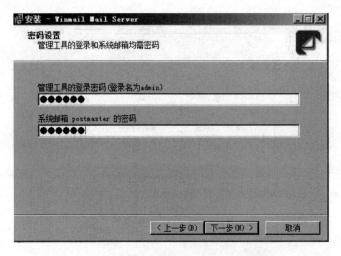

图 10-1-6　管理员和系统邮箱密码设置

(2) 单击"下一步"按钮,系统开始将安装文件复制到指定的文件夹内,直到完成。

(3) 安装文件复制完成后选中"现在启动 Winmail Server"复选框。

(4) 单击"确定"按钮,弹出"快速设置向导"对话框。可以在此向导中新建邮箱地址,输入需设置的邮箱地址信息后单击"设置"按钮,如图 10-1-7 所示。

(5) 单击"关闭"按钮退出向导。

(6) 服务器安装后会在系统桌面上看到 Winmail Server 的图标。双击该图标,出现登录管理端的"连接服务器"对话框,要求用户输入登录的管理员密码,管理员的默认用户名为 admin,操作如图 10-1-8 所示。

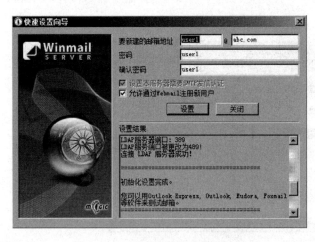

图 10-1-7　"快速设置向导"对话框

图 10-1-8　"连接服务器"对话框

(7) 输入设置过的正确密码后出现管理工具窗口,如图 10-1-9 所示。至此,Winmail 邮件服务器安装完毕。

图 10-1-9　管理工具窗口

实训 10-2　Mail 服务器的基本设置

【实训条件】

（1）安装了 Windows Server 2008 域控制器。

（2）安装了 Web 服务器(IIS)角色及其相应服务。

（3）安装了 SMTP 服务器及其所需的角色功能。

（4）安装了 Winmail 邮件服务器。

【实训说明】

电子邮件服务配置包括连接数量、访问控制、身份认证、邮件传递限制等。

【实训任务】

（1）配置 SMTP 服务。

（2）配置 Winmail 邮件服务器。

【实训目的】

掌握 SMTP 服务的配置、Winmail 邮件服务器的配置。

【实训内容】

本实训以 1 号物理主机为例。

273

1. 配置 SMTP 服务

（1）打开"Internet 信息服务（IIS）6.0 管理器"控制器窗口，右键单击［SMTP Virtual Server♯1］节点，在弹出的快捷菜单中选择"属性"命令，打开"［SMTP Virtual Server♯1］属性"对话框。

（2）在"常规"选项卡中选择本机 IP 地址，设置限制连接的最大数量和连接超时时间，如图 10-2-1 所示。

（3）在"访问"选项卡中单击"身份验证"按钮，打开"身份验证"对话框，如图 10-2-2 所示。选中"集成 Windows 身份验证"复选框，单击"确定"按钮。

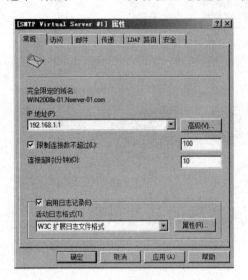

图 10-2-1 "常规"选项卡

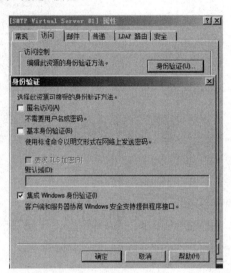

图 10-2-2 "身份验证"对话框

（4）在"邮件"选项卡中设置相关的邮件传递信息，如图 10-2-3 所示。

（5）在"传递"选项卡中设置邮件的出站和本地的相关延迟通知、过期超时等，如图 10-2-4 所示。

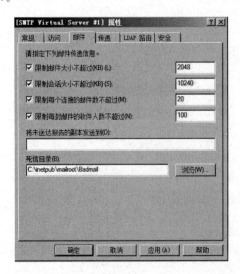

图 10-2-3 "邮件"选项卡

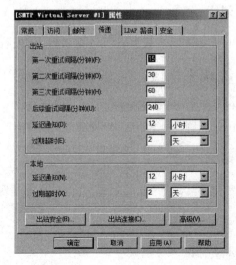

图 10-2-4 "传递"选项卡

（6）单击图 10-2-4 中的"高级"按钮,弹出图 10-2-5 所示"高级传递"对话框。设置"虚拟域"和"完全限定的域名"。至此,SMTP 服务设置完毕。

图 10-2-5 "高级传递"对话框

由于 Windows Server 2008 已不带 POP3 邮局协议服务,SMTP 服务器只能实现发送邮件的功能,而接收邮件需要 POP3 服务器实现。所以,利用 Winmail 邮件服务器软件进行 SMTP 和 POP3 服务设置,需要停止在 Windows Server 2008 中已运行的 SMTP 服务,或者可以更改 SMTP 默认端口,否则要占用默认的 SMTP 端口。

2. Winmail 邮件服务器的基本设置

（1）Winmail 邮件服务器连接成功后,选择"系统设置"→"系统服务"选项,查看系统中的 SMTP 和 POP3 等服务是否正常运行,如图 10-2-6 所示。系统服务中列出了所有服务的运行状态、绑定地址以及端口。超级管理员可以选择某个服务进行启动、停止,如果出现启动不成功,一般情况都是端口被占用,关闭占用程序或者更换端口就可以重新启动服务。

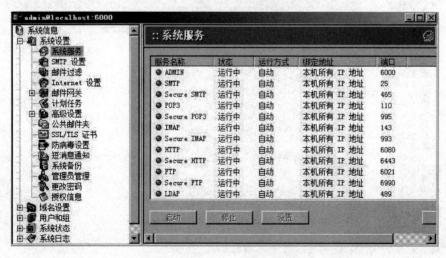

图 10-2-6 查看系统服务

Mail 服务器的安装和设置

（2）选择"系统设置"→"SMTP 设置"选项，打开"SMTP 设置"页面，切换至"基本参数"选项卡，对基本的 SMTP 发信选项进行设置，如图 10-2-7 所示。

图 10-2-7　基本参数设置

① 切换至"SMTP 过滤"选项卡，设置邮箱的发送过滤，如图 10-2-8 所示。

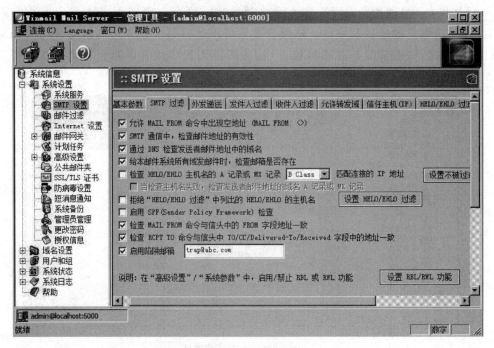

图 10-2-8　邮件过滤设置

② 切换至"外发递送"选项卡,设置中继服务器,发送失败的递送规则等。这里不作改动,如图 10-2-9 所示。

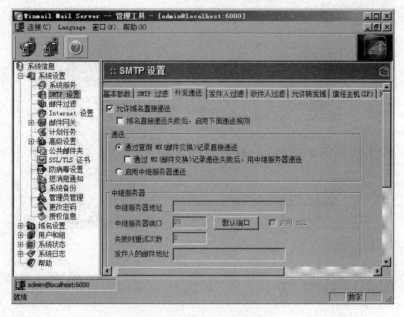

图 10-2-9 邮件外发递送设置

(3) 选择"系统设置"→"邮件过滤"选项,在打开的"邮件过滤"页面中设置对垃圾邮件的过滤。Winmail 服务器提供按发信人、收信人、邮件内容等项目来设置过滤规则。

在"系统设置"中还有很多选项,可以根据需要进行设置。

3. Winmail 邮件服务器的高级设置

(1) 选择"域名设置"→"域名管理"选项,在"域名管理"页面中单击"新增"按钮,出现"域名"对话框,设置基本的域名信息和邮箱的基本属性等,如图 10-2-10 所示。

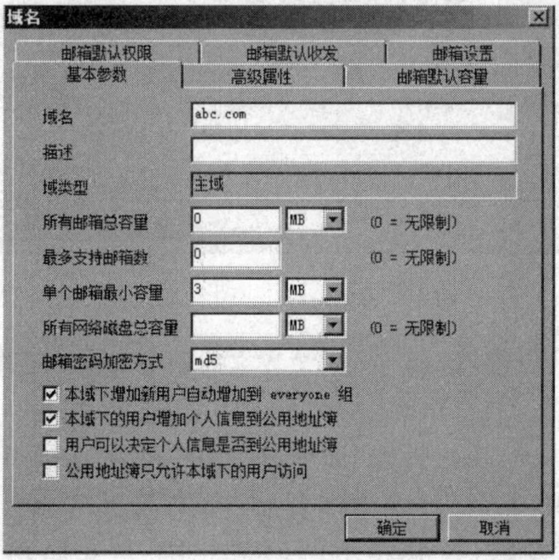

图 10-2-10 域名和邮箱基本设置

① 切换至"邮箱默认容量"选项卡,设置邮箱的默认容量文件数量、警告信息等,如图 10-2-11 所示。

图 10-2-11　邮箱容量设置

② 切换至"高级属性"选项卡,选中"允许通过 Webmail 注册邮箱"复选框,如图 10-2-12 所示。

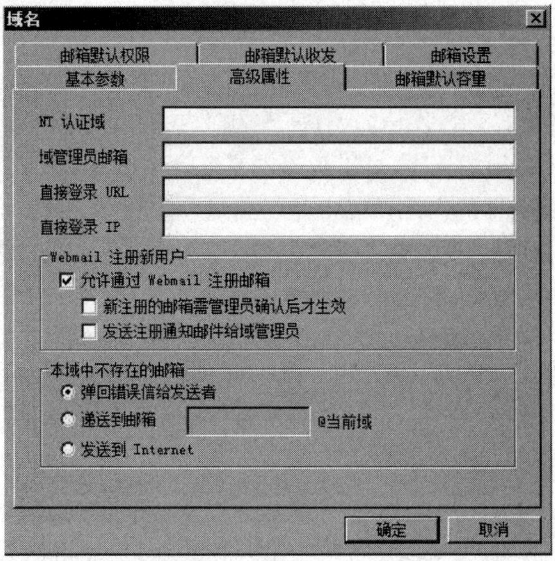

图 10-2-12　Webmail 注册设置

③ 切换至"邮箱默认权限"选项卡,设置基本的服务、用户配置和网络助理等选项,如图 10-2-13 所示。

(2)选择"用户和组"→"用户管理"选项,在"用户管理"页面中单击"新增"按钮,打开"基本设置"对话框,添加邮箱新用户。例如新增一个邮箱用户 user1,如图 10-2-14 所示。

再按图 10-2-14 所示新建一个邮箱用户 user2,如图 10-2-15 所示,单击"完成"按钮,返回"用户管理"页面。

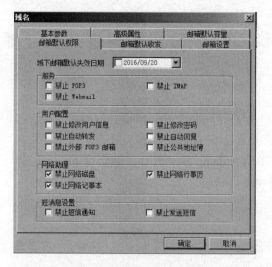

图 10-2-13　邮箱权限设置

图 10-2-14　新建邮箱用户

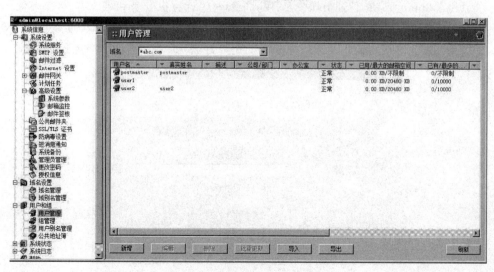

图 10-2-15　"用户管理"页面

实训 10-3 设置客户端并收发邮件

【实训条件】

(1) 安装了 Windows Server 2008 域控制器。

(2) 安装了 Web 服务器(IIS)角色及其相应服务。

(3) 安装了 Winmail 邮件服务器,并进行了相应设置。

(4) 已关闭服务器和客户端防火墙。

【实训说明】

使用 Winmail 邮件服务器进行邮件收发操作,Winmail 邮件服务器提供了通过客户端软件和通过浏览器访问两种方式。

【实训任务】

(1) Outlook 邮件账户收发邮件的设置。

(2) Web 浏览器方式收发邮件的设置。

【实训目的】

(1) 掌握 Outlook 客户端邮件账户收发邮件的设置。

(2) 掌握通过 Web 浏览器进行邮件收发设置。

【实训内容】

本实训以 1 号物理主机为例。

1. 使用 Outlook Express 客户端软件进行设置

(1) 用 Administrator 管理员账户从 Win2003s-01 计算机登录到域或本机。

① 选择"开始"→"所有程序"→Outlook Express 命令,打开"Internet 连接向导"对话框。在"显示名"文本框中输入在通信中显示的用户姓名,如"张三",如图 10-3-1 所示。

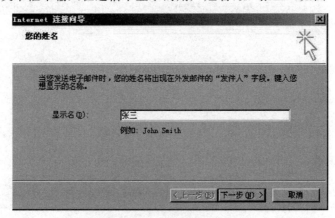

图 10-3-1 输入用户姓名

② 单击"下一步"按钮,在"电子邮件地址"文本框中输入用户的电子邮件地址,如 user1 @abc.com,如图 10-3-2 所示。

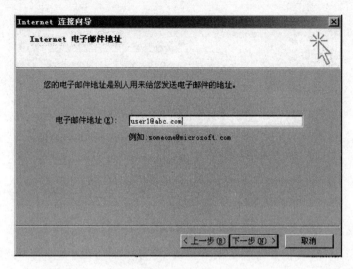

图 10-3-2　输入电子邮件地址

③ 单击"下一步"按钮,输入电子邮件服务器名。在"我的邮件接收服务器是"下拉列表中选择 POP3 服务器,在"接收邮件(POP3,IMAP 或 HTTP)服务器"和"发送邮件服务器(SMTP)"文本框中输入 Mail 服务器名称,本例为 mail.abc.com,也可以输入 Mail 服务器所在的 IP 地址,如图 10-3-3 所示。

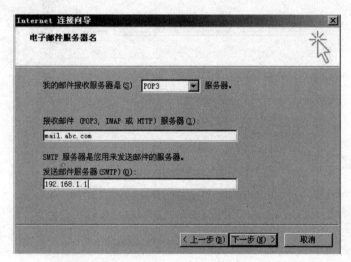

图 10-3-3　输入电子邮件服务器名称

④ 单击"下一步"按钮,在如图 10-3-4 所示的页面中设置该用户的账户名和密码。

⑤ 单击"下一步"按钮,提示已完成该邮箱用户账户的设置,单击"完成"按钮退出向导。

⑥ 在 Outlook Express 窗口选择菜单栏中的"工具"→"账户"命令,打开"Internet 账户"对话框,切换至"邮件"选项卡,选中选项区域中的邮件账户,如 mail.abc.com,单击右侧的"属性"按钮,打开"mail.abc.com 属性"对话框,切换至"服务器"选项卡,在"发送邮件服

Mail 服务器的安装和设置

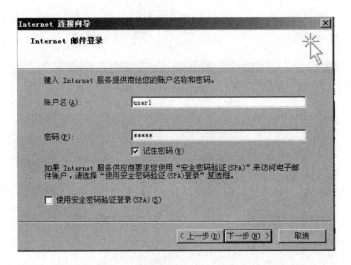

图 10-3-4 设置账户名和密码

务器"选项区域中选中"我的服务器要求身份验证"复选框后单击"设置"按钮,打开"发送邮件服务器"对话框,在"登录信息"选项区域中选择"使用与接收邮件服务器相同的设置"单选按钮,如图 10-3-5 所示。

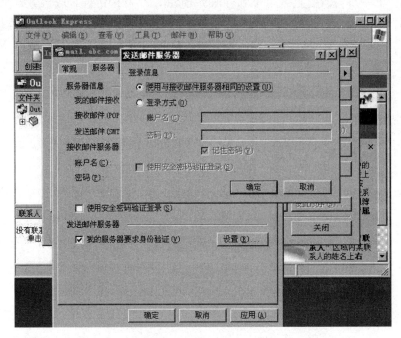

图 10-3-5 邮件账户属性设置

⑦ 单击"确定"按钮,完成邮件账户属性设置。

(2) 用 Administrator 管理员账户从 Win7-01 计算机登录到域或本机。

① 运行 Microsoft Office Outlook 客户端软件,弹出"添加新账户"对话框,用来自动设置邮箱用户信息,如用户姓名为"李四",电子邮件地址为 user2@abc.com,输入登录密码,如图 10-3-6 所示。

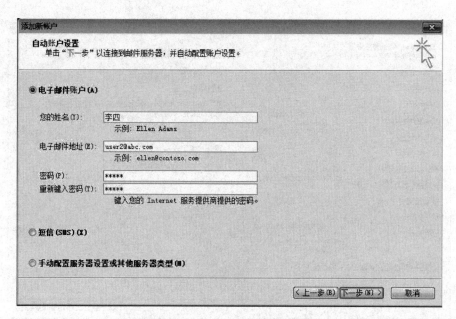

图 10-3-6　设置邮箱用户信息

② 单击"下一步"按钮,联机搜索邮件服务器后显示"IMAP 电子邮件账户已配置成功"
信息,如图 10-3-7 所示。

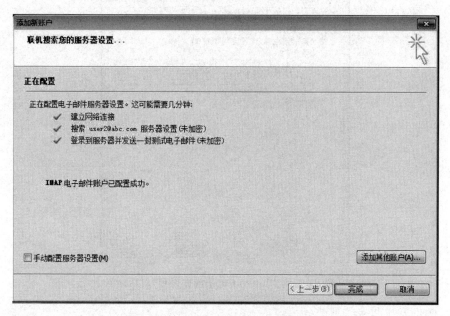

图 10-3-7　显示已成功设置信息

③ 若需要手动配置服务器设置,则选中"手动配置服务器设置或其他服务器类型"单选
按钮,弹出图 10-3-8 所示对话框,可以设置和更改邮箱用户和测试账户设置等操作。

④ 单击"其他设置"按钮,弹出"Internet 电子邮件设置"对话框,在不同的选项卡中可以
进一步进行设置,这里保持默认值,不做更改,如图 10-3-9 所示。

⑤ 单击"确定"按钮返回到"添加新账户"对话框,然后单击"完成"按钮退出向导。

Mail 服务器的安装和设置

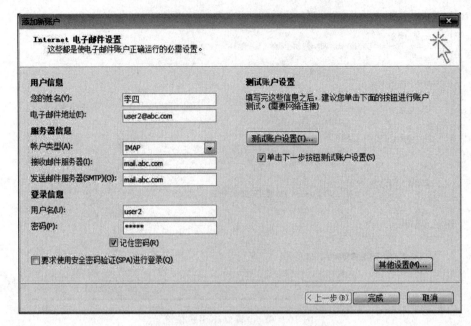

图 10-3-8 手动设置邮箱用户信息

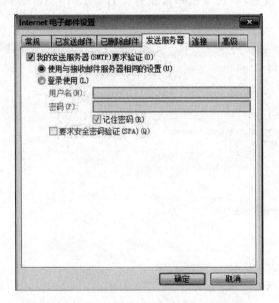

图 10-3-9 "Internet 电子邮件设置"对话框

（3）邮件发送和接收测试。

① 从位于 Win2003s-01 计算机上的邮件账户 user1 发送邮件给 user2，如图 10-3-10 所示，单击"发送"按钮完成发送操作。

② 从位于 Win7-01 计算机上的邮件账户 user2 接收 user1 发来的邮件，如图 10-3-11 所示。

③ 请读者练习，从位于 Win7-01 计算机上的邮件账户 user2 发送邮件给 user1，内容自拟，user1 用户收到邮件后回复收到信息给 user2 用户。

图 10-3-10　发送邮件

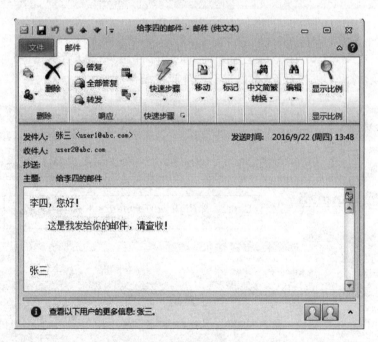

图 10-3-11　接收邮件

2. 使用 Web 浏览器测试

　　Winmail 电子邮件服务器的 Webmail 启动占用 http:6080 端口。只要在客户端计算机的浏览器中输入安装该服务器的 Mail 主机域名(或 IP 地址)和对应的端口号即可出现图 10-3-12 所示的浏览器页面。选择该 Web 页面上的对应超链接就可以实现通过 Web 进行邮件的发送和接收,邮件服务器的管理等过程。

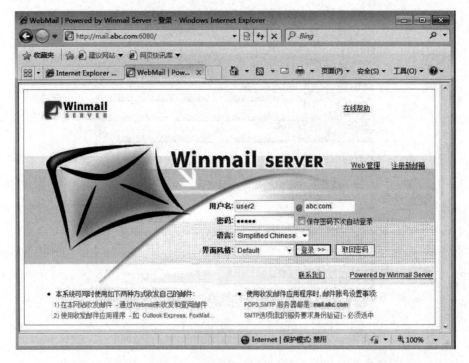

图 10-3-12　Winmail 页面

① 输入已在 Win7-01 计算机上建立的 user2 邮件用户信息后单击"登录"按钮，进入图 10-3-13 所示的用户邮箱页面，可以进行邮件收发操作。

图 10-3-13　用户邮箱页面

② 这里用户可以进行写邮件、收邮件、查找邮件、地址簿等操作。

③ 请同学们练习，在 Webmail 方式下创建新邮件并进行发送、接收等操作。

3. 进行网络配置，将邮件发到自己在校内或校外的其他邮箱中（非本地）

在此服务器启动之前，在 VirtualBox 中设置两个网卡，第一块网卡就是原来的内网网卡，第二块网卡的连接方式设置为"桥接网卡"，如图 10-3-14 所示。

图 10-3-14　网卡二设置为"桥接网卡"

（1）启动 Win2008s-01 域控制器，同时它也作为 DNS、邮件服务器等，将两块网卡均启用。

第一块网卡（内网）：

IP：192.168.0.1。

子网掩码：255.255.255.0。

默认网关：空。

首选 DNS：202.121.241.8。

第二块网卡（外网）：

IP：192.168.104.101（这是校园网经地址转换后的 IP 地址）。

子网掩码：255.255.255.0。

默认网关：192.168.104.254。

首选 DNS：202.121.241.8。

在 Win2003s-01、Win7-01 客户端上启用内网网卡，其中 Win2003s-01 的 TCP/IP 设置：

IP：192.168.0.10。

子网掩码：255.255.255.0。

默认网关：192.168.0.1。

首选 DNS：192.168.0.1。

备用 DNS：202.121.241.8。

Win7-01 的 TCP/IP 设置：

Mail 服务器的安装和设置

IP 地址：192.168.0.20。

默认网关：192.168.0.1。

首选 DNS：192.168.0.1。

备用 DNS：202.121.241.8。

使客户端能够上网，在两个客户端上运行 IE。若不能在客户端上网，必须改变网络配置。

（2）在 Win2008s-01 的桌面上右击"网络"图标，在弹出的快捷菜单中选择"属性"命令，显示"网络和共享中心"窗口。选择"任务"下的"管理网络连接"选项，将第二块外网网卡的名称改为"校园网"。右击"校园网"图标，在弹出的快捷菜单中选择"属性"命令，打开"校园网属性"对话框，选择"Internet 协议版本 4（TCP/IPv4）"选项，按上述要求进行 TCP/IP 协议设置，如图 10-3-15 所示。

（3）单击"确定"按钮，返回"校园网属性"对话框，切换至"共享"选项卡。在"Internet 连接共享"选项区域中选中"允许其他网络用户通过此计算机的 Internet 连接来连接"复选框，然后单击"设置"按钮，在"高级设置"对话框中选择所需的服务，如图 10-3-16 所示。

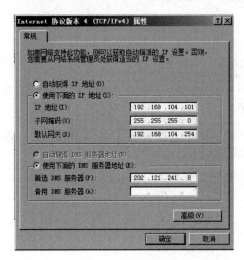

图 10-3-15　外网的 TCP/IP 协议设置　　　　图 10-3-16　"Internet 连接共享"服务选项

（4）单击"确定"按钮，弹出图 10-3-17 所示对话框。

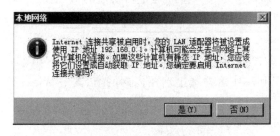

图 10-3-17　更改本地网络设置

（5）单击"是"按钮，外网上的"Internet 连接共享"设置完成。

（6）第一块内网网卡的 IP 地址自动改为 192.168.0.1。

（7）检查网关、DNS 服务器是否配置正确。由于内网网卡的 IP 地址已作变动，故 Win2008s-01 计算机作为 DNS 服务器，DNS 区域内的主机域名所对应的 IP 地址也应作相应调整。

（8）Win2003s-01 和 Win7-01 计算机按要求分别进行 TCP/IP 设置。

（9）客户端上的同学将邮件发到自己的其他邮件账户上，如新浪邮箱、Hotmail 邮箱、163 邮箱等。

（10）用 Web 方式查看自己的邮箱是否收到刚才发送的邮件。

4. 接收外部网络发来的邮件

怎样才能在 Windows Server 2008 的邮件服务器 Winmail 中收到外部网络发来的电子邮件呢？

（1）邮件服务器必须有一个外网公认的 IP 地址。

（2）邮件服务器的域名在公网上已被注册，从而发到此域名的邮件能被外网的 DNS 解析并送到此邮件服务器中。

具体请参阅 Winmail 中的有关说明书，以了解更详细的步骤。

Mail 服务器的安装和设置

第11章 | 软路由及 NAT 的安装和配置

【知识背景】

1. 路由的概念

路由是指路由器从一个接口收到数据包（IP 数据包），根据数据包的目的 IP 地址进行定向并转发到下一个接口的过程。在此过程中需要用到一个重要的网络设备，即路由器（Router）。路由器是工作在网络层的一个硬件设备，它根据收到的数据包的目的 IP 地址及路由器内部维护的路由表决定输出端口及下一跳地址，并且重写链路层数据包头实现转发数据包。

路由器可以从相邻的路由器或从管理员那里得到关于远程网络的信息。之后，路由器需要建立一个描述如何到达远程网络的路由表。如果网络是直接与路由器相连的（直连网络），那么路由器会自动检测并知道如何到达这个网络；如果网络没有直接与它相连，路由器必须通过学习来了解如何到达这个远程网络。路由器构建路由表的方法有以下几种：

（1）静态路由方式。

静态路由方式即由管理员手动配置路由表的方式。用此种方式配置的路由表不会发生任何变化。

（2）动态路由方式。

在动态路由中，在一个路由器上运行的路由协议将与相邻路由器上运行的相同协议之间进行通信，然后这些路由器会更新各自对整个网络的认识并将这些信息加入到路由表中去。如果网络拓扑发生了变化，动态路由协议自动地将这些变化通知给所有的路由器。

Windows Server 2008 添加了"网络策略和访问服务"服务器角色中的"路由和远程访问"角色服务后，Windows Server 2008 就能代替路由器工作，称为"软路由"。Windows Server 2008 的计算机同时与几个不同的网络进行连接时，如果没有软路由功能的支持，那么 Windows Server 2008 系统不可能同时对多个不同的网络进行成功访问。

2. NAT 的概念

NAT（Network Address Translation，网络地址转换）工作在网络层和传输层，主要用于内部网络共享 Internet 连接。

网络地址转换有两方面的作用：一是共享 IP 地址的网络连接。它使内部网络使用私有的 IP 地址。共用一个或少量的 Internet 公用地址，从而节省 IP 地址资源，弥补 IP 地址的不足。二是保护网络安全，通过隐藏内部网络的 IP 地址，防止黑客攻击。

在 Windows Server 2008 的"路由和远程访问"服务中包括 NAT 路由协议。服务器上只要安装和配置了 NAT 路由协议，此服务器就成为 NAT 服务器。将 Windows Server

2008 作为 NAT 服务器时，它就相当于一台路由器，但它是利用软件来实现网络地址转换的。

NAT 分为源地址翻译(Source Network Address Translation,SNAT)和目的地址翻译(Destination Address Translation,DNAT)。源地址翻译让一个局域网里的计算机共享一个或少量 IP 连接 Internet(外网)。目的地址翻译就是端口映射，允许外网的计算机(Internet 上的客户端)访问局域网内的机器，例如在局域网内建了一个 Web 服务器，要想让外网的用户来访问它，就用 DNAT。

NAT 服务器必须安装两块网卡，其中一块网卡连接到 Internet 或校园网，即外网；另一块网卡连接到局域网，即内网。NAT 服务器作为局域网和互联网之间的一个网关，局域网中的每一台 PC 通过 NAT 服务器的内网网卡相连，并向这台 NAT 服务器发送 HTTP 请求，NAT 服务器充当路由器，将这些请求转发到外网网卡上，并代表客户端在互联网或校园网上转发这个请求，因此从外网看，所有的请求看上去都像是来自 NAT 服务器的外部 IP 地址。当此请求有回应时，这个回应将发送到 NAT 服务器上，NAT 服务器又充当路由器的角色，再把这个回应转发给原来提出这个申请的客户端上，其结果总是使客户端不必直接与互联网联系。

网络地址转换能够在转发数据包时转换内部 IP 地址和 TCP/UDP 端口号。对于由内网传出的数据包，源 IP 地址和 TCP/UDP 端口号被映射到一个公共源 IP 地址和一个可能被改变的 TCP/IP 端口号上，从而把来自 Internet 的数据转发到特定网络或特定的计算机上。

例如，在专用网络上安装了 Web 服务器，该专用网络以 NAT 服务器作为边界，假定已在 ISP 供应商中创建了域名(DNS)记录，将所申请到的公网域名如 www.example.com 映射到 ISP 供应商处申请的公共 IP 地址 202.121.20.1 上。当外部某个 Internet 客户端访问专用网络上的 Web 服务器时，将按以下步骤完成：

(1) Internet 上的 Web 客户端计算机(使用公共 IP 地址 121.117.0.1)上的用户，在它们的 Web 浏览器中输入 http://www.example.com。

(2) Internet Web 客户端使用 DNS 将名称 www.example.com 解析为地址 202.121.20.1。

(3) Internet Web 客户端计算机从源 IP 地址为 121.117.0.1,TCP 端口号为 2000,向目标 IP 地址为 202.121.20.1,TCP 端口号为 80,发送一个控制协议(TCP)同步(SYN)段。

(4) 当 NAT 服务器接收到该 TCP SYN 段时，检查自己的 NAT 转换表。

(5) 如果在 NAT 转换表中不存在针对目标 IP 地址 202.121.20.1,TCP 端口号为 80 的条目，TCP SYN 段将自动被丢弃。

(6) Internet Web 客户端计算机一直重试，直至最终显示一条出错消息为止。

NAT 服务器为解决此问题，必须进行手动静态配置。通常有两种静态配置，一种是将某个特定公共 IP 地址的所有流量映射到某个特定的专用地址上(地址映射，不分端口)。其特点是内网中特定的专用地址的计算机对外开放，配置容易，但易受攻击。所以不能对外开放多种资源服务(如 Web 服务、FTP 服务、邮件服务等)，若需要这些都对外开放，需多个公共外网 IP 地址。另一种是将一个特定的公共 IP 地址/端口号映射到一个特定的专用 IP 地址/端口号(地址/端口映射)。其特点是要额外配置，不易受到攻击。但对不同的资源服务(如 Web 服务、FTP 服务、邮件服务等)可使用一个公共 IP 地址。这里将对第二种静态配置进行设置和实训。

软路由及 NAT 的安装和配置

实训 11-1　配置 Windows 路由

【实训条件】

（1）在 Windows Server 2008 上安装三块网卡，一块网卡与校园网（或 Internet）连接，一块网卡与内网 1（Windows Server 2003）相连，一块网卡与内网 2（Windows 7）相连。

（2）Windows Server 2008 域控制器能访问外网。

【实训说明】

（1）Win 2008 虚拟 PC 启动之前，在 VirtualBox 管理控制台中新增两块网卡，其中一块网卡（校园网或 Internet）的网络连接方式为"桥接网卡"，另一块网卡的网络连接方式为"内部网络"。

（2）Windows Server 2008 中的两块内网网卡分别连接两个不同的局域网，一块网卡连接到校园网（或 Internet），通过路由设置与其他区域的局域网相连。

【实训任务】

（1）网络环境的配置。

（2）安装路由和远程访问角色服务。

（3）启用和配置 Windows Server 2008 路由服务。

（4）不同局域网之间的连接测试。

【实训目的】

（1）掌握 Windows Server 2008 中路由功能的设置。

（2）理解直连路由和非直连路由的概念。

【实训内容】

本实训以 1 号物理主机为例。

1. 网络环境的配置

将 Windows Server 2008 的三块网卡设置如下：

第一块网卡（内网 1）：

IP：192.168.1.1。

子网掩码：255.255.255.0。

默认网关：空。

首选 DNS：202.121.241.8。

第二块网卡（内网 2）：

IP：192.168.2.1。

子网掩码：255.255.255.0。

默认网关：空。

首选 DNS：202.121.241.8。

第三块网卡(外网)：

IP：192.168.104.主机编号＋100(这是校园网经地址转换后的 IP 地址)。

子网掩码：255.255.255.0。

默认网关：192.168.104.254。

首选 DNS：202.121.241.8。

Windows Server 2003 和 Windows 7 的 IP 地址分别设置成 192.168.1.10 和 192.168.2.20，子网掩码均为 255.255.255.0，默认网关为空，首选 DNS 为 202.121.241.8。

2. 安装路由和远程访问角色服务

(1) 依次选择"开始"→"管理工具"→"服务器管理器"命令，打开"服务器管理器"窗口。在左侧窗格中单击"角色"，在右侧窗格中单击"添加角色"超链接，打开"添加角色向导"对话框。

(2) 单击"下一步"按钮，在"选择服务器角色"页面中选择"网络策略和访问服务"复选框，如图 11-1-1 所示。

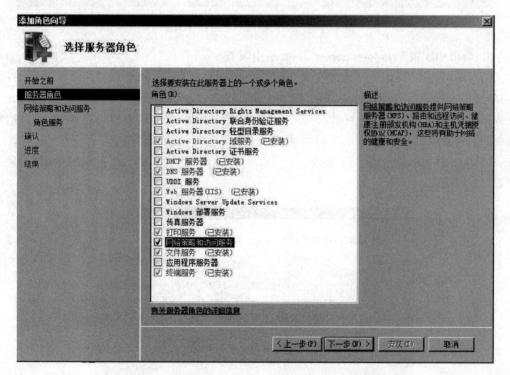

图 11-1-1　选择服务器角色

(3) 单击"下一步"按钮，出现"网络策略和访问服务"页面，显示网络策略和访问服务介绍信息。

(4) 单击"下一步"按钮，在打开如图 11-1-2 所示的"选择角色服务"页面中选中"路由和远程访问服务"复选框。

(5) 单击"下一步"按钮，在"确认安装选择"页面中单击"安装"按钮，安装完毕后单击"关闭"按钮。

软路由及 NAT 的安装和配置

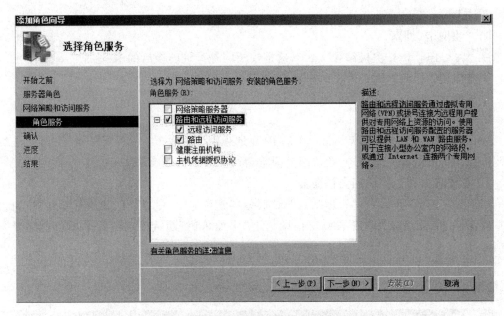

图 11-1-2　选择"路由和远程访问服务"

3. 启用和配置 Windows Server 2008 路由服务

（1）依次选择"开始"→"管理工具"→"路由和远程访问"命令，出现"路由和远程访问"控制台窗口，展开服务器名称 Win2008s-01（此时服务器的左边有一个大的红点，表明这台服务器目前还没有作为路由使用）。右击此服务器，从弹出的快捷菜单中选择"配置并启用路由和远程访问"命令，Windows 将启动"路由和远程访问服务器安装向导"。

（2）单击"下一步"按钮，出现如图 11-1-3 所示的对话框，在"配置"页面中单击"自定义配置"单选按钮。

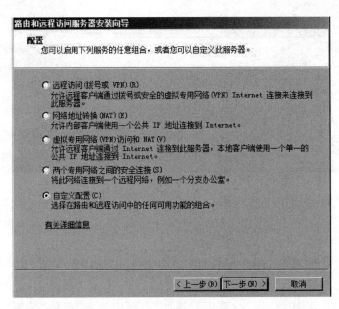

图 11-1-3　自定义配置

（3）单击"下一步"按钮，出现图 11-1-4 所示对话框，在"自定义配置"页面中选中"LAN 路由"复选框。

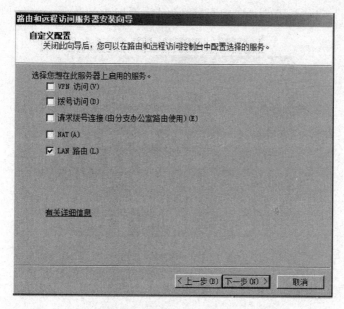

图 11-1-4　LAN 路由

（4）单击"下一步"按钮，在"正在完成路由和远程访问服务器向导"页面中单击"完成"按钮，弹出"路由和远程访问"窗口，单击"启动服务"按钮。

（5）在"路由和远程访问"控制台窗口中右击 IPv4 下面的"静态路由"，在弹出的快捷菜单中选择"显示 IP 路由表"命令。如图 11-1-5 所示，可以看到，对于路由器直接连接的网段不需要添加就已经出现在路由表中了。

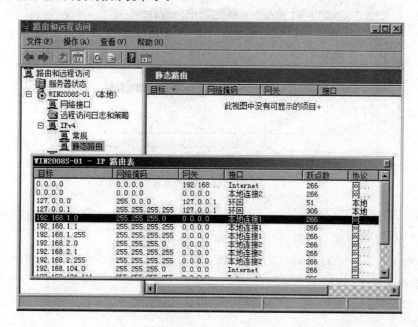

图 11-1-5　显示 IP 路由表

软路由及 NAT 的安装和配置

（6）在"路由和远程访问"控制台窗口中右击 IPv4 下面的"静态路由"，在弹出的快捷菜单中选择"新建静态路由"命令。

（7）如图 11-1-6 所示，在"IPv4 静态路由"对话框中添加到另一区域网段的路由，单击"确定"按钮。

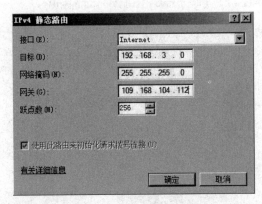

图 11-1-6　添加静态路由

（8）再次查看路由表，如图 11-1-7 所示。

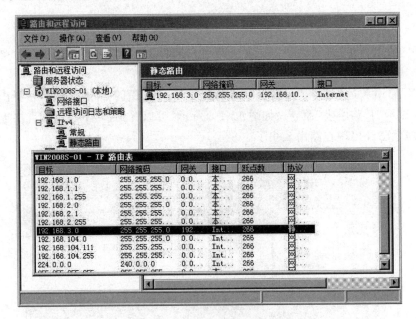

图 11-1-7　查看路由表

（9）在第二台物理主机中的 Win 2008 虚拟机中设置两块网卡，一块网卡与校园网（或Internet）连接，另一块网卡设置为"内网 3"网卡，设置方法同上。

（10）在 Win 2008s-02 计算机上启用"路由和远程访问"，并添加两条至 Win2008s-01 的Internet 的静态路由，如图 11-1-8 所示。

（11）查看路由表信息，如图 11-1-9 所示，确认无误后退出。

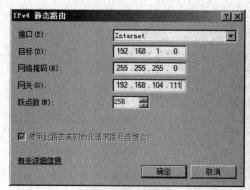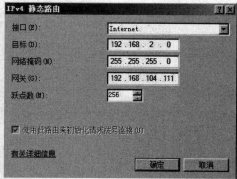

图 11-1-8　添加两条静态路由

图 11-1-9　查看路由表

4. 不同局域网之间的连接测试

（1）在 Win2003s-01 计算机上 Ping Win7-01 计算机的 IP 地址，如图 11-1-10 所示。

图 11-1-10　Ping 内网 2 中一台计算机 IP 地址

（2）在 Win7-01 计算机上 Ping Win2003s-01 计算机的 IP 地址，如图 11-1-11 所示。

（3）在 Win7-01 计算机上 Ping Win2003s-02 计算机的 IP 地址，如图 11-1-12 所示。

软路由及 NAT 的安装和配置

图 11-1-11　Ping 内网 1 中一台计算机 IP 地址

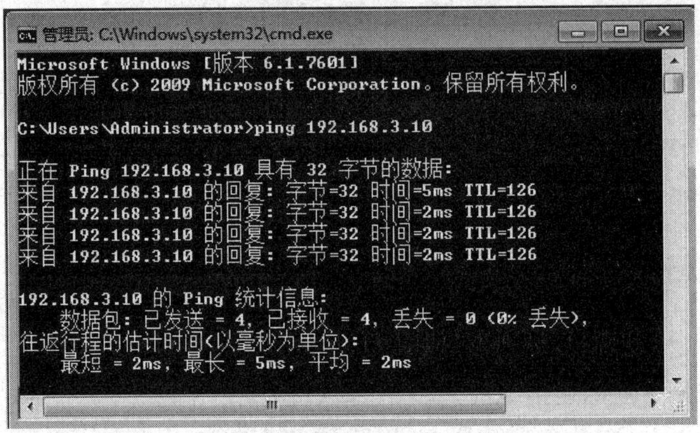

图 11-1-12　Ping 内网 3 中一台计算机 IP 地址

自己练习：

位于物理主机 2 的虚拟操作系统 Win2008s-02 Ping Win2008s-01 中内网 1 和内网 2 的计算机 IP 地址。

实训 11-2　架构和配置 NAT 服务器

【实训条件】

（1）在 Windows Server 2008 上安装两块网卡，一块网卡与校园网连接，一块网卡与内网（Windows Server 2003 客户端和 Windows 7 客户端）相连。

（2）Windows Server 2008 域控制器能访问外网。

（3）Windows Server 2008、Windows Server 2003 和 Windows 7 三台计算机网络连通。

【实训说明】

（1）Windows 2008 虚拟 PC 启动之前，在 VirtualBox 管理控制台中新增一块网卡，该网卡的网络连接方式为"桥接网卡",设置网卡标识为"校园网"。

(2) 本实训详细介绍安装和配置 NAT 服务器的步骤。

【实训任务】

(1) 网络环境的配置说明。

(2) 安装和配置 NAT 服务器。

(3) 客户端计算机通过 NAT 服务器访问外网。

【实训目的】

(1) 掌握 NAT 服务器的安装和配置方法。

(2) 掌握 NAT 的使用。

【实训内容】

本实训以 1 号物理主机为例。

1. 配置 NAT 服务器所需的环境

将 Windows Server 2008 域控制器作为 NAT 服务器。其上的两块网卡设置如下：

第一块网卡(内网)：

IP：192.168.1.1。

子网掩码：255.255.255.0。

默认网关：空。

首选 DNS：202.121.241.8。

第二块网卡(外网)：

IP：192.168.104.主机编号＋100(这是校园网经地址转换后的 IP 地址)。

子网掩码：255.255.255.0。

默认网关：192.168.104.254。

首选 DNS：202.121.241.8。

2. 安装 NAT 服务器角色

(1) 依次选择"开始"→"管理工具"→"服务器管理器"命令,在左侧窗格中单击"角色",在右侧窗格中单击"添加角色"超链接,打开"添加角色向导"对话框。

(2) 单击"下一步"按钮,在"选择服务器角色"页面中选择"网络策略和访问服务"复选框。

(3) 单击"下一步"按钮,出现网络策略和访问服务器简介页面。

(4) 单击"下一步"按钮,在打开的如图 11-1-2 所示"选择角色服务"页面中选中"路由和远程访问服务"复选框。

(5) 单击"下一步"按钮,在"确认安装选择"页面中单击"安装"按钮,安装完毕后单击"关闭"按钮。

3. 启用和配置 NAT 服务器

(1) 依次选择"开始"→"管理工具"→"路由和远程访问"命令,出现"路由和远程访问"控制台窗口,展开服务器名称 Win2008s-01。右击此服务器,从弹出的快捷菜单中选择"配置并启用路由和远程访问"命令,Windows 将启动"路由和远程访问服务器安装向导"。

(2) 在打开的"路由和远程访问服务器安装向导"对话框中单击"下一步"按钮,出现图 11-2-1 所示页面,单击"网络地址转换(NAT)"单选按钮。

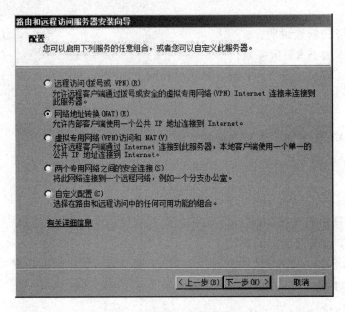

图 11-2-1   设置服务器类型

(3) 单击"下一步"按钮,出现两行及以上的连接说明,显示各网卡所对应的连接名及 IP 地址。其中一个是连接到外网(这里是校园网)的网络接口的选项,如图 11-2-2 所示。

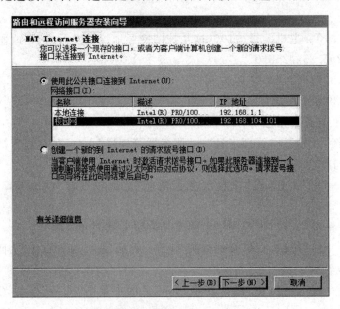

图 11-2-2   选择 Internet 连接

(4) 单击"下一步"按钮,显示已成功安装 NAT 服务信息,单击"完成"按钮,此时"路由和远程访问"会自动启动,如图 11-2-3 所示。

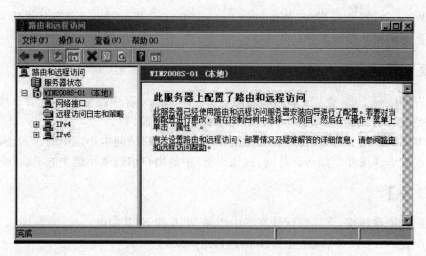

图 11-2-3 "路由和远程访问"控制台

通过以上的配置就可以利用这个 NAT 服务器将内部地址转换成外部地址,从而代理内部的计算机共享上网了。

4. 配置内部网络客户端计算机使用 NAT 服务器

(1) 在 Win2003s-01、Win7-01 客户端上启用内网网卡,其中 Win2003s-01 的 TCP/IP设置:

IP:192.168.1.10。

子网掩码:255.255.255.0。

默认网关:192.168.1.1。

首选 DNS:192.168.1.1。

备用 DNS:202.121.241.8。

Win7-01 的 TCP/IP 设置:

IP 地址:192.168.1.20。

子网掩码:255.255.255.0。

默认网关:192.168.1.1。

首选 DNS:192.168.1.1。

备用 DNS:202.121.241.8。

(2) 测试连接:分别从 Win2003s-01、Win7-01 登录到域或本机,启动 IE 浏览器,输入一些网站主机域名,测试一下能否打开。

实训 11-3　让外网用户通过 NAT 服务器访问内网服务

【实训条件】

(1) 在 Windows Server 2008 上安装两块网卡,一块网卡与校园网连接,一块网卡与内网(Windows Server 2003 客户端和 Windows 7 客户端)相连。

(2) 在 Windows Server 2008 域控制器上已安装了 NAT 服务器。

软路由及 NAT 的安装和配置

（3）Windows Server 2008、Windows Server 2003 和 Windows 7 三台计算机网络连通。

（4）已关闭服务器和客户端防火墙。

【实训说明】

（1）Windows 2008 虚拟 PC 启动之前，在 VirtualBox 管理控制台中新增一块网卡，该网卡的网络连接方式为"桥接网卡"，设置网卡标识为"校园网"。

（2）本实训详细介绍如何让外网（其他小组）中的用户访问本小组中的 Web 网站。

（3）本实训详细介绍如何让外网（其他小组）中的用户访问本小组中的 FTP 站点。

【实训任务】

（1）配置网络环境，在局域网计算机中增加 Web 和 FTP 服务。

（2）配置 NAT 服务器，进行 Web 的端口地址映射。

（3）配置 NAT 服务器，进行 FTP 的端口地址映射。

【实训目的】

（1）熟悉外网用户访问内网的网络环境。

（2）掌握 NAT 中端口地址映射的配置。

【实训内容】

本实训以 1 号物理主机为例。

1. 网络环境说明（以第 1 小组与第 2 小组为例）

按图 11-3-1 所示进行网络设置。其中 NAT 服务器的两块网卡的设置同实训 11-2。

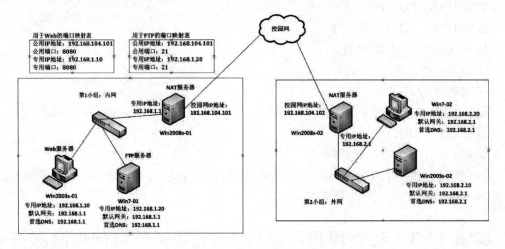

图 11-3-1　设置网络实训环境

（1）将前面实训中在 Win2008s-01 上建立的 Web 网站和 FTP 站点停用或删除。

（2）分别在本小组内的 Win2003s-01 及 Win7-01 计算机上安装 Internet 信息服务（IIS）。

（3）将 Win2003s-01 计算机作为 Web 服务器（建立 Web 网站 web-gp 或在默认 Web 网站下建立虚拟目录 web-gp），设置该网站主目录在磁盘中的存储位置，如 c:\web-gp，并在此目录下建立一个 index.htm 网页文件,其 IP 地址为 192.168.1.10。

（4）将 Win7-01 计算机作为 FTP 服务器(安装 FTP,建立 FTP 站点 ftp-gp 或在默认 FTP 站点下建立虚拟目录 ftp-gp),设置该站点主目录在磁盘中的存储位置,如 C:\ftp-gp,在此目录下放一些文件,其 IP 地址为 192.168.1.20。

（5）请第 2 组的同学帮忙,测试在第 2 组的 Win2008s-02 计算机上能否在 IE 浏览器中输入 http://192.168.104.101:8080,访问第 1 小组中的 Web 网站(Win2003s-01 上的网站)。同样在 IE 浏览器中输入 ftp://192.168.104.101,访问第 1 小组的 FTP 站点(在 Win7-01 上的站点),结论是不行。

注意:这里的 Web 网站和 FTP 站点不是前面实训中第 1 小组在 Win2008s-01 上所建立的 Web 网站和 FTP 站点。

2. NAT 服务器端口映射的配置(以第 1 小组为例)

（1）内网 Web 网站的端口映射的配置。

① 选择"开始"→"管理工具"命令,然后单击"路由的远程访问",打开"路由和远程访问"管理控制台窗口。依次展开服务器名称 Win2008s-01→IPv4,选择 NAT。在右侧窗格中右击"校园网",从弹出的快捷菜单中选择"属性"命令,打开"校园网属性"对话框,如图 11-3-2 所示。

② 切换至"服务和端口"选项卡,如图 11-3-3 所示,在这里可以设置不同的服务端口。

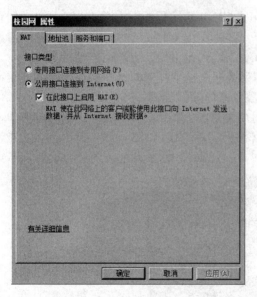

图 11-3-2 "校园网属性"对话框

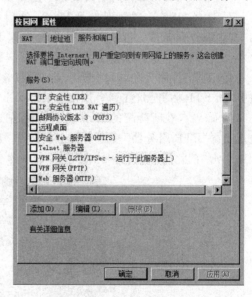

图 11-3-3 "服务和端口"选项卡

③ 单击"添加"按钮,出现"添加服务"对话框。在此对话框中配置以下选项:在"服务描述"文本框中输入正在配置的服务的描述,这里为 Web_8080;在"公用地址"选项区域中单击"在此接口"单选按钮;在"协议"选项区域中单击 TCP 单选按钮;在"传入端口"文本框中输入 8080;在"专用地址"文本框中输入 Web 服务器的 IP 地址 192.168.1.10;在"传出端口"文本框中输入 8080,如图 11-3-4 所示。

④ 单击"确定"按钮,此时在图 11-3-3 所示"校园网属性"对话框中新添了一个 Web_8080 的端口服务,如图 11-3-5 所示。

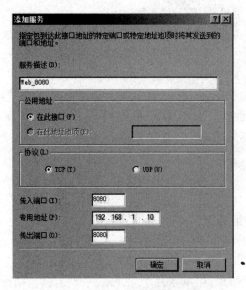

图 11-3-4　"添加服务"对话框

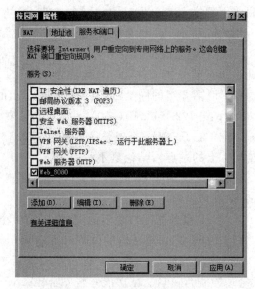

图 11-3-5　新添一个端口服务

⑤ 单击"确定"按钮,返回"路由和远程访问"控制台窗口。

(2) 内网 FTP 站点的端口映射的配置。

① 选择"开始"→"管理工具"命令,然后单击"路由的远程访问",打开"路由和远程访问"管理控制台窗口。依次展开服务器名称 Win2008s-01→IPv4,选择 NAT。在右侧窗格中右击"校园网",从弹出的快捷菜单中选择"属性"命令,打开"校园网属性"对话框。

② 切换至"服务和端口"选项卡,在"服务"列表框中定位与资源服务器相匹配的预定义服务,如 FTP 服务器(在列表最上方)或 Web 服务器(在列表最下方)等。

③ 如果存在所匹配的服务,选择服务左边的复选框(如 FTP 服务器或 Web 服务器),这里选择"FTP 服务器"复选框,此时弹出"编辑服务"对话框,如图 11-3-6 所示。在此对话框中单击"在此接口"或"在此地址池项"单选按钮。如果单击"在此地址池项"单选按钮,则

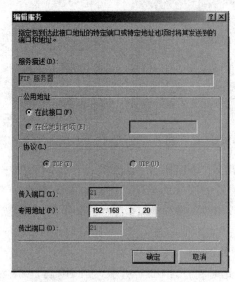

图 11-3-6　"编辑服务"对话框

输入已保留的"校园网"公共地址。这里单击"在此接口"单选按钮,跳过第(4)步,然后执行步骤(5)。

④ 如果不存在匹配的服务(或已有存在的服务,但不是默认的端口,也需添加),则单击"添加"按钮,在"添加服务"对话框中配置图 11-3-4 所示的选项。

⑤ 在"协议"选项区域中单击 TCP 或 UDP 单选按钮,这里单击 TCP 单击按钮。

⑥ 在"传入端口"文本框中输入从 Internet 外网发送到该资源服务器的传入流量的 TCP 或 UDP 端口号。这里是 FTP 服务器,其默认值为 21。

⑦ 在"专用地址"文本框中输入资源服务器的静态专用 IP 地址,即输入资源服务器(如 FTP 服务器或 Web 服务器)的专用 IP 地址。这里是 FTP 服务器的 IP 地址 192.168.1.20。

⑧ 在"传出端口"文本框中输入由 NAT 服务器转发到资源服务器的流量的 TCP 或 UDP 目标端口号。这里是 FTP 服务器,其默认值也是 21。

⑨ 单击"确定"按钮,保存服务配置。再单击"确定"按钮,返回"路由和远程访问"控制台窗口,以保存对外网公共接口所做的更改。

3. 访问内网的服务(以第 2 小组为例,访问第 1 小组的 Web 网站和 FTP 站点)

(1) 在外网中访问内网的 Web 网站和 FTP 站点。

① 在第 2 小组的 Win2008s-02 计算机或能通过 NAT 技术共享上网的第 2 小组的其他计算机上启动 IE,输入 http://192.168.104.101:8080,将访问第 1 小组的 Web 网站。由于在 NAT 服务器的 Web 端口映射中,传入端口是 8080,则进行 Web 访问时必须加入端口号 8080,这样才能正确访问,如图 11-3-7 所示。

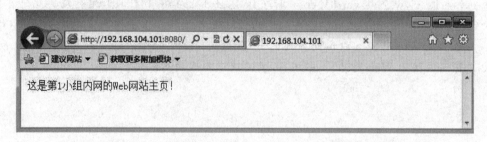

图 11-3-7　在 Win7-02 计算机上访问内网的 Web 网站

② 若输入 ftp://192.168.104.101,将访问第 1 小组的 FTP 站点,如图 11-3-8 所示。由于在 NAT 服务器的 FTP 端口映射中使用的是默认端口 21,所以在此不必输入端口号。

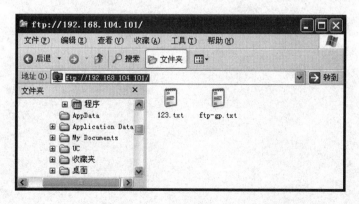

图 11-3-8　在 Win2003s-02 计算机上访问内网的 FTP 站点

软路由及 NAT 的安装和配置

③ 练习：每两个小组之间相互访问局域网内部的资源服务器以测试 NAT 服务器配置的正确性。

④ 尝试在其他实训室的某一台物理主机上(已与校园网连接)访问自己小组局域网内的资源服务器,用以验证自己配置的 NAT 服务是否正确。

(2) 怎样在外网中用域名方式访问内网的 Web 网站和 FTP 站点。

若要在外网中用域名方式访问内网的 Web 网站和 FTP 站点,必须在外网中登记 DNS 名称解析。若在 Internet 上的任意一台计算机能用域名访问到自己的专用网络(局域网)的一个 Web 网站或 FTP 站点,则必须让 ISP 供应商在外网的 DNS 服务器中为自己建立一个 DNS 记录,用自己在公网上申请到的域名与 ISP 供应商分配的公用 IP 地址之间建立一个对应关系。

练习与思考：

① 如果将第 1 小组的 Win2008s-01 计算机作为外网的 DNS 服务器,则在 DNS 控制台中建立 ftp. Nserver-01. com 主机域名及 www. Nserver-01. com 主机域名与 192. 168. 104. 101 的对应关系。在第 2 小组的 Win2008s-02 计算机上启动 IE,输入 ftp://ftp. Nserver-01. com,看能否访问第 1 小组内网的 FTP 站点；输入 http://www. Nserver-01. com:8080,看能否访问第 1 小组内网的 Web 网站。如果不能,需要改变哪些网络配置?

② 在第 2 小组的 Win2008s-02 计算机上,在 DNS 控制台中建立一个区域名 Nserver-01. com,建立一个主机 ftp. Nserver-01. com 并与 IP 地址 192. 168. 104. 101 相对应,而且还建立一个主机 www. Nserver-01. com 并与 IP 地址 192. 168. 104. 101 相对应。此时在第 2 小组的 Win2008s-02 计算机上能否用上述两主机域名访问第 1 小组内网的服务资源(输入 ftp://ftp. Nserver-01. com 以访问内网的 FTP 站点；输入 http://www. Nserver-01. com:8080 以访问内网的 Web 网站)。若不行,需要改变哪些网络配置?

第12章 　　VPN 的安装和配置

【知识背景】

Windows Server 2008 的"虚拟专用网"可以让远程用户和局域网之间通过 Internet 建立一个安全的通信管道。为了实现 VPN 功能,需要在内网搭建一台 VPN 服务器,以便让 VPN 客户端来连接。

VPN(Virtual Private Network,虚拟专用网络)是当前应用较为广泛的技术。可以使用 VPN 技术让出差在外的用户通过 Internet 访问内网,通过配置站点间 VPN 可以将两个局域网通过 Internet 连接起来。

可以把 VPN 理解成是虚拟出来的企业内部专线。它可以通过特殊的加密通信协议在连接在 Internet 上的位于不同地方的两个或多个企业内部网之间建立一条专有的通信线路,就好比是架设了一条专线一样,但是它并不需要真正地去铺设光缆之类的物理线路。

要组建 VPN 的网络,需要以下 VPN 的组件:

(1) VPN 服务器。接收来自 VPN 客户端的登录。VPN 服务器能够提供远程访问 VPN 连接。

(2) VPN 客户端。连接到 VPN 服务器或请求 VPN 服务器提供服务的远程计算机。

(3) 传输互联网络(传输介质)。VPN 中传输数据所通过的共享的或公共的网络,通常是 Internet 或基于 IP 的专用 Intranet。

(4) 隧道和隧道协议。隧道是连接两点间的一个专用通道,隧道协议是用来管理隧道及压缩专用数据的协议。Windows Server 2008 包括 PPTP 和 L2TP 隧道协议。

(5) VPN 连接。一旦 VPN 服务器建好以后,能进行远程登录的用户在远端 VPN 客户端上发起一次远程登录的过程称为 VPN 连接。

与 Windows Server 2008 中的其他服务一样,默认情况下路由和远程访问服务(VPN 只是其中的一个服务组件)都没有激活。在激活这些服务之前,需要进行一定的验证工作。

Windows Server 2008 在进行 VPN 服务之前应具备以下条件:

(1) 服务器上至少有两个网卡并都已启用。其中一个网卡能连接企业内部网络,另一个网卡连接外部网络,为远程访问的 VPN 提供连接途径。

(2) VPN 使用 TCP/IP 协议,以及 PPTP 或 L2TP 协议。

(3) 为保证用户能够通过远程 VPN 连接访问内部网络的资源,必须给此用户分配 IP 地址。可以通过网络中的 DHCP 服务器,也可以通过在路由和远程访问服务配置中定义一个地址池来完成地址分配。

(4) 由于任何类型的远程访问都会带来安全风险,因此必须在服务器上创建一些严格的策略,如每天时间的限制、最大会话的次数以及 MAC 地址的限制,以降低来自外部网络的攻击。

实训 12-1　安装和配置 VPN 服务器

【实训条件】

(1) 安装了 Windows Server 2008 域控制器。

(2) 在 Windows Server 2008 上至少安装两块网卡,一块网卡与校园网连接,一块网卡与内网(Windows Server 2003 客户端和 Windows 7 客户端)相连。

(3) 已安装"网络策略和访问服务"角色。

(4) 已关闭服务器和客户端防火墙。

【实训说明】

(1) Win 2008 虚拟 PC 启动之前,在 VirtualBox 管理控制台中新增一块网卡,该网卡的网络连接方式为"桥接网卡",设置网卡标识为"校园网"。

(2) 在 Win2008s-01 计算机上安装路由和远程访问服务,使其成为 VPN 服务器。

(3) 远程 VPN 客户端计算机的网卡的网络连接方式为"桥接网卡"。

(4) 在 Win2008s-01 计算机上创建一个域用户账户,允许其远程拨号访问。

【实训任务】

(1) 准备 VPN 服务器的网络环境。

(2) 启动"路由和远程访问"中的 VPN 服务。

(3) 设置远程登录用户允许"远程拨入"访问的权限。

【实训目的】

(1) 熟悉 VPN 的实训环境。

(2) 掌握 VPN 的配置方法。

(3) 熟练使用 VPN。

【实训内容】

本实训以 1 号物理主机为例。

1. 准备 VPN 服务器的网络环境

在第 1 小组中,一台 Win2008s-01 计算机将作为 VPN 服务器使用。一台 Win2003s-01 计算机或 Win7-01 计算机将作为局域网的一个资源服务器使用,保存有 VPN 远程访问内部网络的共享资源。第三台 Win2003s-01 计算机或 Win7-01 计算机将作为 VPN 的远程客户端使用。

Win2008s-01 计算机作为 VPN 服务器至少需要两块网卡,一块网卡连接内部局域网,与局域网内的资源服务器相连。另一块网卡连接校园网。还有一台充当 VPN 远程客户端计算机,其网卡设置也应保证能连接到校园网。

第一块网卡(内网):

IP:192.168.1.1。

子网掩码:255.255.255.0。

默认网关:空。

首选DNS:202.121.241.8。

第二块网卡(外网):

IP:192.168.104.111(这是校园网经地址转换后的IP地址)。

子网掩码:255.255.255.0。

默认网关:192.168.104.254。

首选DNS:202.121.241.8。

在Win2003s-01(作为内部局域网中的网络资源服务器)计算机上启用内网网卡,其网卡基本配置如下:

IP:192.168.1.10。

子网掩码:255.255.255.0。

默认网关:192.168.1.1。

首选DNS:192.168.1.1。

备用DNS:202.121.241.8。

在Win7-01计算机(作为VPN远程客户端)上只需启用一块外网网卡(能连接校园网),其网卡基本配置如下:

IP地址:192.168.104.201　(可以按实训室实际环境设置)。

子网掩码:255.255.255.0。

默认网关:192.168.104.254。

首选DNS:202.121.241.8。

2. 配置VPN服务器

(1)选择"开始"→"管理工具"→"路由和远程访问"命令,出现"路由和远程访问"控制台窗口,在左边的控制台树中选中"服务器状态",即可从右边看到其"状态"正处于"已启用"(因为第十一部分中已启用NAT)。单击服务器名称Win2008s-01,此时服务器上有一个绿色的标记。右击此服务器,从弹出的快捷菜单中选择"禁用路由和远程访问"命令,先停止此服务,则服务器上出现红点,表明已停止服务。

(2)用鼠标右键单击此服务器,从弹出的快捷菜单中选择"配置并启用路由和远程访问"命令,Windows将启动"路由和远程访问服务器安装向导"。

(3)在打开的"路由和远程访问服务器安装向导"对话框中单击"下一步"按钮,出现如图12-1-1所示的"配置"页面,单击"远程访问(拨号或VPN)"单选按钮。

(4)单击"下一步"按钮,出现如图12-1-2所示的"远程访问"页面,选中VPN复选框。

(5)单击"下一步"按钮,出现如图12-1-3所示的"VPN连接"页面,在"网络接口"选项区域中选择连接到外网(校园网)的网络接口(用来让远程计算机登录的外网连接)。这里选的是"校园网",并取消选中"通过设置静态数据包筛选器来对选择的接口进行保护"复选框。

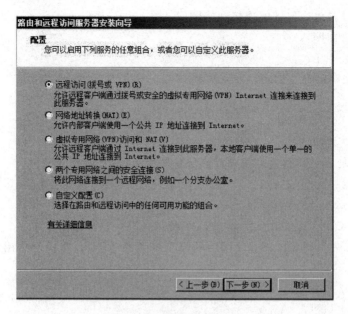

图 12-1-1　设置服务器类型

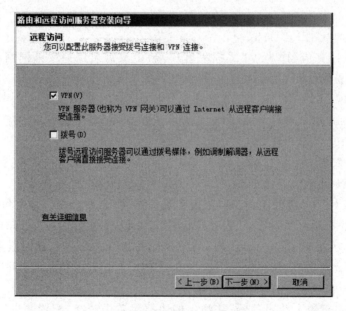

图 12-1-2　选择 VPN 连接

　　(6) 单击"下一步"按钮,在回答"您想如何对远程客户端分配 IP 地址?"的询问时,除非已在服务器端安装好了 DHCP 服务器并已在使用,否则必须在此处单击"来自一个指定的地址范围"单选按钮,如图 12-1-4 所示。

　　(7) 单击"下一步"按钮,出现"地址范围分配"页面,在该页面中指定 VPN 客户端计算机的 IP 地址范围。

　　(8) 单击"新建"按钮,出现"新建 IPv4 地址范围"对话框,增加地址范围。这里要指定与 VPN 服务器一端的局域网同一网段的地址范围,最好使所选择的地址范围不在 DHCP

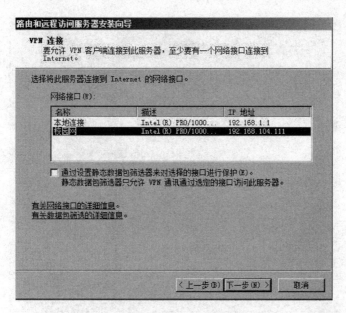

图 12-1-3　选择连接到校园网的网络接口

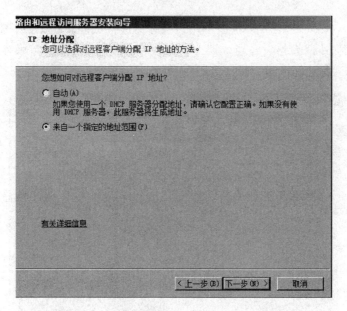

图 12-1-4　设置分配给远程客户端的 IP 地址

服务器定义的 DHCP 作用域范围之内,以防止出现地址冲突。在这里设定"起始 IP 地址"
是 192.168.1.81,"结束 IP 地址"是 192.168.1.100,如图 12-1-5 所示。

　　(9) 单击"确定"按钮,返回到"地址范围分配"页面,可以看到已经指定了一段 IP 地址
范围。

　　(10) 在"地址范围分配"页面中单击"下一步"按钮,出现"管理多个远程访问服务器"页
面。提供远程访问服务的关键问题是认证,如果没有认证,任何人只要到达你的 VPN 服务
器就能够访问你的内部资源;如果网络中有一个远程认证拨号用户服务(RADIUS)的服务

VPN 的安装和配置

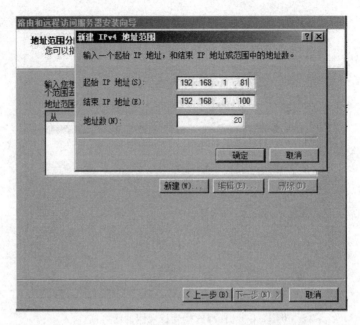

图 12-1-5　输入 VPN 客户端 IP 地址范围

器，Windows Server 2008 VPN 服务将利用该服务器进行认证；如果没有 RADIUS，就只好使用"路由和远程访问"服务来处理认证工作。在"管理多个远程访问服务器"页面中单击"否，使用路由和远程访问来对连接请求进行身份验证"单选按钮，如图 12-1-6 所示。

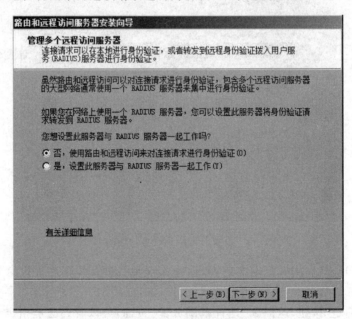

图 12-1-6　管理多个远程访问服务器

　　（11）单击"下一步"按钮，出现"摘要"页面，在该页面中显示了之前步骤所设置的信息。
　　（12）单击"完成"按钮，出现如图 12-1-7 所示的对话框，表示需要配置 DHCP 中继代理程序。

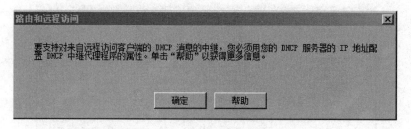

图 12-1-7　DHCP 中继代理信息

（13）单击"确定"按钮,将自动出现一个正在开始"路由和远程访问服务"的小窗口。完成后,服务器上的红点变为绿点,表明路由和远程访问服务已经启用。在"路由和远程访问"控制台窗口显示虚拟专用网络配置成功的信息,并在左侧窗格中显示具体所支持的接口和协议。

（14）选择"开始"→"管理工具"→"服务"命令,打开"管理工具"中的"服务"窗口,在右窗格中即可以看到许多 Routing 类的服务,其中有一个 Routing and Remote Access 项在状态栏,为"已启动"状态,在启动类别下为"自动（延时的启动）",如图 12-1-8 所示。

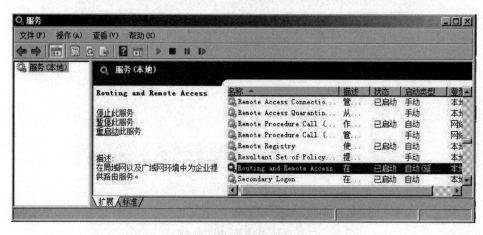

图 12-1-8　"服务"窗口

（15）在"路由和远程访问"控制台中展开服务器,单击"端口",在控制台右侧页面中显示所有端口的状态为"不活动",如图 12-1-9 所示。

（16）在"路由和远程访问"控制台中展开服务器,单击"网络接口",在控制台右侧页面中显示 VPN 服务器上的所有网络接口,如图 12-1-10 所示。

3. 赋予域用户账户允许 VPN 连接

默认情况下,任何用户均被拒绝拨入到 VPN 服务器。因此,要给一个用户赋予拨入到此服务器的权限,首先从"Active Directory 用户和计算机"中找到此用户或新建一个用户,如 abc。在用户上单击右键,从弹出的快捷菜单中选择"属性"命令,在该用户属性对话框中切换至"拨入"选项卡,在"网络访问权限"选项区域中单击"允许访问"单选按钮,如图 12-1-11 所示,最后单击"确定"按钮即可。注意,通常不要对管理员用户 Administrator 赋予此拨入权限,一旦开放并被非法利用,后果将十分严重。

314

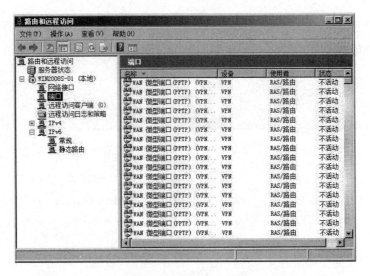

图 12-1-9　查看端口状态

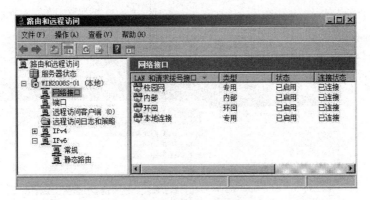

图 12-1-10　查看网络接口

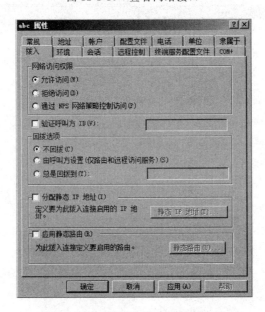

图 12-1-11　设置允许用户远程访问

实训 12-2   配置客户端访问内网资源

【实训条件】

（1）在 Windows Server 2008 上安装和配置了 VPN 服务。

（2）已对 VPN 服务器、局域网内部资源服务器和 VPN 远程客户端计算机进行了相关配置。

（3）已关闭服务器、局域网内部资源服务器和客户端防火墙。

【实训说明】

（1）配置 Win7-01 计算机，使之成为 VPN 客户端。

（2）同理也可配置 Win2003s-01 计算机，使之成为 VPN 客户端（同学们自己练习）。

【实训任务】

（1）在 Win7-01 计算机上建立 VPN 专用连接。

（2）配置"虚拟专用连接"的连接属性。

（3）登录 VPN 服务器，远程访问内部网络的共享资源。

【实训目的】

（1）熟悉 VPN 的实训环境。

（2）掌握 VPN 客户端的配置方法。

（3）熟练掌握 VPN 服务。

【实训内容】

本实训以 1 号物理主机为例。

1. VPN 客户端计算机上的配置

首先在 VirtualBox 管理控制台将 Windows 7 虚拟操作系统的网卡 1 连接方式设置成"桥接网卡"，然后启动 Win7-01 计算机。在 Win7-01 计算机中，"虚拟专用网络"是自动安装在系统中的，因此可以直接进行 VPN 连接的建立，具体步骤如下：

（1）启动 Win7-01 计算机，在桌面上右击"网络"图标，在弹出的快捷菜单中选择"属性"命令，打开"网络和共享中心"窗口。单击"更改适配器设置"，打开"网络连接"窗口。右击"本地连接"图标，在弹出的快捷菜单中选择"属性"命令，打开"本地连接属性"对话框。在"网络"选项卡中双击"Internet 协议版本 4（TCP/IPv4）"，打开"Internet 协议版本 4（TCP/IPv4）属性"对话框，输入所需修改的 IP 地址信息，如图 12-2-1 所示，单击"确定"按钮，再单击"关闭"按钮，完成 TCP/IP 设置。

（2）在 Windows 7 客户端上选择"开始"→"控制面板"→"网络和 Internet"→"网络和共享中心"命令，在打开的页面中单击"设置新的连接或网络"超链接。

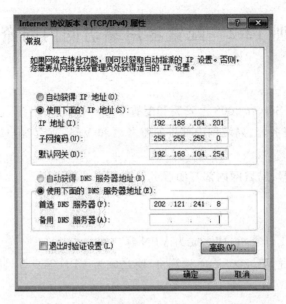

图 12-2-1 "Internet 协议版本 4(TCP/IPv4)属性"对话框

(3) 在打开的如图 12-2-2 所示的"设置连接或网络"窗口中选择"连接到工作区",单击"下一步"按钮。

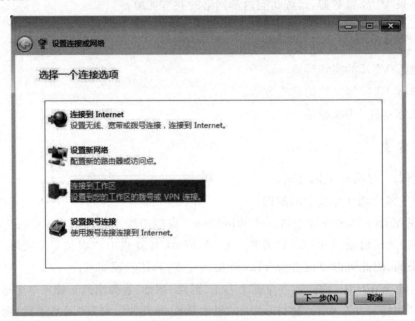

图 12-2-2 设置连接或网络

(4) 在打开的"连接到工作区"窗口中单击"使用我的 Internet 连接(VPN)",如图 12-2-3 所示。

(5) 打开如图 12-2-4 所示的"输入要连接的 Internet 地址"页面,在"Internet 地址"文本框中输入 VPN 服务器外网(校园网)地址,如 192.168.104.111,同时选中"现在不连接:仅进行设置以便稍后连接"复选框,单击"下一步"按钮。

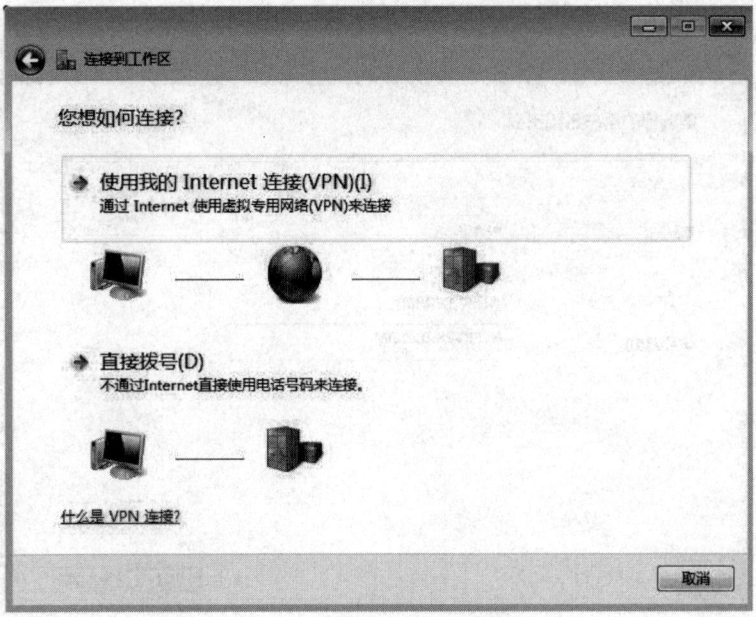

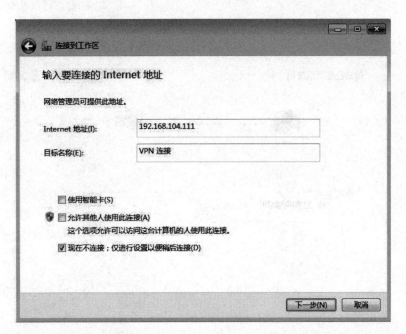

图 12-2-3　输入 VPN 服务器的 IP 地址

图 12-2-4　输入 VPN 服务器的 IP 地址

（6）单击"下一步"按钮，出现"键入您的用户名和密码"页面，在此输入允许拨入 VPN 的域用户名和密码，以及域名。如 abc 用户，如图 12-2-5 所示。

（7）单击"创建"按钮创建 VPN 连接，出现"连接已经可以使用"页面，如图 12-2-6 所示，创建 VPN 连接完成。

（8）单击"立即连接"按钮，现在就开始连接 VPN，或单击"关闭"按钮退出，以后再选择

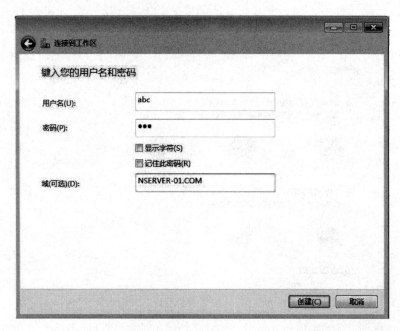

图 12-2-5　键入用户名和密码

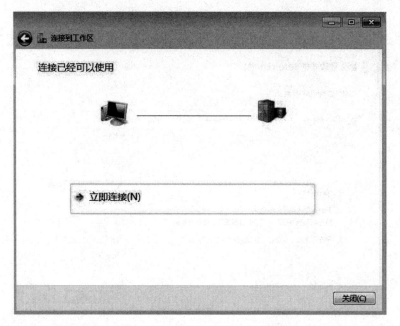

图 12-2-6　显示连接已经可以使用

连接。

2. VPN 连接测试

（1）未连接到 VPN 服务器时的测试。

① 以管理员身份登录到 Win7-01 计算机，选择"开始"→"附件"→"命令提示符"命令，打开"命令提示符"窗口。

② 在"命令提示符"窗口中使用 Ping 命令分别测试 Win2008s-01 域控制器和 Win2003s-01 工作站的连通性,如图 12-2-7 所示。

图 12-2-7   未连接 VPN 服务器时的测试结果

（2）连接到 VPN 服务器。

① 选择 Win7-01 计算机桌面底部任务栏中的 图 图标,弹出如图 12-2-8 所示的 VPN 连接显示窗口。

② 单击"连接"按钮,打开如图 12-2-9 所示的"连接 VPN 连接"对话框,输入允许 VPN 连接的账户和密码。在此,使用域用户账户 abc 建立连接。

③ 单击"连接"按钮,经过身份验证后即可连接到 VPN 服务器,在如图 12-2-10 所示的"网络连接"窗口中可以看到"VPN 连接"图标是已连接的状态。

3. 验证 VPN 连接

当 VPN 客户端计算机 Win7-01 连接到 VPN 服务器 Win2008s-01 上之后,可以访问公司内部局域网络中的共享资源,具体步骤如下:

图 12-2-8   VPN 连接显示窗口

VPN 的安装和配置

图 12-2-9　连接 VPN

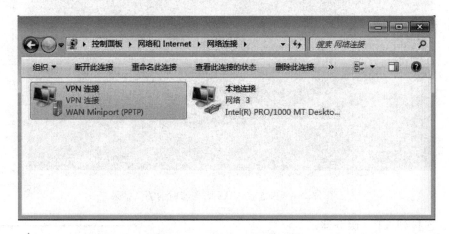

图 12-2-10　显示 VPN 已连接

(1) 查看 VPN 客户端获取到的 IP 地址。

① 在 VPN 客户端计算机 Win7-01 上打开"命令提示符"窗口,使用命令 ipconfig/all 查看 IP 地址信息,如图 12-2-11 所示,可以看到 VPN 连接获得的 IP 地址为 192.168.1.83。

② 先后输入命令 Ping 192.168.1.1 和 Ping 192.168.1.10 测试 VPN 客户端计算机和 VPN 服务器及内网计算机的连通性,如图 12-2-12 所示,显示能连通。

(2) 在 VPN 服务器上的验证。

① 以域管理员身份登录到 Win2008s-01(VPN 服务器)上,在"路由和远程访问"控制台树窗口中展开服务器节点,单击"远程访问客户端",在控制台右侧页面中显示连接时间及连接的账户,这表明已经有一个客户端建立了 VPN 连接,如图 12-2-13 所示。

② 单击"端口",在控制台右侧页面中可以看到其中一个端口的状态是"活动"的,表明有客户端连接到 VPN 服务器。

图 12-2-11　查看 VPN 客户端获取到的 IP 地址

图 12-2-12　测试 VPN 连接

第
12
章

VPN 的安装和配置

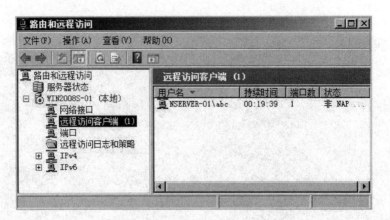

图 12-2-13 查看远程访问客户端

③ 右击该活动端口,在弹出的快捷菜单中选择"状态"命令,打开"端口状态"对话框,在该对话框中显示连接时间、用户及分配给 VPN 客户端计算机的 IP 地址,如图 12-2-14 所示。

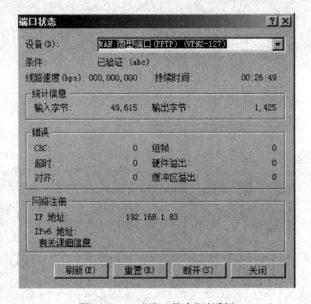

图 12-2-14 "端口状态"对话框

4. 通过远程 VPN 服务器访问内部网络计算机中的共享资源

当在 Win2008s-01 计算机上建立了 VPN 服务器,并在 Win7-01 计算机上建立了 VPN 客户端后,Windows Server 2008 局域网内所有对用户 abc 开放的共享资源在远程 VPN 客户端上都能访问到。

(1)以域管理员账户登录到域内计算机 Win2003s-01 上,在 D 盘建立一个名为 myfiles 的共享文件夹,并在该文件夹中存入一些文件。

(2)以本地管理员账户身份登录到 VPN 客户端计算机 Win7-01 上,单击"开始",在空白文本框中输入内部局域网工作站 Win2003s-01 上共享文件夹的 UNC 路径\\192.168.1.10。由于已经连接到 VPN 服务器,所以可以访问内部局域网络的共享资源,如图 12-2-15 所示。

图 12-2-15　访问 Win2003s-01 上的共享资源

自己练习：

将 Windows Server 2003 计算机配置为 VPN 客户端。

VPN 的安装和配置

第13章 数字证书服务器的安装和配置

【知识背景】

数字证书是一段包含用户身份信息、用户公钥信息以及身份验证机构数字签名的数据。身份验证机构的数字签名可以确保证书信息的真实性,用户公钥信息可以保证数字信息传输的完整性,用户的数字签名可以保证数字信息的不可否认性。

数字证书是各类终端实体和最终用户在网上进行信息交流及商务活动的身份证明,在电子交易的各个环节,交易的各方都需验证对方数字证书的有效性,从而解决相互间的信任问题。

数字证书是一个经证书认证中心(CA)数字签名的包含公开密钥拥有者信息以及公开密钥的文件。认证中心作为权威的、可信赖的、公正的第三方机构,专门负责为各种认证需求提供数字证书服务。认证中心颁发的数字证书均遵循 X.509 V3 标准。X.509 标准在编排公共密钥密码格式方面已被广为接受。X.509 证书已应用于许多网络安全,其中包括 IPSec(IP 安全)、SSL、SET、S/MIME。

数字信息安全主要包括以下几个方面:

- 身份验证(Authentication);
- 信息传输安全;
- 信息保密性(存储与交易)(Confidentiality);
- 信息完整性(Integrity);
- 交易的不可否认性(Non-repudiation)。

对于数字信息的安全需求,通过如下手段加以解决:

- 数据的保密性——加密;
- 数据的完整性——数字签名;
- 身份鉴别——数字证书与数字签名;
- 不可否认性——数字签名。

为了保证网上信息传输双方的身份验证和信息传输安全,目前采用数字证书技术来实现,从而实现对传输信息的机密性、真实性、完整性和不可否认性。

数字证书包括证书申请者的信息和发放证书认证中心的信息,认证中心所颁发的数字证书均遵循 X.509 V3 标准。数字证书的格式在 ITU 标准和 X.509 V3 标准里定义。

证书内容由以下两部分组成:

(1) 申请者的信息。

第一部分是申请者的信息,数字证书里的数据包括以下信息:

① 版本信息,用来与 X.509 的将来版本兼容;

② 证书序列号,每一个由 CA 发行的证书必须有一个唯一的序列号;

③ 所使用的签名算法；

④ 发行证书CA 的名称；

⑤ 证书的有效期限；

⑥ 证书主题名称；

⑦ 被证明的公钥信息，包括公钥算法、公钥的位字符串表示；

⑧ 包含额外信息的特别扩展。

(2) 发放证书CA 的信息。

第二部分是CA 的信息，数字证书包含发行证书CA 的签名和用来生成数字签名的签名算法。任何人收到证书后都能使用签名算法来验证证书是否是由CA 的签名密钥签发的。

持证人甲想与持证人乙通信时，他首先查找数据库并得到一个从甲到乙的证书路径（Certification Path）和乙的公开密钥。这时甲可使用单向或双向验证证书。

单向验证是从甲到乙的单向通信。建立了甲和乙双方身份的证明以及从甲到乙的任何通信信息的完整性。它还可以防止通信过程中的任何攻击。

双向验证与单向验证类似，但它增加了来自乙的应答。保证是乙而不是冒名者发送来的应答。它还保证双方通信的机密性并可防止攻击。

单向验证和双向验证都使用了时间标记。

单向验证如下：

(1) 甲产生一个随机数 Ra。

(2) 甲构造一条消息，M＝(Ta,Ra,Ib,d)，其中 Ta 是甲的时间标记，Ib 是乙的身份证明，d 为任意的一条数据信息。为安全起见，数据可用乙的公开密钥 Eb 加密。

(3) 甲将(Ca,Da(M))发送给乙(Ca 为甲的证书，Da 为甲的私人密钥)。

(4) 乙确认 Ca 并得到 Ea。他确认这些密钥没有过期(Ea 为甲的公开密钥)。

(5) 乙用 Ea 去解密 Da(M)，这样既证明了甲的签名又证明了所签发信息的完整性。

(6) 为准确起见，乙检查 M 中的 Ib。

(7) 乙检查 M 中的 Ta 以证实消息是刚发来的。

(8) 作为一个可选项，乙对照旧随机数数据库检查 M 中的 Ra 以确保消息不是旧消息重放。

双向验证包括一个单向验证和一个从乙到甲的类似的单向验证。除了完成单向验证的(1)～(8)步外，双向验证还包括：

(1) 乙产生另一个随机数 Rb。

(2) 乙构造一条消息，Mm＝(Tb,Rb,Ia,Ra,d)，其中 Tb 是乙的时间标记，Ia 是甲的身份，d 为任意的数据。为确保安全，可用甲的公开密钥对数据加密。Ra 是甲在第(1)步中产生的随机数。

(3) 乙将 Db(Mm)发送给甲。

(4) 甲用 Ea 解密 Db(Mm)，以确认乙的签名和消息的完整性。

(5) 为准确起见，甲检查 Mm 中的 Ia。

(6) 甲检查 Mm 中的 Tb 以证实消息是刚发送来的。

(7) 作为可选项，甲可检查 Mm 中的 Rb 以确保消息不是重放的旧消息。

每个用户都有一个各不相同的名字，一个可信的证书认证中心给每个用户分配一个唯一的名字并签发一个包含名字和用户公开密钥的证书。

数字证书服务器的安装和配置

如果甲想和乙通信,他首先必须从数据库中取得乙的证书,然后对它进行验证。如果他们使用相同的 CA,事情就简单了,甲只需验证乙证书上 CA 的签名;如果他们使用不同的 CA,问题就复杂了,甲必须从 CA 的树形结构底部开始,从底层 CA 往上层 CA 查询,一直追踪到同一个 CA 为止,找出共同的信任 CA。

证书可以存储在网络中的数据库中,用户可以利用网络彼此交换证书。当证书撤销后,它将从证书目录中删除,然而签发此证书的 CA 仍保留此证书的副本,以备日后解决可能引起的纠纷。

如果用户的密钥或 CA 的密钥被破坏,从而导致证书的撤销,每一个 CA 必须保留一个已经撤销但还没有过期的证书废止列表(CRL)。当甲收到一个新证书时,首先应该从证书废止列表中检查证书是否已经被撤销。

现有持证人甲向持证人乙传送数字信息,为了保证信息传送的真实性、完整性和不可否性,需要对要传送的信息进行数字加密和数字签名,其传送过程如下:

(1)甲准备好要传送的数字信息(明文)。

(2)甲对数字信息进行哈希(Hash)运算,得到一个信息摘要。

(3)甲用自己的私钥(SK)对信息摘要进行加密得到甲的数字签名,并将其附在数字信息上。

(4)甲随机产生一个加密密钥(DES 密钥),并用此密钥对要发送的信息进行加密,形成密文。

(5)甲用乙的公钥(PK)对刚才随机产生的加密密钥进行加密,将加密后的 DES 密钥连同密文一起传给乙。

(6)乙收到甲传送过来的密文和加过密的 DES 密钥,先用自己的私钥(SK)对加密的 DES 密钥进行解密,得到 DES 密钥。

(7)乙用 DES 密钥对收到的密文进行解密,得到明文的数字信息,然后将 DES 密钥抛弃(即 DES 密钥作废)。

(8)乙用甲的公钥(PK)对甲的数字签名进行解密,得到信息摘要。乙用相同的 Hash 算法对收到的明文再进行一次 Hash 运算,得到一个新的信息摘要。

(9)乙将收到的信息摘要和新产生的信息摘要进行比较,如果一致,说明收到的信息没有被修改过。

实训 13-1　数字证书的安装

【实训条件】

(1)已安装了 Windows Server 2008 域控制器。

(2)将 Windows Server 2003 和 Windows 7 的虚拟网卡设置为"内部网络",并将这两台计算机加入到 Nserver-XX.com(XX 为物理主机编号)。

(3)已安装了 DNS 服务器。

(4)已关闭服务器、局域网内部资源服务器和客户端防火墙。

【实训说明】

Windows Server 2008 支持两类认证中心:企业级 CA 和独立 CA,每类 CA 中都包含根 CA 和从属 CA。如果准备为 Windows 网络中的用户或计算机颁发证书,需要部署一个企业级的 CA,并且企业级的 CA 只对活动目录中的计算机用户颁发证书。

独立 CA 可向 Windows 网络外部的用户颁发证书,并且可以不需要活动目录的支持。本实训用独立 CA 对局域网中的计算机用户颁发证书。

【实训任务】

(1) 安装证书服务。

(2) 创建服务器证书。

【实训目的】

(1) 理解数字证书的概念和 CA 的层次结构。

(2) 掌握独立 CA 的安装与证书申请。

【实训内容】

本实训以 1 号物理主机为例。

(1) 安装证书服务。

① 登录 Win2008s-01 域控制器,选择"开始"→"管理工具"→"服务器管理器"命令,在打开的窗口中右击"角色",在弹出的快捷菜单中选择"添加角色"命令,打开"添加角色向导"对话框。

② 单击"下一步"按钮,至少需要两种角色: Active Directory 证书服务和 Web 服务器(IIS),如图 13-1-1 所示。

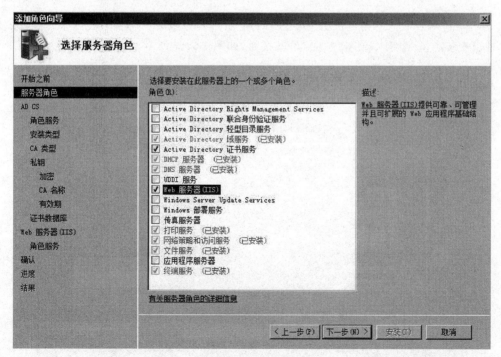

图 13-1-1　选择服务器角色

数字证书服务器的安装和配置

③ 单击"下一步"按钮，进入 Active Directory 证书服务简介页面。单击"下一步"按钮，在"选择角色服务"页面中选中"证书颁发机构"和"证书颁发机构 Web 注册"复选框，弹出"添加角色向导"对话框，如图 13-1-2 所示。

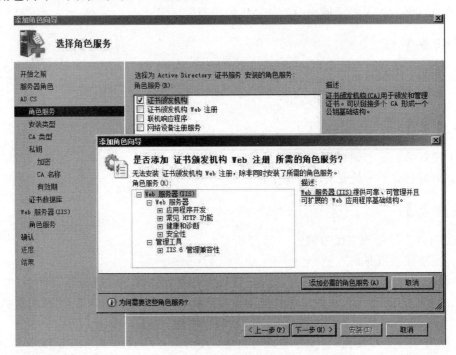

图 13-1-2　选择角色服务

④ 单击"添加必需的角色服务"按钮后回到"选择角色服务"页面。单击"下一步"按钮，在"指定安装类型"页面中单击"独立"单选按钮，如图 13-1-3 所示。

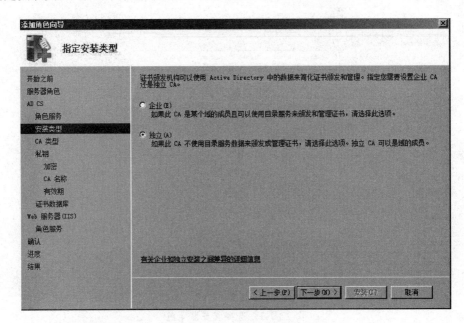

图 13-1-3　指定安装类型

⑤ 单击"下一步"按钮，在"指定 CA 类型"页面中单击"根 CA"单选按钮，如图 13-1-4 所示。

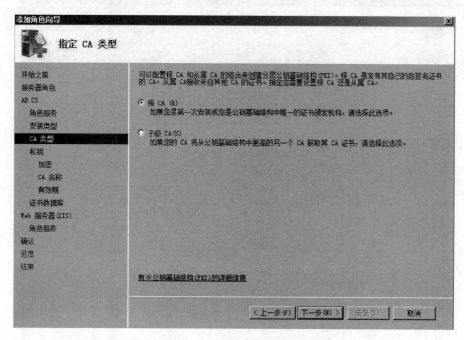

图 13-1-4　指定 CA 类型

⑥ 单击"下一步"按钮，在"设置私钥"页面中单击"新建私钥"单选按钮，如图 13-1-5 所示。

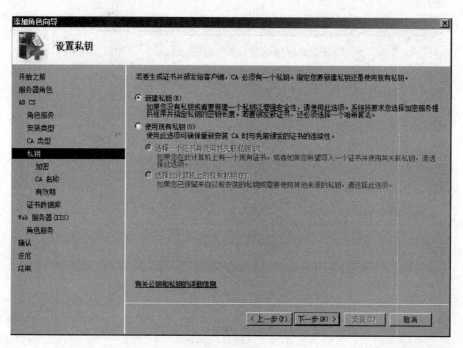

图 13-1-5　设置私钥

数字证书服务器的安装和配置

⑦ 单击"下一步"按钮，为 CA 配置加密，如图 13-1-6 所示。

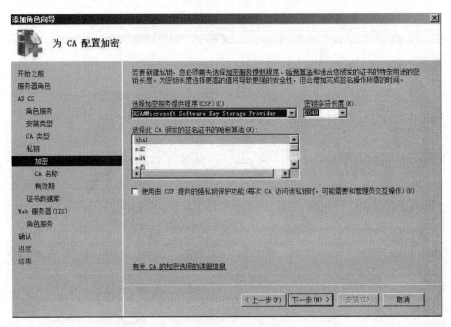

图 13-1-6　为 CA 配置加密

⑧ 单击"下一步"按钮，配置 CA 名称。本例 CA 名称为 abc，如图 13-1-7 所示。

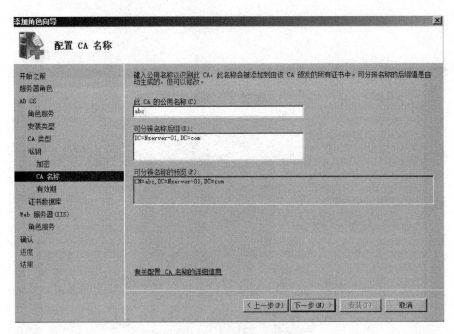

图 13-1-7　配置 CA 名称

⑨ 单击"下一步"按钮，接下来设置该 CA 证书的有效期、配置证书数据库，采用默认值即可。然后设置安装 IIS 角色的各个选项，选中 ASP. NET、". NET 扩展性"、CGI 和"在服务器端的包含文件"复选框，如图 13-1-8 所示。

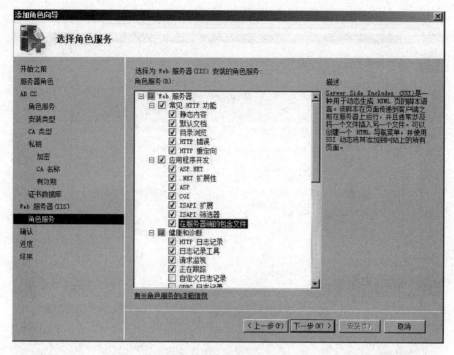

图 13-1-8　选择角色服务

⑩ 单击"下一步"按钮,在"确认安装选择"页面中显示刚才所做的设置,准确无误后单击"安装"按钮,开始安装角色及必需的角色服务,如图 13-1-9 所示。

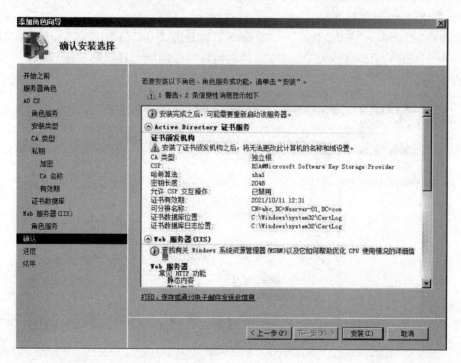

图 13-1-9　确认安装选择

数字证书服务器的安装和配置

⑪ 安装完毕,显示安装结果,如图 13-1-10 所示。

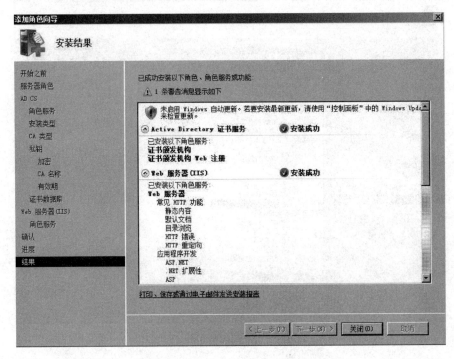

图 13-1-10　显示安装结果

⑫ 单击"关闭"按钮退出安装向导。

(2) 创建 Web 服务器证书。

① 选择"开始"→"管理工具"→"Internet 信息服务(IIS)管理器"命令,在打开的"Internet 信息服务(IIS)管理器"窗口中选择左侧窗格中的服务器名称根节点,如图 13-1-11 所示,在中间窗格的"主页"框的 IIS 区域中选择"服务器证书"图标并双击。

图 13-1-11　选择服务器证书

② 单击右侧"操作"面板中的"创建证书申请"按钮，如图 13-1-12 所示。

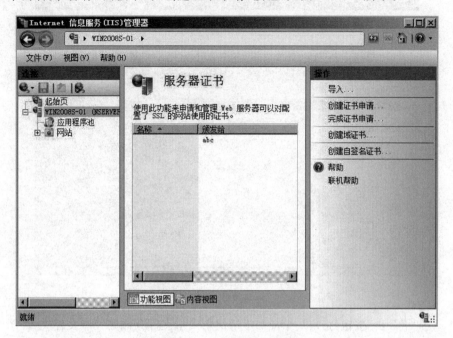

图 13-1-12　创建证书申请

③ 在弹出的"申请证书"对话框中填写证书申请的相关信息，如通用名称 aaa，如图 13-1-13 所示。

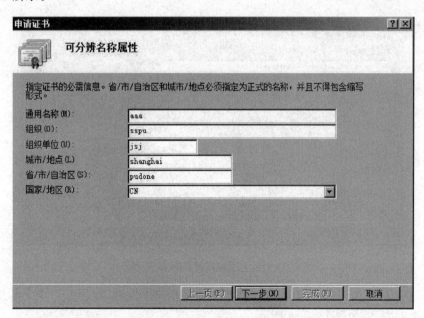

图 13-1-13　"申请证书"对话框

④ 单击"下一步"按钮，在"加密服务提供程序属性"页面中按默认选项选择"加密服务程序"和"位长"，如图 13-1-14 所示。

数字证书服务器的安装和配置

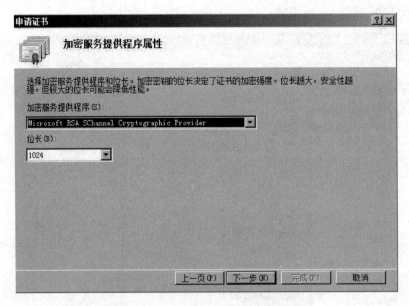

图 13-1-14　"加密服务提供程序属性"页面

⑤ 单击"下一步"按钮，指定一个证书申请信息文本文件存储路径和文件夹，如图 13-1-15 所示。

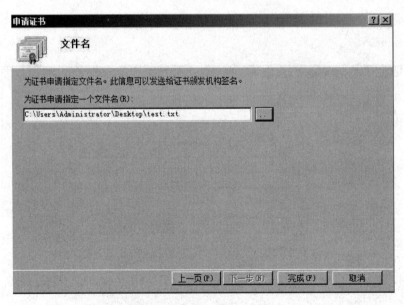

图 13-1-15　指定存储路径和文件夹

⑥ 单击"完成"按钮后，即在指定目录下生成一个文本文件，双击打开该文本文件后，复制里面的全部内容，如图 13-1-16 所示。

⑦ 打开浏览器，在地址栏中输入证书服务的管理地址 http://localhost/certsrv，如图 13-1-17 所示。

⑧ 单击"申请证书"超链接，出现如图 13-1-18 所示的"申请一个证书"页面。

图 13-1-16　文本文件内容

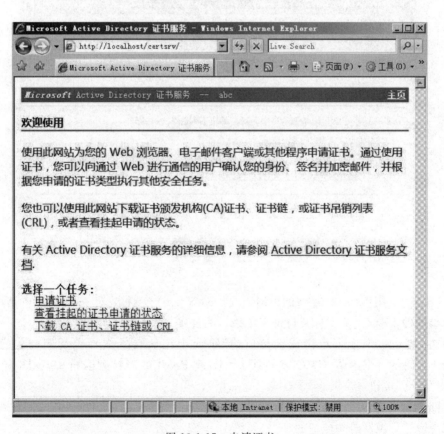

图 13-1-17　申请证书

数字证书服务器的安装和配置

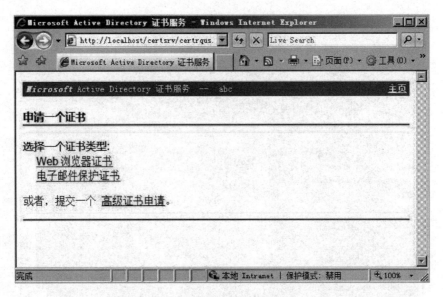

图 13-1-18　申请一个证书

⑨ 单击"高级证书申请"超链接，出现如图 13-1-19 所示的"高级证书申请"页面。

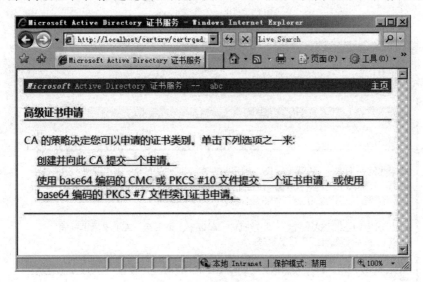

图 13-1-19　高级证书申请

⑩ 单击"使用 base64 编码的 CMC 或 PKCS♯10 文件提交一个证书申请，或使用 base64 编码的 PKCS♯7 文件续订证书申请。"超链接。

⑪ 在"提交一个证书申请或续订申请"页面中把从文本文件里复制的内容粘贴到 "Base-64 编码的证书申请(CMC 或 PKCS♯10 或 PKCS♯7)："列表框中，如图 13-1-20 所示，单击"提交"按钮。

⑫ 此时可以看到提交信息。申请已经提交给证书服务器，证书的状态是"正在挂起"，必须等待管理员颁发给您申请的证书，如图 13-1-21 所示。

⑬ 关闭 IE 浏览器退出。

图 13-1-20　提交一个证书申请或续订

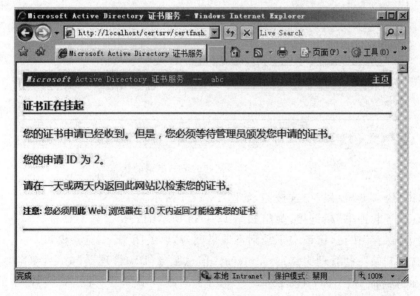

图 13-1-21　证书申请信息

⑭ 选择"开始"→"管理工具"→Certification Authority 命令，打开 certsrv 控制台窗口。在左侧列表中单击"挂起的申请"，在右侧的证书申请列表中右击记录申请，从弹出的快捷菜单中选择"所有任务"→"颁发"命令，如图 13-1-22 所示。

数字证书服务器的安装和配置

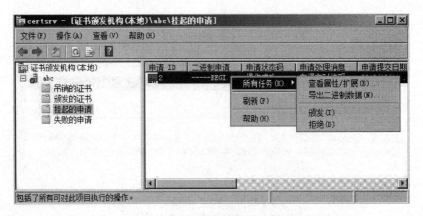

图 13-1-22　颁发挂起的证书申请

⑮ 在控制台窗口左侧列表的"颁发的证书"目录中可以看到刚颁发的证书申请,然后关闭 certsrv 控制台窗口。

⑯ 打开 IE 浏览器,在地址栏中输入证书服务的管理地址 http://localhost/certsrv。打开页面后可单击"查看挂起的证书申请的状态",进入"查看挂起的证书申请的状态"页面,单击"保存的申请证书"超链接,如图 13-1-23 所示。

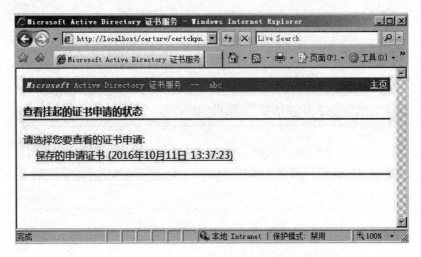

图 13-1-23　查看挂起的证书申请的状态

⑰ 单击"Base 64 编码"单选按钮,如图 13-1-24 所示。

⑱ 单击"下载证书"超链接,弹出如图 13-1-25 所示的安全警告对话框。

⑲ 单击"保存"按钮,将证书下载到本地桌面,然后关闭 IE 浏览器窗口。

⑳ 选择"开始"→"管理工具"→"Internet 信息服务(IIS)管理器"命令,双击"主页"框中 IIS 里的"服务器证书"图标,在如图 13-1-12 所示的窗口中单击右侧"操作"栏中的"完成证书申请"按钮,打开"完成证书申请"对话框。

㉑ 在"指定证书颁发机构响应"页面的"包含证书颁发机构响应的文件名"文本框中输入前面下载到桌面上的证书文件,本例为 certnew.cer,并给证书起一个好记的名称,例如 ylj。然后单击"确定"按钮后完成整个证书申请流程,如图 13-1-26 所示。

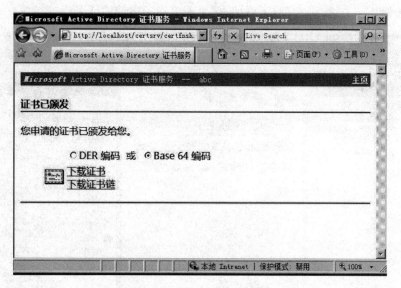

图 13-1-24　证书已颁发

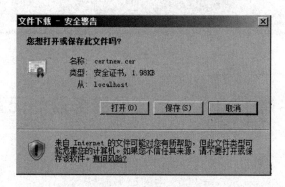

图 13-1-25　保存证书

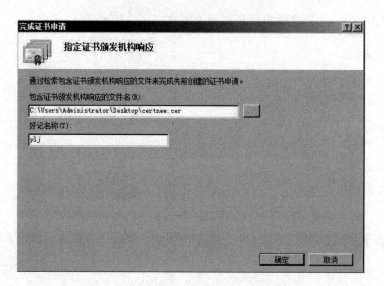

图 13-1-26　完成证书申请

数字证书服务器的安装和配置

㉒ 上述操作完成后,可在"服务器证书"页面下看到申请的证书,如图 13-1-27 所示。

图 13-1-27　IIS 服务器申请到的证书

实训 13-2　数字证书服务器的配置

【实训条件】

(1) 已安装了 Windows Server 2008 中的证书服务。
(2) 已创建了服务器证书。
(3) 已关闭服务器、局域网内部资源服务器和客户端防火墙。

【实训说明】

本实训至少需要两台计算机,一台 Windows Server 2008 用作 CA 服务器和 Web 服务器;一台 Windows Server 2003 或 Windows 7 作为客户端进行测试。

【实训任务】

(1) 给网站绑定 HTTPS。
(2) 导出根证书。
(3) 客户端安装根证书。

【实训目的】

(1) 掌握数字证书的管理。
(2) 掌握基于 SSL 的网络安全应用。

【实训内容】

本实训以 1 号物理主机为例。

（1）给网站绑定 HTTPS。

① 在 IIS 里添加好网站后,在左侧连接栏里右击选择添加的网站(例如新建 mytest),在弹出的快捷菜单中选择"编辑绑定"命令,弹出如图 13-2-1 所示的"网站绑定"对话框。

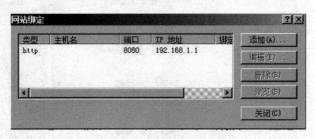

图 13-2-1 "网站绑定"对话框

② 单击"添加"按钮,打开"添加网站绑定"对话框,在"类型""IP 地址"下拉列表中选择 https,以及绑定的服务器的 IP 地址。端口是默认的 443,然后需要选择上一步创建的域证书 ylj,如图 13-2-2 所示。

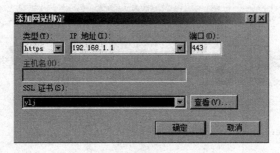

图 13-2-2 添加网站绑定

③ 单击"确定"按钮删除默认的 http 的绑定记录,如图 13-2-3 所示。

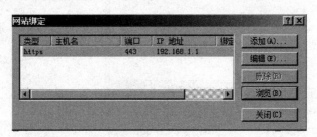

图 13-2-3 只保留绑定类型为 https 的网站记录

④ 在"Internet 信息服务(IIS)管理器"窗口中选中添加的网站,在窗口中间的 IIS 区域下选择"SSL 设置"选项,如图 13-2-4 所示。

⑤ 双击"SSL 设置"图标,在弹出的对话框中选中"要求 SSL"和"需要 128 位 SSL"复选框,并单击右侧"操作"栏上的"应用"按钮后,Web 服务器配置就此完成,如图 13-2-5 所示。

341

第 13 章

数字证书服务器的安装和配置

图 13-2-4　选择"SSL 设置"选项

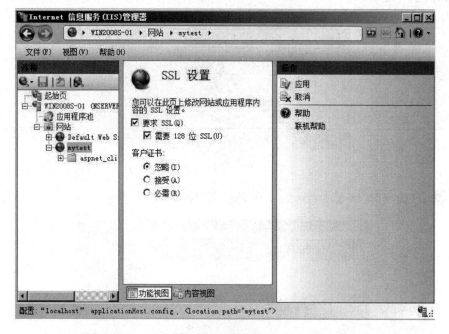

图 13-2-5　SSL 设置

（2）导出根目录。

服务器配置完成后，需要将根证书导出至每台客户端计算机上安装后，客户端计算机才能正常访问网站。

① 登录证书服务器和 Web 服务器，启动 IE 浏览器，在菜单栏中选择"工具"→"Internet 选项"命令，在打开的"Internet 选项-安全风险"对话框中切换至"内容"选项卡，如

图 13-2-6 所示。

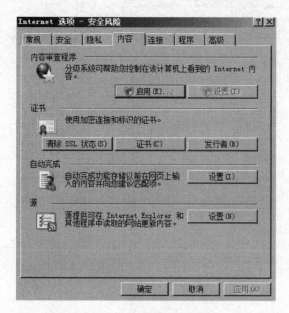

图 13-2-6 "内容"选项卡

② 单击"证书"按钮,打开"证书"对话框,切换至"受信任的根证书颁发机构"选项卡,在此选项卡中选择之前创建的根证书,如图 13-2-7 所示。

图 13-2-7 "证书"对话框

③ 单击"导出"按钮,弹出"证书导出向导"对话框。

④ 单击"下一步"按钮,按图 13-2-8 所示选择导出的文件格式。

⑤ 单击"下一步"按钮,指定要导出的文件名。一定要记住文件名和位置,如图 13-2-9 所示。

数字证书服务器的安装和配置

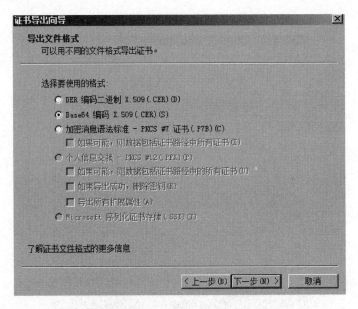

图 13-2-8　选择导出的文件格式

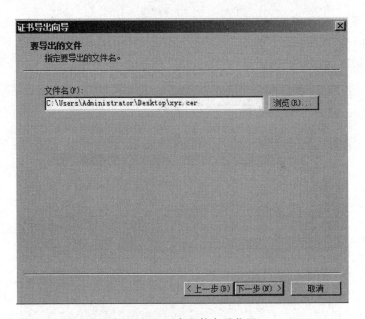

图 13-2-9　证书文件名及位置

⑥ 单击"下一步"按钮，成功完成证书导出的页面如图 13-2-10 所示。

⑦ 单击"完成"按钮退出向导。

（3）客户端安装根证书。

将在服务器端导出的证书文件通过邮件附件发送给客户端，或将该证书文件设置为共享，让 Win 7-01 计算机收到此文件。

① Win7-01 登录到域，在桌面上右击从服务器端导出的根证书文件 xyz.cer，在弹出的快捷菜单中选择"安装证书"命令，如图 13-2-11 所示，打开"证书导入向导"对话框。

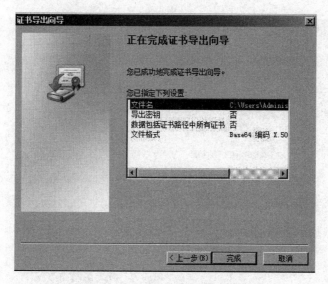

图 13-2-10　完成证书导出

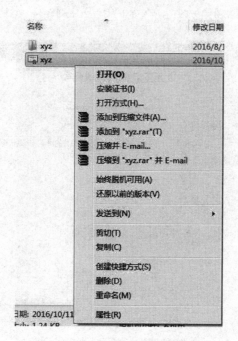

图 13-2-11　选择"安装证书"命令

② 单击"下一步"按钮,在"证书存储"页面中单击"将所有的证书放入下列存储"单选按钮,然后单击"浏览"按钮,选择"受信任的根证书颁发机构",如图 13-2-12 所示。

③ 单击"下一步"按钮,按向导完成证书导入,如图 13-2-13 所示。

④ 单击"完成"按钮后弹出"安全性警告"对话框,如图 13-2-14 所示。

⑤ 单击"是"按钮,再单击"确定"按钮完成向导。

⑥ 根证书安装完毕后,就可以打开 IE 浏览器,在地址栏里输入 https://192.168.1.1,打开一个"证书错误"的页面,表示该证书不是由可信机构颁发的,安全性有待验证,如

数字证书服务器的安装和配置

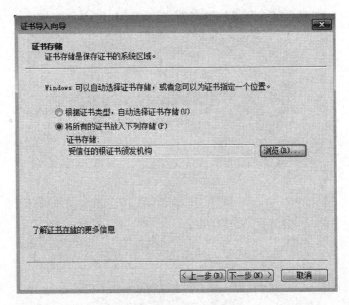

图 13-2-12   选择"将所有的证书放入下列存储"单选按钮

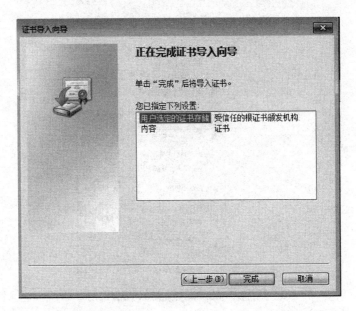

图 13-2-13   完成证书导入

图 13-2-15 所示。

⑦ 单击"继续浏览此网站(不推荐)"超链接,打开 mytest 网站主页,如图 13-2-16 所示。

练习与思考:

在如图 13-2-17 所示的 SSL 设置中客户证书有三种选择方式,请比较三种设置方式的不同并测试。

提示:若需要安装客户端证书,则应在客户端计算机中启动 IE。在地址栏中输入 http://证书服务器端 IP 地址/CertSrv,选择申请一个 Web 浏览器证书,在该证书信息中填

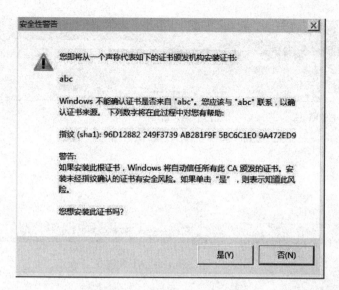

图 13-2-14 "安全性警告"信息

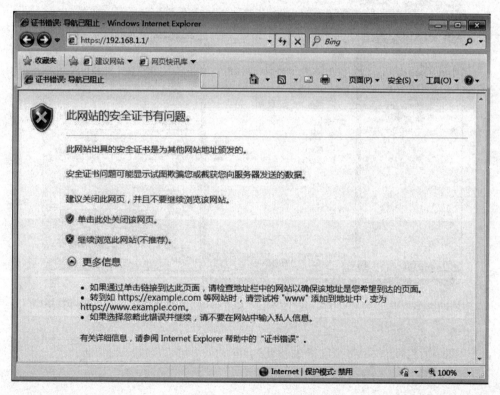

图 13-2-15 显示"证书错误"的页面

入详细的个人信息,并将该证书由颁发机构颁发后。然后双击该证书,在弹出的对话框中单击"复制到文件"按钮,将该客户端证书信息以.cer文件保存在客户端计算机的本地硬盘上。启动IE后,在IE浏览器菜单栏中选择"工具"→"Internet选项"→"内容"→"证书"命令,在打开的"证书"对话框中切换至"个人"选项卡,单击"导入"按钮,选择.cer文件即可。

数字证书服务器的安装和配置

图 13-2-16　显示网站主页内容

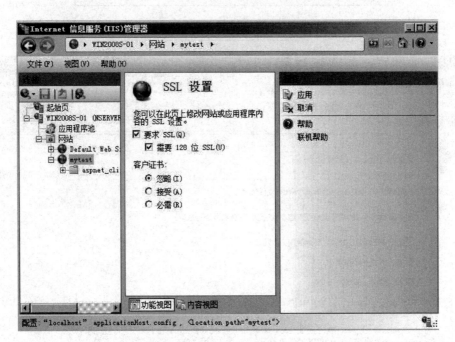

图 13-2-17　SSL 设置

第14章　组策略设置和应用

【知识背景】

　　Windows Server 2008 中的组策略为域环境提供了一种集中管理用户和计算机的方法。通过使用组策略可以减少用户环境的配置复杂性,并降低用户错误地配置这些环境的可能性,可以提高生产率并减少网络所需的技术支持,从而降低用户的总体拥有成本。

　　使用组策略可以为指定的部门部署软件,包括软件自动安装、自动升级、自动卸载等。可以将组策略应用在整个网络中,也可以仅将它应用在某个特定用户或计算机组上。

　　使用组策略管理工具可以进行组策略的管理,包括组策略的备份和还原。通过组策略管理工具还可以查看组策略设置、禁用组策略的用户设置和计算机设置。使用组策略建模和组策略结果可以监控组策略的应用,以排除组策略应用中的错误。

　　组策略应用配置涉及的内容很多。本实训将演示组策略配置账户策略,使用开机或关机脚本,以及用户登录、注销脚本等常用设置来完成一些自定义的工作。

　　在组策略中一旦定义了用户的工作环境,就可以依赖 Windows Server 2008 连续执行定义好的策略设置。可以将组策略和活动目录(站点、域和组织单位)链接起来,这样管理员使用组策略配置设置后,组策略会自动应用在这些容器中的所有用户和计算机上。

　　在基于 Windows Server 2008 系统的 Active Directory 域中,组策略分为两种:一种是本地计算机组策略,其作用范围仅限于本地计算机;另一种是 Active Directory 域组策略,其作用范围是整个 Active Directory 域中的用户和计算机。

　　本实训主要介绍基于 Windows Server 2008 的 Active Directory 域组策略的一些设置。

实训 14-1　计算机策略的设置和应用

【实训条件】

　　(1) 安装了 Windows Server 2008 域控制器。

　　(2) 将 Windows Server 2003 和 Windows 7 的虚拟网卡设置为"内部网络",并将这两台计算机加入到 Nserver-XX. com(XX 为物理主机编号)。

【实训说明】

　　计算机配置的设置会应用到整个计算机策略,经新建或更改后的策略设置将应用到计算机中的所有用户。

【实训任务】

(1) 利用组策略对账户安全进行设置。

(2) 设置策略,让域内两台工作站计算机登录时无须按 Ctrl＋Alt＋Del 的组合键。

【实训目的】

理解和掌握计算机配置策略的设置和应用。

【实训内容】

本实训以 1 号物理主机为例。

(1) 利用组策略对账户安全进行设置。

① 用域管理员用户账号登录到 Win2008s-01 域控制器,选择"开始"→"管理工具"→"组策略管理"命令。

② 打开"组策略管理"控制台窗口,依次展开"林:Nserver-01. com"→"域"→Nserver-01. com 节点。

③ 右击 Default Domain Policy 选项,在弹出的快捷菜单中选择"编辑"命令,如图 14-1-1 所示。

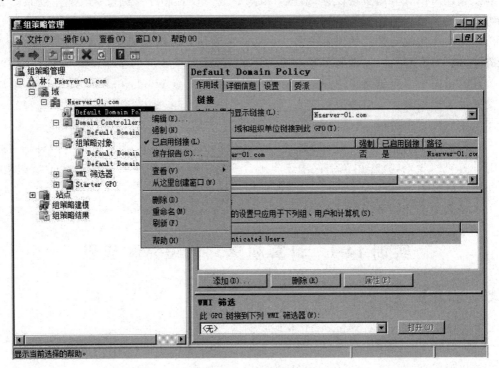

图 14-1-1 "组策略管理"控制台窗口

④ 打开如图 14-1-2 所示的"组策略管理编辑器"窗口,依次展开"计算机配置"→"策略"→"Windows 设置"→"安全设置"→"账户策略"节点,对域用户账户进行安全设置。

⑤ 双击"密码策略"选项,可以在右侧窗格列表中选择某一具体策略更改其默认设置,

图 14-1-2 "组策略管理编辑器"窗口

如图 14-1-3 所示。

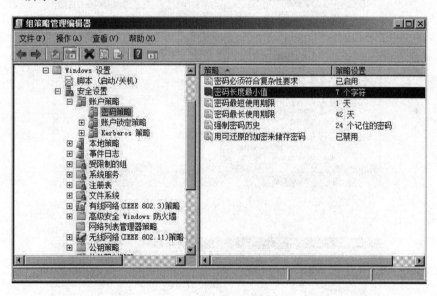

图 14-1-3 密码策略

⑥ 双击"账户锁定策略"选项,可以在右侧窗格列表中选择某一具体策略更改其默认设置,如图 14-1-4 所示。

⑦ 双击"Kerberos 策略"选项,可以在右侧窗格列表中选择某一具体策略更改其默认设置,如图 14-1-5 所示。

(2) 设置策略,让域内两台工作站计算机登录时无须按 Ctrl+Alt+Del 组合键。

① 在图 14-1-2 所示的"组策略管理编辑器"窗口中展开"本地策略"→"安全选项"节点,在右侧列表中显示其下所有的策略选项,如图 14-1-6 所示。

组策略设置和应用

图 14-1-4　账户锁定策略

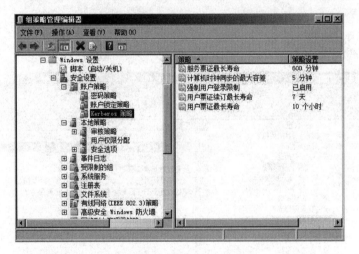

图 14-1-5　Kerberos 策略

图 14-1-6　"组策略管理编辑器"窗口中的"安全选项"

② 双击右侧窗格中"策略"列表框中的"交互式登录：无须按 Ctrl＋Alt＋Del"选项，在出现的"交互式登录：无须按 Ctrl＋Alt＋Del 属性"对话框中选中"定义这个策略设置"复选框，并单击"已启用"单选按钮，如图 14-1-7 所示，然后单击"确定"按钮。

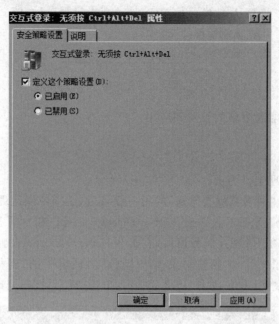

图 14-1-7 "交互式登录：无须按 Ctrl＋Alt＋Del 属性"对话框

③ 完成设置后在"命令提示符"窗口中使用命令 gpupdate /force 强制更新策略，或者重启域控制器，使组策略在域中应用。

④ 用域中任何一个域用户账户从 Win2003s-01 或 Win7-01 计算机上登录，会发现不用按 Ctrl＋Alt＋Del 组合键，直接输入用户名和密码即可登录。

自己练习：

设置策略，使域内两台工作站计算机启动后显示"欢迎"（标题），"请安全登录到域，自觉遵守网络安全规则"（内容）。

实训 14-2 用户策略的设置和应用

【实训条件】

（1）安装了 Windows Server 2008 域控制器。

（2）将 Windows Server 2003 和 Windows 7 的虚拟网卡设置为"内部网络"，并将这两台计算机加入到 Nserver-XX. com（XX 为物理主机编号）。

【实训说明】

用户配置的设置一般只应用到当前用户，如果用别的用户名登录计算机，设置将不起作用。

354

【实训任务】

(1) 设置策略,让"网络工程教研室"的用户登录后,必须使用代理服务器上网。

(2) 设置策略,让"网络工程教研室"中的某一域用户登录后,按 Ctrl＋Alt＋Del 组合键不显示"更改密码"和"启动任务管理器"选项。

(3) 脚本的使用:用户账户登录和注销设置。

【实训目的】

理解和掌握用户配置策略的设置和应用。

【实训内容】

本实训以 1 号物理主机为例。

(1) 设置策略,让"网络工程教研室"的用户登录后,必须使用代理服务器上网。

① 选择"开始"→"管理工具"→"Active Directory 用户和计算机"命令,打开"Active Directory 用户和计算机"管理控制台窗口,右击 Nserver-01.com,在弹出的快捷菜单中选择"新建"→"组织单位"命令,在"新建对象-组织单位"对话框中的"名称"文本框中输入名为"网络工程教研室"的组织单位,如图 14-2-1 所示,单击"确定"按钮完成创建。

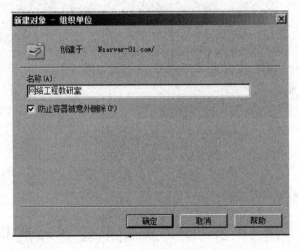

图 14-2-1　新建组织单位

② 将 users 容器内的域用户 abc 和 xyz 移动到"网络工程教研室"中,使之成为该 OU 中的成员,如图 14-2-2 所示。

③ 选择"开始"→"管理工具"→"组策略管理"命令,打开"组策略管理"控制台窗口,依次展开"林: Nserver-01.com"→"域"→Nserver-01.com 节点。

④ 右击"网络工程教研室",在弹出的快捷菜单中选择"在这个域中创建 GPO 并在此处链接"命令,出现"新建 GPO"对话框。在"名称"文本框中输入 GPO 的名字,本例为"网工的 GPO",单击"确定"按钮,如图 14-2-3 所示。

⑤ 右击"网络工程教研室"下的"网工的 GPO",在弹出的快捷菜单中选择"编辑"命令,出现"组策略管理编辑器"窗口。

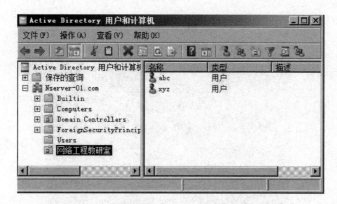

图 14-2-2 "网络工程教研室"中的两个用户

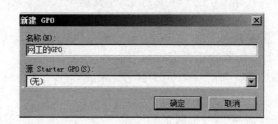

图 14-2-3 新建 GPO

⑥ 依次选择"用户配置"→"策略"→"Windows 设置"→"Internet Explorer 维护"→"连接"命令,在右侧窗格中双击"代理设置"图标,在弹出的"代理设置"对话框中选中"启用代理服务器设置"复选框,按如图 14-2-4 所示进行设置,然后单击"确定"按钮。

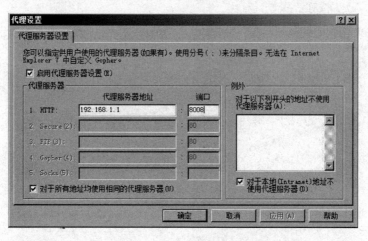

图 14-2-4 代理服务器设置

⑦ 完成设置后运行 gpupdate 命令或重启域控制器,使组策略在域中生效。然后在域中的任何计算机上用"网络工程教研室"中的用户账户登录,启动 IE 浏览器,在菜单栏中选择"工具"→"Internet 选项"命令,打开"Internet 选项"对话框,切换至"连接"选项卡。单击"局域网设置"按钮,打开"局域网(LAN)设置"对话框,在"自动配置"选项区域中选中"自动检测设置"复选框,如图 14-2-5 所示。

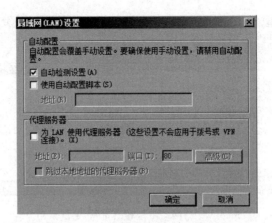

图 14-2-5 "局域网(LAN)设置"对话框

(2) 设置策略,让"网络工程教研室"中的某一域用户登录后,按 Ctrl＋Alt＋Del 组合键不显示"更改密码"和"启动任务管理器"选项。

① 在"组策略管理"控制台窗口中依次展开"林：Nserver-01. com"→"域"→Nserver-01. com 节点。

② 右击"网络工程教研室"下的"网工的 GPO",从弹出的快捷菜单中选择"编辑"命令,出现"组策略管理编辑器"窗口。

③ 依次选择"用户配置"→"策略"→"管理模板"→"系统"→"Ctrl＋Alt＋Del 选项"命令,在右侧窗格中双击"删除更改密码"和"删除任务管理器"。在弹出的"删除'更改密码'属性"和"删除'任务管理器'属性"对话框中单击"已启用"单选按钮,如图 14-2-6 和图 14-2-7 所示,然后单击"确定"按钮。

图 14-2-6 不显示更改密码　　　　图 14-2-7 不显示任务管理器

④ 完成设置后运行 gpupdate 命令或重启域控制器,再重新启动域内的用户计算机,使组策略在域中生效。然后在域中的任何计算机上用"网络工程教研室"中的用户账户登录,按 Ctrl＋Alt＋Del 组合键观察结果。

（3）脚本的使用：登录/注销设置。

① 在桌面上新建一个名为 dl 的文本，输入如图 14-2-8 所示的文字信息，将该文本文件另存为 dl. vbs。

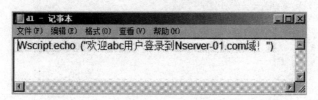

图 14-2-8　新建登录脚本文件

② 在"组策略管理"控制台窗口中依次展开"林：Nserver-01. com"→"域"→Nserver-01. com 节点。

③ 右击"网络工程教研室"下的"网工的 GPO"，从弹出的快捷菜单中选择"编辑"命令，出现"组策略管理编辑器"窗口。

④ 依次展开"用户配置"→"策略"→"Windows 设置"→"脚本（登录/注销）"节点，在右侧窗格中双击"登录"，在"登录 属性"对话框中单击"显示文件"按钮，打开 Logon 窗口，拖动桌面上新建的脚本文件到此窗口中，可以查看保存在此组策略对象中的脚本文件，如图 14-2-9 所示。

⑤ 关闭"Login"窗口，在"登录 属性"对话框中单击"添加"按钮，弹出如图 14-2-10 所示的"添加脚本"对话框。在"脚本名"文本框中输入刚刚新建的登录脚本文件名，或者单击"浏览"按钮，选择所需的脚本文件。

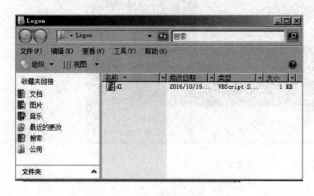

图 14-2-9　显示登录脚本文件

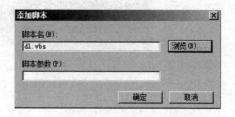

图 14-2-10　添加脚本文件

⑥ 单击"确定"按钮返回到"登录 属性"对话框，可以看到已添加的登录脚本文件，如图 14-2-11 所示。

⑦ 单击"确定"按钮退出设置。

⑧ 完成设置后运行 gpupdate 命令或重启域控制器，再重新启动域内的用户计算机，使组策略在域中生效。然后在域中的任何计算机上用"网络工程教研室"中的用户账户 abc 登录，会看到如图 14-2-12 所示的登录对话框。

⑨ 自己编写一个注销脚本文件，在"网络工程教研室"中的用户账户 xyz 注销登录时弹出"欢迎下次再来！"的脚本信息，如图 14-2-13 所示。

图 14-2-11 "登录 属性"对话框

图 14-2-12 运行登录脚本

图 14-2-13 运行注销脚本

自己练习：

① 在域控制器中新建组织单位 Mywork，并在此组织单位内新建组织单位 HOME 和用户 Jone(登录名为 Jone，口令任意)，在组织单位 HOME 下新建用户 Many(登录名为 Many，口令任意)。在 Mywork 中设置如下组策略：

a. 隐藏用户桌面上的 Internet Explorer 图标。

b. 在"开始"菜单中删除"运行"菜单。

c. 禁止用户删除打印机。

d. 禁止访问"网络连接"向导。

e. 在用户登录和注销时自动运行如图 14-2-14 和图 14-2-15 所示的登录/注销脚本。

图 14-2-14　登录脚本　　　　　　　　图 14-2-15　注销脚本

② 在 HOME 中再设置如下的组策略，体会一下用 Jone、Many 用户登录到域后的不同现象。

a. 不要隐藏用户桌面上的 Internet Explorer 图标。

b. 在"开始"菜单中删除"运行"菜单。

c. 不要禁止用户删除打印机。

d. 访问"网络连接"向导未配置。

第 15 章　综合实训

综合实训 1

1. 实训基本要求

在虚拟机环境下使用 Windows Server 2008、Windows Server 2003 和 Windows 7 操作系统组建一个局域网来完成以下实训任务。

(1) 要求：

① 计算机名的设定分别为 win2008s- XX、win2003s-XX、win7-XX(XX 为机器号,如 01、02、12 等)。

② 所有虚拟机的网卡设为"内部网络"。

(2) 实训内容：

① 将小组中的 Windows Server 2008 独立服务器升级成域名为 Nserver-XX.com 的域控制器(域管理员口令：123456,IP 地址：192.168.XX.1,子网掩码：255.255.255.0)。将另一台 Windows Server 2003 计算机(IP 地址：192.168.XX.20,子网掩码：255.255.255.0)加入到 Nserver-XX.com 内,成为该域中的一个成员。

② 用 Administrator 登录到 Windows Server 2008 域控制器,建立用户 userA 和 userB,隶属于默认组 Domain Users,密码都为 123456,设置"用户不能更改密码"和"密码永不过期"。在 C 盘建立两个共享文件夹 d1 和 d2,设置对这两个共享文件夹的共享权限为 Everyone 完全控制,并分别修改文件夹 d1 和 d2 的安全属性,用户 userA 对文件夹 d1 仅具有读取权限,用户 userB 对文件夹 d2 具有完全控制权限。设置安全策略,使用户 userA、userB 能登录到域控制器(保持仅隶属于组 Domain Users 不变)。

③ 在另一台 Windows Server 2003 计算机上用 userA 登录到域控制器,在文件夹 d1 中尝试建立一个文本文件(应拒绝)。用 userB 登录到域控制器,在文件夹 d2 中建立文本文件 file2.txt,并输入内容 This is file2.。

④ 在域控制器上的 C 盘新建 Share 共享文件夹,只允许域用户 abc(自行建立)从 Windows Server 2003 计算机登录到域后往该共享文件夹中复制文件夹或文件时使用磁盘配额管理：磁盘空间限制为 2MB,警告等级为 1500KB。

⑤ 在域控制器上新建两个用户 C 和 D,登录名为 UserC 和 UserD,口令任意。在域控

制器上添加一台共享网络打印机 HP LaserJet 6P,共享名为 HP6P。当从 Windows Server 2003 上登录到域时,C 具有打印、管理文档和管理打印机的权限,D 只具有打印权限。

⑥ 用 Administrator 登录到域控制器,在域控制器中安装并配置 DNS,建立正向搜索区域 sspu-XX. com,建立主机 sport 和 study;同理,再新建正向搜索区域 exam-XX. com,建立主机 aaa 和 bbb,IP 都为 192.168. XX. 1。

⑦ 用 Administrator 登录到域控制器,在文件夹 d3(自行创建)中建立文件 sport. htm 和 study. htm,其内容分别为"我喜爱运动!"和"我们努力学习!"。在 IIS 中建立两个 Web 站点,站点标识分别为 sport 和 study,IP 地址都为 192.168. XX. 1,主目录中本地路径都为 C:\ d3。在 IIS 中对这两个 Web 站点进行设置,使得在 IE 浏览器中输入 http://sport. sspu-XX. com 能直接显示"我喜爱运动!",输入 http://study. sspu-XX. com 能直接显示"我们努力学习!"。

⑧ 用 Administrator 登录到域控制器,在 C 盘新建文件夹 ftp1 和 ftp2,在文件夹 ftp1 中建立文件 1. txt。建立一个名为 Ftp-download 的 FTP 站点(IP 地址为 192.168. XX. 1,端口为 1000),以文件夹 ftp1 为主目录,允许匿名下载,不允许写入。建立一个名为 Ftp-upload 的 FTP 站点(IP 地址为 192.168. XX. 1,端口为 1001),以文件夹 ftp2 为主目录,允许写入,不允许读取。在 Windows Server 2003 中分别以 ftp://aaa. exam. com:1000 和 ftp://bbb. exam. com:1001 访问站点,对于后者,上传文件 f1. txt(自己建立)。

⑨ 在 Windows Server 2008 中增加一块网卡(设置网卡为"桥接网卡",IP 地址设为校园网地址,如 192.168. 104. 111)。在 Windows Server 2003 上建立名为 MyWeb 的 Web 网站,主页命名为 index. htm,存储在主目录 C:\Web 内,内容为 This is my exam page.。在 Windows Server 2008 上设置 NAT,实现在 Windows 7(更改网卡为"桥接网卡",IP 地址设为校园网地址,如 192.168. 104. 128)上能通过 http:// 192.168. 104. 111 访问该站点。

⑩ 在 Windows Server 2008 中增加一块网卡(设置网卡为"桥接网卡",IP 地址设为校园网地址,如 192.168. 104. 111)。在 Windows Server 2003 中的 C 盘建立一个共享文件夹 test,并在该文件夹中建立文本文件 aaa. txt,打开文件并输入内容 This is a text file.,保存后关闭。在 Windows Server 2008 上配置 VPN 服务,使得外网客户端 Windows 7 计算机(更改网卡为"桥接网卡",IP 地址设为校园网地址,如 192.168. 104. 128)用 user01 通过虚拟专线拨号接入,能够看到共享文件 aaa. txt 里的内容。

2. 实训具体步骤

假定本实训物理主机编号为 01 号,实训具体步骤可以参照前面各部分相应的实训内容进行设置,这里从略。

3. 实训测试结果

步骤①测试结果:

(1) 另一台 Windows Server 2003 计算机的登录页面(显示登录到域 Nserver-01)如图 15-1-1 所示。

(2) 通过网上邻居看到域并打开看到域成员,如图 15-1-2 所示。

图 15-1-1　登录到域 Nserver-01

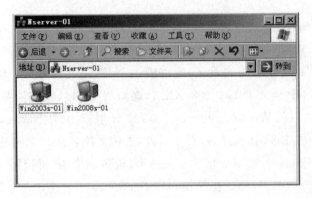

图 15-1-2　显示域中的成员

步骤②测试结果：

(1) 对文件夹 d1 和 d2 的安全属性修改的页面如图 15-1-3 所示。

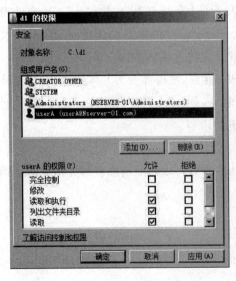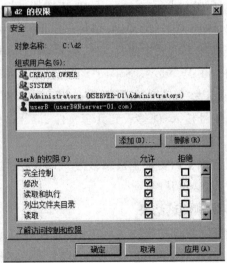

图 15-1-3　安全权限设置

（2）设置安全策略，使用户 userA、userB 能登录到域控制器的页面，如图 15-1-4 所示。

图 15-1-4　允许域用户登录到域控制器

步骤③测试结果：

（1）userA 在文件夹 d1 中尝试建立一个文本文件被拒绝的页面如图 15-1-5 所示。

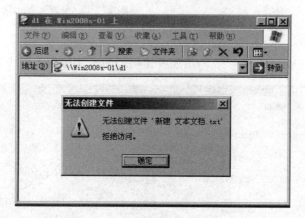

图 15-1-5　拒绝创建一个文本文件

（2）userB 建立文本文件 file2.txt 成功后的页面如图 15-1-6 所示。

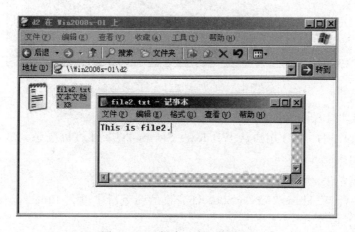

图 15-1-6　创建一个文本文件

步骤④测试结果：

（1）设置所选用户的配额限制页面，如图 15-1-7 所示。

（2）abc 用户往 Share 复制文件夹或文件时出现的出错对话框页面如图 15-1-8 所示。

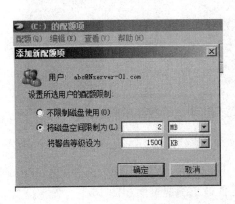
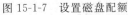

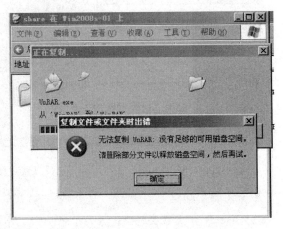

图 15-1-7　设置磁盘配额 　　　　　图 15-1-8　复制文件出错信息对话框

步骤⑤测试结果：

（1）Windows Server 2008 上成功添加打印机后的页面如图 15-1-9 所示。

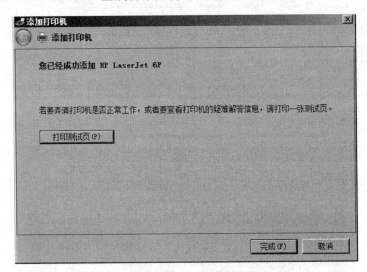

图 15-1-9　"添加打印机"对话框

（2）设置打印机权限的页面如图 15-1-10 所示。

（3）分别用 C 用户和 D 用户从 Windows Server 2003 计算机登录到域，添加网络打印机后的页面如图 15-1-11 所示。

步骤⑥测试结果：

（1）在另一台 Windows Server 2003 计算机的命令行中输入 Ping sport. sspu-01. com 的页面如图 15-1-12 所示。

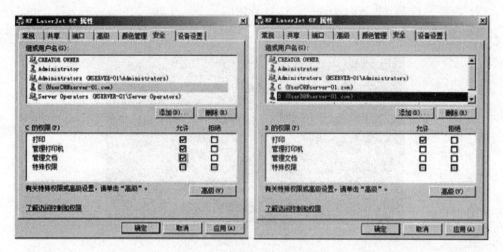

图 15-1-10　设置打印机权限

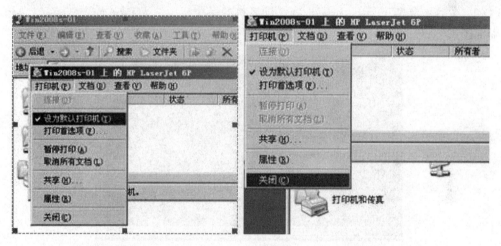

图 15-1-11　两个不同打印权限的用户连接网络打印机后的菜单显示

```
C:\WINDOWS\system32\cmd.exe

Microsoft Windows [版本 5.2.3790]
(C) 版权所有 1985-2003 Microsoft Corp.

C:\Documents and Settings\userd>ping sport.sspu-01.com

Pinging sport.sspu-01.com [192.168.1.1] with 32 bytes of data:

Reply from 192.168.1.1: bytes=32 time=1ms TTL=128
Reply from 192.168.1.1: bytes=32 time<1ms TTL=128
Reply from 192.168.1.1: bytes=32 time<1ms TTL=128
Reply from 192.168.1.1: bytes=32 time<1ms TTL=128

Ping statistics for 192.168.1.1:
    Packets: Sent = 4, Received = 4, Lost = 0 (0% loss),
Approximate round trip times in milli-seconds:
    Minimum = 0ms, Maximum = 1ms, Average = 0ms

C:\Documents and Settings\userd>_
```

图 15-1-12　Ping sport. sspu-01. com

（2）在另一台 Windows Server 2003 计算机的命令行中输入 Ping study. sspu-01. com 的页面如图 15-1-13 所示。

图 15-1-13　Ping study. sspu-01. com

（3）在另一台 Windows Server 2003 计算机的命令行中输入 Ping aaa. exam-01. com 的页面如图 15-1-14 所示。

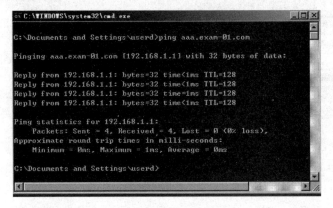

图 15-1-14　Ping aaa. exam-01. com

（4）在另一台 Windows Server 2003 计算机的命令行中输入 Ping bbb. exam-01. com 的页面如图 15-1-15 所示。

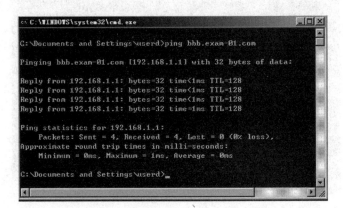

图 15-1-15　Ping bbb. exam-01. com

步骤⑦测试结果：

（1）在 Windows Server 2003 中以 http://sport. sspu-01. com 访问的站点页面如图 15-1-16 所示。

（2）在 Windows Server 2003 中以 http://study. sspu-01. com 访问的站点页面如图 15-1-17 所示。

图 15-1-16　http://sport. sspu-01. com
访问的站点

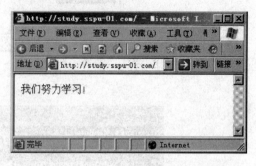

图 15-1-17　http://study. sspu-01. com
访问的站点

步骤⑧测试结果：

（1）在另一台 Windows Server 2003 计算机中以 ftp://aaa. exam-01. com:1000 访问的站点页面尝试上传一个文件被拒绝的页面如图 15-1-18 所示。

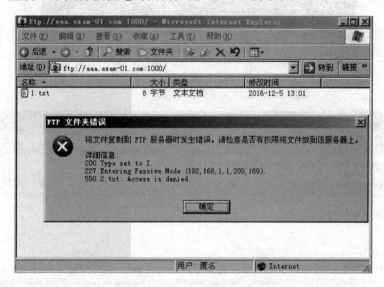

图 15-1-18　上传文件被拒绝

（2）在另一台 Windows Server 2003 计算机中以 ftp://bbb. exam. com-01:1001 访问的站点页面上传文件 f1. txt 后的页面如图 15-1-19 所示。

步骤⑨测试结果：

（1）在 Windows 7 上 Ping 192.168.104.111 的页面如图 15-1-20 所示。

（2）在 Windows 7 上通过 http:// 192.168.104.111 访问该站点后的页面如图 15-1-21 所示。

图 15-1-19 文件上传成功

图 15-1-20 Ping 192.168.104.111 的页面

图 15-1-21 显示内网的 Web 主页内容

步骤⑩测试结果：

（1）在 Windows 7 上远程登录的页面如图 15-1-22 所示。

（2）在 Windows 7 上访问 Windows Server 2003 上共享文件夹 test 的页面。打开资源管理器，在地址栏中输入局域网内部资源服务器 Windows Server 2003 的 IP 地址\\192.168.1.10，按 Enter 键就能看到该服务器中的一些共享文件夹，如图 15-1-23 所示。

图 15-1-22　VPN 客户端连接

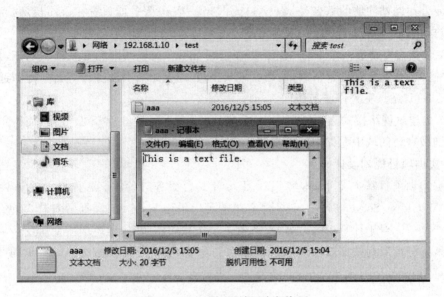

图 15-1-23　访问局域网内部资源

综合实训 2

1. 实训项目场景

××公司拥有经理办公室(含技术人员和财务人员)、销售部和客户服务部,员工人数为 50 人。公司目前拥有 50 多台计算机,为了满足市场的需要,公司决定重新部署企业网络。

以工作组环境构建局域网:

(1) 通过在计算机上建立共享,实现资源共享。

(2) 公司现仅运行一个提供电子商务运营的 Web 网站和一台 NAT 服务器。

(3) 服务器运行的操作系统是 Windows Server 2008、Windows Server 2003。

(4) 客户端的主要操作系统为 Windows XP、Windows 7。

(5) 内网带宽是 100MB。

(6) 公司申请了一条 50MB 光纤接入 Internet。

2. 实训项目基本要求

(1) 为了实现更小的广播域，减少内部网络流量，并把服务器和客户端隔离。要将内部网络划分为三个子网，服务器在一个子网，客户端在另外两个子网。

(2) 由于客户端数量在 50 台左右，可以手动分配 IP 地址，也可以自动分配 IP 地址。

(3) 员工需要每人一个账户，并按部门归类实现集中管理。

(4) 为了工作的方便，公司有关资料文档等要共享到一台专门的服务器中（文件服务器）进行集中管理控制。考虑到信息资料安全问题，不同账户访问共享资源的权限要有所不同，在共享存储区内对存储容量要有所限制。对于重要的资料要实现自动定期备份，能够跟踪、审核员工登录和访问文件服务器的行为。

(5) 为了提高公司的知名度，除了原来公司网站外，还需要增加一个宣传企业的 Web 站点。原公司网站注册的域名是 www.sspu.com。Web 服务器放置在公司机房，允许公司内部用户和其他人通过 Internet 匿名访问。

(6) 公司需要开通一个 FTP 站点，以便公司员工在局域网内和互联网上均能对文件服务器中的文档资料实现上传下载，网络管理员通过 FTP 站点对服务器进行本地和远程的维护更新。FTP 站点不允许匿名访问。

(7) 构建域网络模式集中管理账户、共享资源，为此需配套 DNS 服务器，使得用户能正常进入到域和访问域中允许访问的资源。

3. 实训项目规划设计

根据实训项目基本要求，本实训项目共需 5 台服务器，均需要安装 Windows Server 2008 或 Windows Server 2003，50 多台客户端可以采用 Ghost 工具批量安装 Windows XP 和 Windows 7。对于计算机的命名，服务器采用按其功能命名，客户端按使用者命名。各部门网络地址分配原则按部门性质和管理要求划分为三个子网，并按表 15-2-1 的规划设定，设置后可用 ipconfig /all 和 ping 命令验证其连通性。

表 15-2-1　各子网地址划分

网　　段	IP 地址范围	网关地址
子网 1	192.168.1.1～192.168.1.10	192.168.1.4
子网 2	192.168.2.1～192.168.2.30	192.168.2.254
子网 3	192.168.3.1～192.168.3.30	192.168.3.254

子网掩码均为 255.255.255.0。

向 ISP 申请的公网地址为 172.16.102.1/16 和 172.168.102.2/16（模拟公网地址）。

根据公司网络规模以及集中管理的要求，考虑采用单域网络结构可满足企业需求。为此，配置两台域控制器（DC1 和 DC2）来保证域的可靠性，第一台域控制器兼做 DNS1，第二台为额外域控制器兼做 DNS2。两台域控制器的域名均为 sspu.com。在安装活动目录（AD）的过程中要安装 DNS 服务，以此保证域名解析服务正常运行。公司部分的网络规划如图 15-2-1 所示。

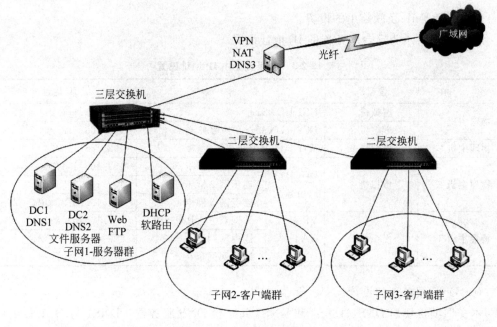

图 15-2-1 实训项目规划图

4. 实训步骤摘要

(1) 单域网络结构。

① 域名为 sspu.com。

② 安装两台域控制器。

③ 第一台域控制器兼做 DNS1。安装域控制器后,将其他计算机加入到域。

(2) 在域内按照部门划分组织单位。

经理办公室、销售部和客户服务部三个 OU。

(3) 为每个员工在所在部门 OU 中创建一个域用户账户。

① 账户名为该员工姓名的全拼音字母。

② 初始密码为 a1b2c3!,并要求域用户账户在下次登录时更新密码。密码最小长度为 7,并符合复杂性要求。给每个部门创建一个全局组,并将部门内的用户账户归于相应的组中。

(4) 文件服务器设置。

表 15-2-2 所示的是文件服务器中文件和文件夹访问权限的设置。

表 15-2-2 文件及文件夹权限设置

目 录 结 构	共 享 权 限	NTFS 安全权限
E:\资料库\制度文件	Everyone 读取	Everyone 列出文件夹目录,公司经理完全控制
E:\资料库\常用软件	Everyone 读取	Everyone 读取
E:\资料库\销售部	无	全局组"销售部"读取,部门主管修改,公司经理完全控制
E:\资料库\销售部\张三	无	全局组"销售部"读取,员工本人、部门主管和公司经理完全控制
E:\资料库\经理办公室\李四	无	全局组"经理办公室"读取,员工本人、部门主管和公司经理完全控制
…	…	…

（5）服务器 IP 及软路由的设置。

表 15-2-3 所示为 5 台服务器的 IP 地址设置。

表 15-2-3　各服务器中 IP 地址设置

设　　备	虚拟机	服　　务　　器		IP 地址
物理主机 1	虚拟机 1	DC1＋DNS1		192.168.1.1/24
	虚拟机 2	DC2＋DNS2＋文件服务器		192.168.1.2/24
物理主机 2	虚拟机 3	Web＋FTP 服务器		192.168.1.3/24
物理主机 3	虚拟机 4	DHCP 软路由器	连子网 1 网卡	192.168.1.4/24
			连子网 2 网卡	192.168.2.254/24
			连子网 3 网卡	192.168.3.254/24
物理主机 4	虚拟机 5	VPN NAT DNS3	外网双方 VPN 连接	172.16.102.201～205/16
			连内网网卡	192.168.1.254/24
			连外网网卡	172.16.102.1/16

（6）DNS 服务器的设计。

本实训项目规划 DNS1、DNS2 和 DNS3 共三台 DNS 服务器。DNS1 与 DC1 共用一台服务器，在创建 Windows 域时已经自动创建了区域 sspu.com，现在需要创建 www、www1、ftp、www2 和所有公司内每台计算机对应的主机记录和指针记录。其中 www、www1、ftp、www2 主机记录使企业内部网络用户能解析出 www.sspu.com、www1.sspu.com 和 ftp.sspu.com，使内网用户通过完全合格域名访问内部的 Web 和 FTP。此外，在 DNS1 上要设置转发器，转发地址为 DNS3 的 IP 地址。

DNS2 与 DC2、文件服务器共用一台服务器，DNS2 是 DNS1 的辅助 DNS。

DNS3 与 NAT 及 VPN 共用一台服务器，需创建区域 sspu.com，其中仅包含一条主机记录 www，两条别名记录 www1 和 ftp 及相应的指针记录。DNS3 的转发器 IP 地址指向 ISP 提供的公网中的 DNS，此设置的目的是使内网用户能够解析互联网上的域名。

（7）Web 和 FTP 服务器的设置。

根据企业的要求，要建立公司主营业务网站和企业形象宣传网站两个 Web 站点，为了节约成本，将两个 Web 站点、一个 FTP 站点运行在一台服务器上。使用 Windows Server 2008 自带的 IIS 搭建 Web 站点，并可以使用第三方 FTP 软件 Serv-U 搭建 FTP 站点。

为了使外网的 Internet 用户能访问站点，在 NAT 服务器上设置端口映射，将 www、www1 和 ftp 服务发布到 Internet，实现从公网访问公司内部服务器的目的。

FTP 站点的其他配置要求：

为网络管理员创建一个用户，用于两个 Web 站点主目录中资料的更新和文件服务器中大容量共享资源的上传下载。为各部门设置一个用户，用于文件服务器中各部门共享资料的上传下载。建立一个匿名用户，用于互联网用户下载公司公开资料。

设置用户属性：主要对各用户访问的主目录、权限和配额进行设置。

（8）Internet 接入和 VPN 连接的设置。

通过 NAT 和租用的光纤专线，使公司局域网内的计算机接入 Internet。该服务器安装两块网卡，内网卡的 IP 地址为 192.168.1.254，外网卡的 IP 地址由 ISP 提供。同时设置 NAT 的端口映射，使 Internet 用户能访问公司的网站。启用 Windows Server 2008 的基本防火墙及包过滤功能保护内网安全。

按照项目实现目标制定的网络拓扑结构如图 15-2-2 所示。

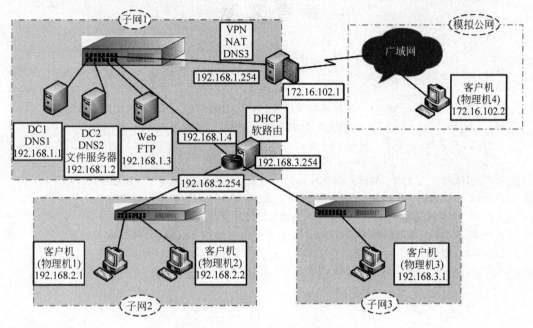

图 15-2-2　实训项目网络拓扑图

实训具体设置步骤可以参照前面各部分相应的实训内容以及网上相关资料进行设置，这里从略。

5. 实训后的测试

实训结束后，应完成以下测试内容：

（1）在内、外网的任意一台计算机上均能用域名访问两个 Web 站点、FTP 站点并上传或下载文件。

（2）给内网的任意一台客户端物理机动态分配 IP 地址，其中设置一个保留地址给经理专用。

（3）在内网的任意一台计算机上用不同域用户登录访问文件服务器上自己的共享文件、磁盘配额。

（4）额外域控制器（DC2）是否与主域控制器（DC1）的信息同步。

（5）VPN 连接建立成功。

6. 实训后的总结

实训结束后，应完成以下任务：

（1）完善和补全网络拓扑图。

（2）修改项目实施方案。

（3）将实训测试结果截图保存。

（4）写出实训心得和体会。

参 考 文 献

[1] 姚越，高峰，王亚楠. Windows Server 2008 系统管理与服务器配置[M]. 北京：机械工业出版社，2016.

[2] 杨云，邹汪平. Windows Server 2008 网络操作系统项目教程[M]. 北京：人民邮电出版社，2015.

[3] 杨云. Windows Server 2008 组网技术与实训[M]. 北京：人民邮电出版社，2015.

[4] 张恒杰，王丽华，任晓鹏. Windows Server 2008 服务器配置与管理[M]. 北京：清华大学出版社，2014.

[5] 张庆力，潘刚柱，王艳华. Windows Server 2008 教程[M]. 北京：电子工业出版社，2014.

[6] 卢豫开. Windows Server 2008 网络服务[M]. 北京：机械工业出版社，2011.

[7] 王建平. 计算机组网技术[M]. 北京：人民邮电出版社，2011.

[8] 刘晓辉，李书满. Windows Server 2008 服务器架设与配置实战指南[M]. 北京：清华大学出版社，2010.

[9] 戴有炜. Windows Server 2008 网络专业[M]. 北京：科学出版社，2009.

图书资源支持

感谢您一直以来对清华版图书的支持和爱护。为了配合本书的使用，本书提供配套的资源，有需求的读者请扫描下方的"书圈"微信公众号二维码，在图书专区下载，也可以拨打电话或发送电子邮件咨询。

如果您在使用本书的过程中遇到了什么问题，或者有相关图书出版计划，也请您发邮件告诉我们，以便我们更好地为您服务。

我们的联系方式：

地　　址：北京海淀区双清路学研大厦 A 座 707

邮　　编：100084

电　　话：010－62770175－4604

资源下载：http://www.tup.com.cn

电子邮件：weijj@tup.tsinghua.edu.cn

QQ：883604(请写明您的单位和姓名)

用微信扫一扫右边的二维码，即可关注清华大学出版社公众号"书圈"。

资源下载、样书申请

书圈